全国高职高专院校"十二五"规划教材（加工制造类）

机械制图与计算机绘图

主　编　邱卉颖　刘有芳

副主编　郭　君　芦莹莹　胡　静

中国水利水电出版社
www.waterpub.com.cn

内 容 提 要

本书是根据高等职业技术院校教学计划与教学大纲编写的，书中介绍了国家标准规定的机械制图的相关内容，主要包括制图的基本知识与技能、正投影法及三视图、基本体的三视图及截交线、相贯线的画法、组合体、轴测图、机械图样的表达方法、标准件与常用件、零件图和装配图、计算机绘图等。本书力求内容系统完整，讲解深入浅出，符合国家机械制图标准规定，并通过相应的模块，使学生很好地掌握所学知识。

本书与中国水利水电出版社出版的《机械制图与计算机绘图习题集》配套使用。

本书适合高职高专学生使用，也可供相关技术人员参考。

本书配有免费电子教案，读者可以从万水书苑以及中国水利水电出版社网站下载，网址为：http://www.wsbookshow.com 和 http://www.waterpub.com.cn/softdown/。

图书在版编目（ＣＩＰ）数据

机械制图与计算机绘图 / 邱卉颖，刘有芳主编. --
北京 ： 中国水利水电出版社，2013.7
全国高职高专院校"十二五"规划教材. 加工制造类
ISBN 978-7-5170-1028-9

Ⅰ. ①机… Ⅱ. ①邱… ②刘… Ⅲ. ①机械制图—高
等职业教育—教材②自动绘图—高等职业教育—教材
Ⅳ. ①TH126

中国版本图书馆CIP数据核字(2013)第156868号

策划编辑：宋俊娥	责任编辑：宋俊娥	加工编辑：宋 杨	封面设计： 李 佳

书 名	全国高职高专院校"十二五"规划教材（加工制造类） **机械制图与计算机绘图**
作 者	主 编 邱卉颖 刘有芳 副主编 郭 君 芦萤萤 胡 静
出版发行	中国水利水电出版社 （北京市海淀区玉渊潭南路１号Ｄ座 100038） 网址：www.waterpub.com.cn E-mail: mchannel@263.net（万水） 　　　　 sales@waterpub.com.cn 电话：(010) 68367658（发行部）、82562819（万水）
经 售	北京科水图书销售中心（零售） 电话：(010) 88383994、63202643、68545874 全国各地新华书店和相关出版物销售网点
排 版	北京万水电子信息有限公司
印 刷	北京蓝空印刷厂
规 格	184mm×260mm 16 开本 21.25 印张 538 千字
版 次	2013 年 7 月第 1 版 2013 年 7 月第 1 次印刷
印 数	0001—3000 册
定 价	38.00 元

凡购买我社图书，如有缺页、倒页、脱页的，本社发行部负责调换

版权所有·侵权必究

前　言

　　本书根据生产实际对制图知识的需求，采用我国最新颁布的《技术制图》、《机械制图》等国家标准，汲取国内同类教材的精华和生产实践中的实例，对内容体系进行了重构，以必需、够用为度，使学生在掌握制图基本知识的基础上得到全面系统的动手能力的训练。

　　本教材在编写过程中力求突出以下特点：

　　（1）针对高职教育的特点，在编写过程中始终贯彻以基础理论"必需、够用"为原则，以培养能力为本。选材大胆取舍，将相关理论知识和相关技能恰当安排到各个工作项目中，力图通过项目的教学，使学生掌握相关的理论知识和操作技能，以满足企业的实际需要。

　　（2）本书以项目导向、任务驱动作为创作基础，从实例中引出基本知识，结合相关知识解决项目中的相应问题。按照由易到难、由小到大的原则进行编排，既保证了各项目之间的技能和知识的有效衔接，又考虑了教学方面的可操作性，以节约教学成本，提高教学效率。

　　（3）本书将"专业知识"、"操作技能"、"职业资格证书"内容有机地融为一体，突显高职高专人才培养特色。

　　（4）本书文字精炼、通俗，图例丰富，绝大部分案例配有三维图示，增强了直观性，所选图例紧密结合专业需求，并力求结合生产实际。

　　（5）本教材与《机械制图与计算机绘图习题集》配套使用。

　　另外，本教材后配有附录，供读者查阅相关标准时使用。为了便于教师教学和学生学习，本教材还附有多媒体课件。

　　本书由邱卉颖、刘有芳担任主编，由郭君、芦莹莹、胡静担任副主编，参加编写的人员还有周爱霞、郭俊莉、刘明之。

　　虽然编写过程中我们在教材特色建设方面做了很大努力，但是由于作者水平有限，教材中仍可能存在疏漏和错误，恳请各相关教学单位和读者在使用本教材的过程中给予关注，并将意见及时反馈给我们，以便下次修订时改进。

编　者

2013 年 5 月

目　　录

项目一　制图的基本知识与基本技能

学习导读

机械图样是设计者表达设计思想的载体，是操作工人加工零件的依据，是工程技术人员进行技术交流的工具。而机械图样的画法，必须严格遵守机械制图国家标准中的有关规定。在制图过程中，应正确使用绘图工具、绘图仪器，掌握正确的绘图步骤。

主要内容

1．国家标准《技术制图》中有关图纸幅面、比例、字体、图线及尺寸标注的规定，这是机械制图的基本要求与规范。

2．机械制图中常用的绘图工具：铅笔、图板、丁字尺、三角板、圆规、分规的使用方法。

3．等分线段、等分圆周及求作正多边形、斜度与锥度、圆弧连接、椭圆等制图中常见几何的作图方法。

4．分析平面图形的定形尺寸、定位尺寸，根据已知线段、中间线段及连接线段确定作图步骤，从而绘制平面图形。

5．徒手绘图的基本要求、动作要领及基本技能。

课题一　机械制图标准

国家标准《技术制图》和《机械制图》对图纸的幅面和格式、比例、字体、图线和尺寸标注等，做了统一的规定。

国家标准的注写形式由编号和名称两部分组成，如 GB/T 14691—1993《技术制图　字体》；GB/T 4457.4—2002《技术制图　图样画法　图线》。其中，GB 是国家标准的简称"国标"二字的汉语拼音字头，T 为"推"字的汉语拼音字头，14691、4457.4 为标准顺序代号，1993、2002 为标准发布年号。

学习目标

通过本课题的学习，掌握图线的种类、画法等国家标准。学会使用三角板、圆规、铅笔等工具。学会尺寸标注及比例绘图。

案例 1　绘制支承座的平面图形

案例出示

如图 1-1 所示为支承座的投影图和立体图，试绘制这一平面图形，要求符合制图国家标准中图线及应用的有关规定。

 **案例分析**

如图 1-1（a）所示的平面图形是由各种图线组合而成的，准确地表达出支承座的外形和内部结构，绘制平面图形时，应了解制图国家标准中对各种图线的规定和要求，熟练掌握各种绘图工具的使用方法，掌握科学的绘图方法及步骤。

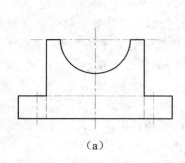

（a）

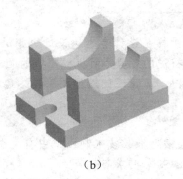

（b）

图 1-1 支承座

相关知识

一、常用图线的种类及用途

常用图线的代码、线型、名称、线宽及主要用途见表 1-1，图线应用示例如图 1-2 所示。

表 1-1 常用的图线（摘自 GB/T 4457.4—2002）

代码	线型	名称	线宽	主要用途
01.1		细实线	$d/2$	尺寸线、尺寸界线、指引线、剖面线 重要断面的轮廓线 螺纹牙底线、齿轮的齿根圆（线）
01.2		粗实线	国标中粗实线的线宽 d 为 0.5~2mm，优先采用 0.5mm 或 0.7mm	可见轮廓线 可见棱边 相贯线 螺纹牙顶线
02.1		细虚线	$d/2$	不可见棱边线、不可见轮廓线
04.1		细点画线	$d/2$	轴线、中心线、对称线、分度圆（线）、孔系分布的中心线、剖切线
		波浪线		
01.1		双折线	$d/2$	断裂处的边界线、视图与剖视图的分界线

续表

代码	线型	名称	线宽	主要用途
02.2	2-6　1-2	粗虚线	d	允许表面处理的表示线
04.2	10~25　2~3	粗点画线	d	限定范围表示线
05.1	10~20　3~4	细双点画线	$d/2$	相邻辅助零件的轮廓线 可动零件的极限位置的轮廓线 假想投影的轮廓线

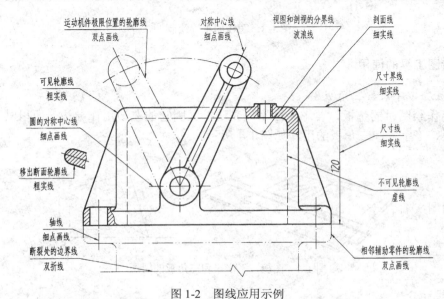

图 1-2　图线应用示例

二、图线的画法规定

图线的画法规定如下。

（1）在同一图样中，同类图线的宽度应基本一致。细虚线、细点画线及细双点画线、双折线等的线段长度和间隔应各自大致相等。

（2）线型不同的图线相互重叠时，一般按照粗实线、细虚线、细点画线的顺序，只画出排序在前的图线。

（3）细（粗）点画线和细双点画线的首末两端应是线段而不是点。细点画线超出轮廓线2~5mm，如图 1-3 所示。

（4）两条平行线之间的最小间隙不得小于 0.7mm。

（5）当图形较小时，可用细实线代替细点画线。

（6）绘制圆的对称中心线（简称中心线）时，圆心应为画的交点。

（7）线型相交时，都应以画相交，不应在空隙或点处相交。

（8）当细虚线处于粗实线的延长线上时，粗实线应画到分界点，而细虚线应留有空隙。当细虚线圆弧和细虚线直线相切时，细虚线圆弧的画应画到切点而细虚线直线需留有空隙，如图 1-3 所示。

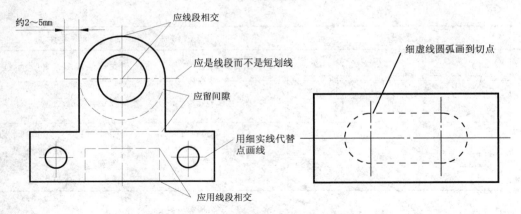

图 1-3　图线的正确绘制

三、绘图工具的使用

1. 图板、丁字尺、三角板

图板用作绘图时的垫板，要求表面平坦光洁；又因它的左边用作导边，所以其左边必须平直。图板、丁字尺和三角板的用法如图 1-4 所示。

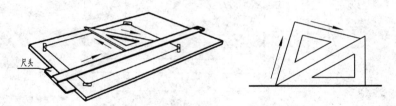

图 1-4　图板、丁字尺和三角板的用法

2. 圆规和分规

圆规是画圆或圆弧的工具。为了扩大圆规的功能，圆规一般配有铅笔插腿（画铅笔线圆用）、鸭嘴插腿（画墨线圆用）、钢针插腿（代替分规用）三种插腿和一支延长杆（画大圆用），如图 1-5 所示。圆规钢针有两种不同的针尖。画圆或圆弧时，应使用有台阶的一端，并把它插入图板中。使用圆规时需注意，圆规的两条腿应该垂直于纸面。

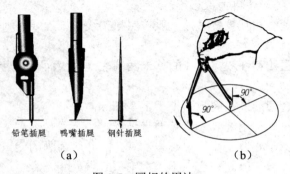

铅笔插腿　　鸭嘴插腿　　钢针插腿

（a）　　　　　　　　　　（b）

图 1-5　圆规的用法

分规是等分线段、移置线段及从尺上量取尺寸的工具，如图 1-6 所示。用分规三等分已知线段 AB 的方法：首先将分规两针张开约线段 AB 的三分之一长，在线段 AB 上连续量取三次。

若分规的终点 C 落在 B 点之外，应将张开的两针间距缩短线段 BC 的三分之一；若终点 C 落在 B 点之内，则将张开的两针间距增大线段 BC 的三分之一，重新量取，直到 C 点与 B 点重合为止。此时分规张开的距离即可将线段 AB 三等分。等分圆弧的方法类似于等分线段的方法。使用分规时需注意：分规的两针尖并拢时应对齐。

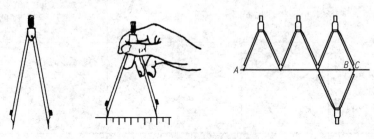

图 1-6　分规的用法

3. 铅笔

铅笔是画线用的工具。绘图用的铅芯软硬不同。标号 H 表示硬铅芯，标号 B 表示软铅芯。常用 H、2H 铅笔画底稿线，用 HB 铅笔加深直线，用 B 铅笔加深圆弧，用 H 铅笔写字和画各种符号。

铅笔从没有标号的一端开始使用，以保留铅芯硬度的标号。铅芯应磨削的长度及形状如图 1-7 所示，注意画粗、细线的笔尖形状的区别。

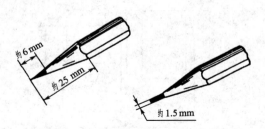

图 1-7　铅笔芯的长度与形状

4. 绘图纸

绘图纸的质地应坚实，用橡皮擦拭时不易起毛。必须用图纸的正面，识别方法是用橡皮擦拭几下，不易起毛的一面为正面。

 案例绘制

平面图形的绘图步骤见表 1-2。

表 1-2　平面图形的绘图步骤

具体步骤	图示	具体步骤	图示
1. 在纸上确定作图的位置（绘制作图的基准线）		2. 绘制可见轮廓线	

续表

具体步骤	图示	具体步骤	图示
3．绘制底座两端的沉孔轴线		4．绘制不可见轮廓线	
5．擦除作图线，加深图线			

案例 2　标注平面图形的尺寸

 **案例出示**

标注如图 1-8 所示平面图形的尺寸，要求符合制图国家标准中尺寸标注的有关规定。

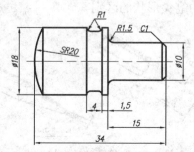

图 1-8　平面图形的尺寸标注

案例分析

图形只能表达物体的形状，只有尺寸才能表达物体的大小。国家标准对图样中的字体、尺寸标注都做了统一的规定。尺寸标注的一般要求是：清晰、完整、正确，字迹工整，尺寸数字书写正确。

 相关知识

一、标注尺寸的基本规则

标注尺寸的基本规则有以下几点：

（1）机件的真实大小，应以图样上所注的尺寸数值为依据，与图形的大小（即所采用的比例）和绘图的准确度无关。

（2）图样中（包括技术要求和其它说明文件中）的尺寸，以毫米为单位时，不需标注计量单位的代号或名称。如果采用其它单位，则必须注明相应的计量单位的代号或名称。

（3）图样中所标注的尺寸，为该图样所示机件的最后完工尺寸，否则应另加说明。

（4）机件的每一尺寸，一般只标注一次，并应标注在反映该结构最清晰的图形上。

二、尺寸界线的组成及画法（GB/T 4458.4—2003、GB/T 16675.2—1996）

如图1-9所示，尺寸由尺寸界线、尺寸线、尺寸数字和尺寸线终端组成。

1. 尺寸界线的画法

（1）尺寸界线用细实线绘制，它由图形的轮廓线、对称线、对称中心线、轴线等处引出。也可利用轮廓线、轴线或对称中心线作为尺寸界线。

（2）尺寸界线与尺寸线相互垂直（一般情况），外端应超出尺寸线2~5mm。

2. 尺寸线的画法

（1）尺寸线用细实线绘制，但尺寸线不能用其他图线代替，也不得与其他图线重合。

（2）绘制尺寸线时，尺寸线必须与所注的线段平行，并与轮廓线间距10mm，互相平行的两尺寸线间距均为7~8mm。

（3）尺寸线与尺寸界线之间应尽量避免相交。即小尺寸在里面，大尺寸在外面。

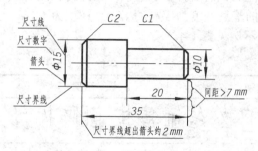

图1-9 尺寸的组成

（4）尺寸线终端的画法（见图1-10）：同一张图样上直线尺寸应统一采用一种终端符号。

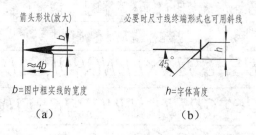

图1-10 尺寸线的终端形式

3. 尺寸数字的注写

尺寸数字有线性尺寸数字和角度尺寸数字两种。水平方向的线性尺寸，数字字头朝上书写；竖直方向的线性尺寸，数字字头朝左书写。角度数字一般都按照字头朝上水平书写。

标注尺寸时，应尽可能使用符号和缩写词，常用的符号及缩写词见表1-3。

三、字体

字体的字号规定了八种：20、14、10、7、5、3.5、2.5、1.8。字体的号数即是字体高度。如10号字，它对应的字高为10mm。

表1-3　常用符号及缩写词

名称	符号或缩写词	名称	符号或缩写词
直径	ϕ	45° 倒角	C
半径	R	深度	↓
球直径	$S\phi$	沉孔或锪平	⊔
球半径	SR	埋头孔	∨
厚度	t	均布	EQS
正方形边长	□		

1. 汉字

汉字应写成长仿宋体字，并应采用中华人民共和国国务院正式公布推行的《汉字简化方案》中规定的简化字。汉字的高度 h 不应小于 3.5mm，其字宽一般为 $h/\sqrt{2}$ 。

2. 字母和数字

字母和数字分斜体和直体两种。斜体字的字体头部向右倾斜 15°。字母和数字各分 A 型和 B 型两种字体。A 型字体的笔划宽度为字高的 1/14，B 型为 1/10。

汉字、数字和字母的示例见表1-4。

表1-4　字体

字体		示例
长仿宋体汉字	10 号	字体工整 笔画清楚 间隔均匀 排列整齐
	7 号	横平竖直 注意起落 结构匀称 填满方格
	5 号	技术制图石油化工机械电子汽车航空船舶土木建筑矿山井坑港口纺织焊接设备工艺
	3.5 号	螺纹齿轮端子接线飞行指导驾驶舱位挖填施工引水通风闸阀坝棉麻化纤
拉丁字母	大写斜体	*ABCDEFGHIJKLMNOPQRSTUVWXYZ*
	小写斜体	*abcdefghijklmnopqrstuvwxyz*
阿拉伯数字	斜体	*0 1 2 3 4 5 6 7 8 9*
	直体	0 1 2 3 4 5 6 7 8 9
罗马数字	斜体	*I II III IV V VI VII VIII IX X*
	直体	I II III IV V VI VII VIII IX X
字体的应用		$\phi 20^{+0.010}_{-0.023}$ $7^{+1°}_{-2°}$ $\frac{3}{5}$ 10Js5(±0.003) M24-6h $\phi 25\frac{H6}{m5}$ $\frac{II}{2:1}$ $\frac{A}{5:1}$ √Ra 6.3 R8 5% ▽3.50

标注平面图形尺寸的步骤见表 1-5。

表 1-5　标注平面图形尺寸的步骤

内容	具体步骤	图示	要求
画尺寸界线、尺寸线	画出长度及圆柱等相关尺寸的尺寸界线、尺寸线	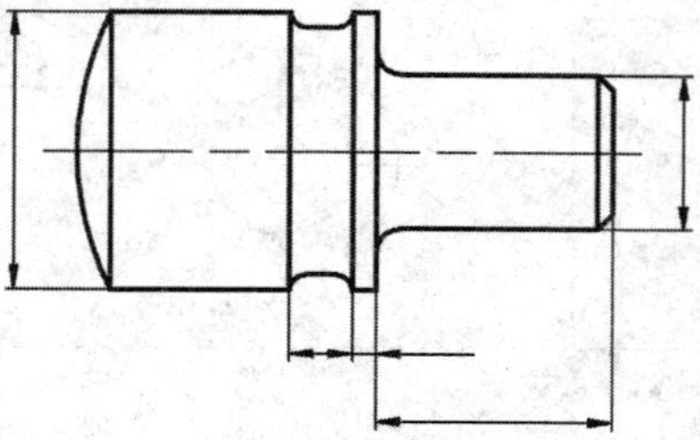	1. 尺寸界线、尺寸线用细实线绘制 2. 尺寸界线由图形的轮廓线、轴线或对称中心线引出。也可利用图形的轮廓线、轴线或对称中心线做尺寸界线。尺寸界线必须超出尺寸线 2~5mm。线性尺寸的尺寸线要与标注的线段平行，平行的两尺寸线间距均为 7~8mm。 3. 圆及圆弧的尺寸线要通过圆心
画尺寸界线、尺寸线	画出圆弧、倒角及球面外形的尺寸界线、尺寸线	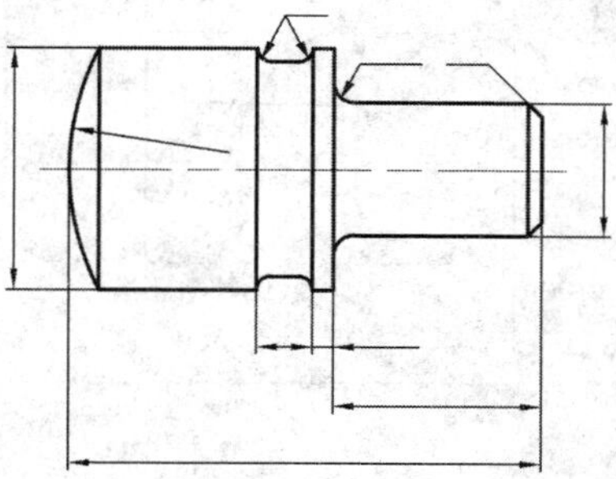	
标注尺寸数字	检查并标注尺寸数字	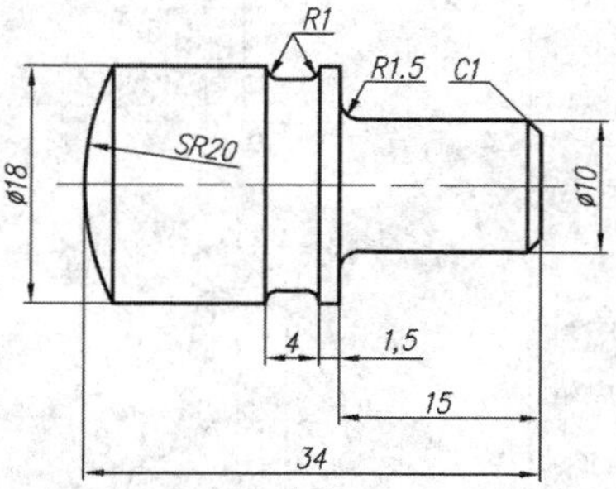 R1 R1.5 C1 SR20 Ø18 Ø10 4 1,5 15 34	数字采用 3.5 号斜体，水平尺寸数字注写在尺寸线的上方，竖直尺寸数字注写在尺寸线的左方

知识拓展

常见尺寸注法

国家标准详细规定了尺寸标注的形式，见表 1-6。

表 1-6　尺寸标注形式

项目	说明	图例
尺寸数字	1. 线性尺寸的数字一般注在尺寸线的上方，也允许填写在尺寸线的中断处	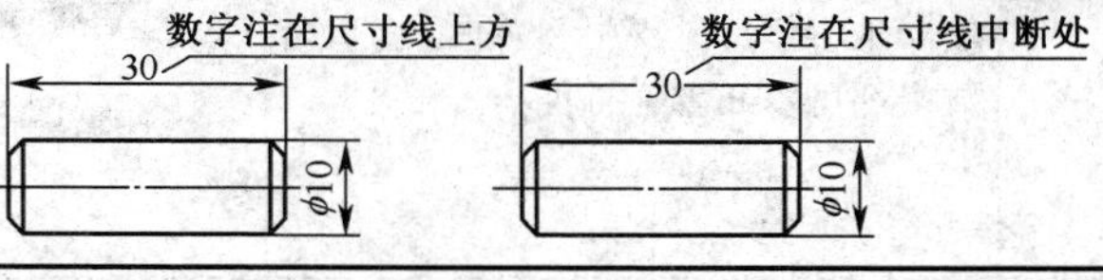 数字注在尺寸线上方 30 Ø10　数字注在尺寸线中断处 30 Ø10

续表

项目	说明	图例
	2．线性尺寸的数字应按右栏中左图所示的方向填写，并尽量避免在图示30°范围内标尺寸。竖直方向尺寸数字也可按右栏中右图形式标注	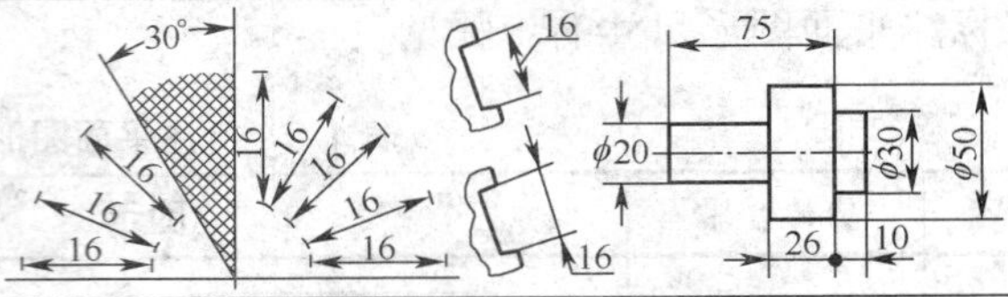
	3．数字不可被任何图线通过。当不可避免时，图线必须断开	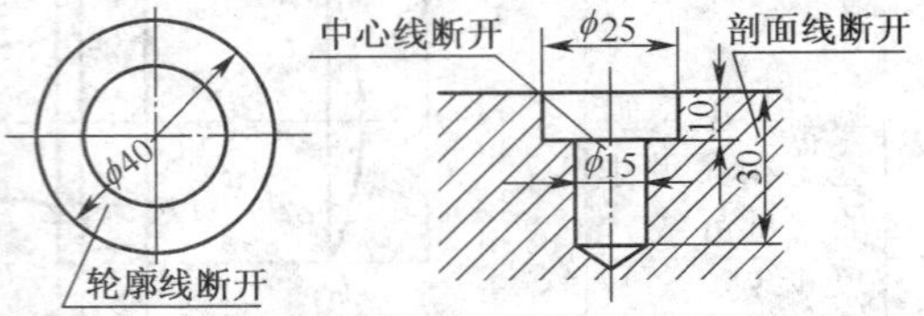
尺寸线	尺寸线必须用细实线单独画出。轮廓线、中心线或它们的延长线均不可作为尺寸线使用 标注线性尺寸，尺寸线必须与所标注的线段平行	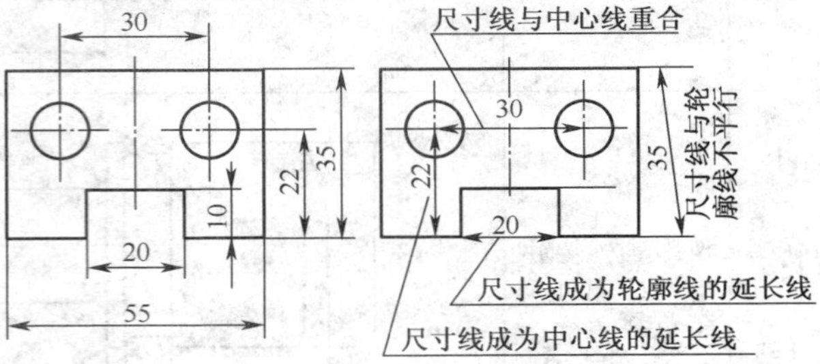
尺寸界线	尺寸界线用细实线绘制，也可以利用轮廓线（图（a））或中心线（图（b））作为尺寸界线 尺寸界线应与尺寸线垂直。当尺寸界线过于贴近轮廓线时，允许倾斜画出（图（c）） 在光滑过渡处标注尺寸时，必须用细实线将轮廓线延长，从它们的交点处引出尺寸界线（图（c）、（d））	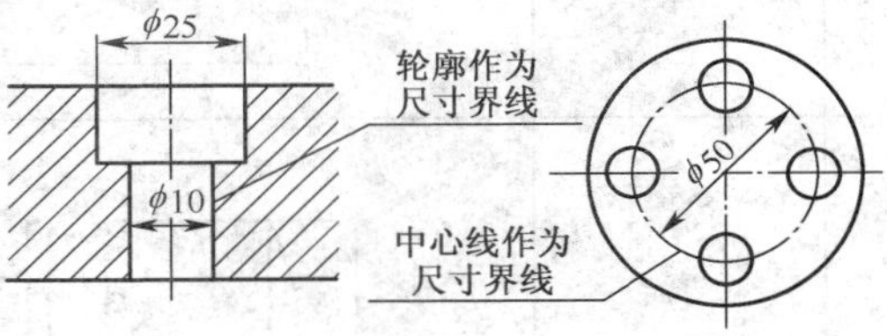 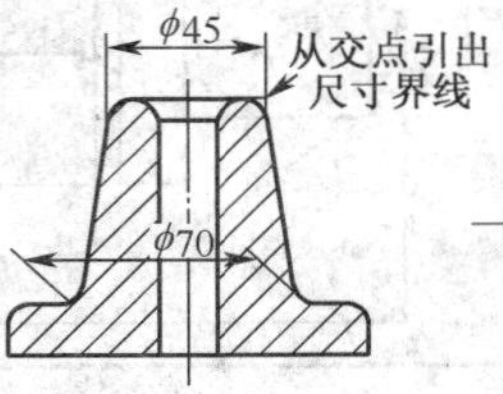 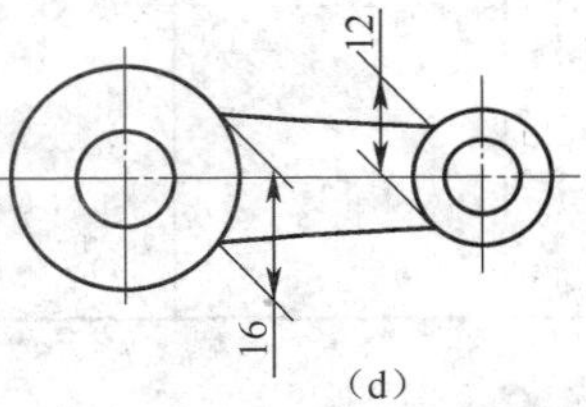
直径与半径	标注直径尺寸时，应在尺寸数字前加注直径符号"ϕ"；标注半径尺寸时，加注半径符号"R"，尺寸线应该通过圆心	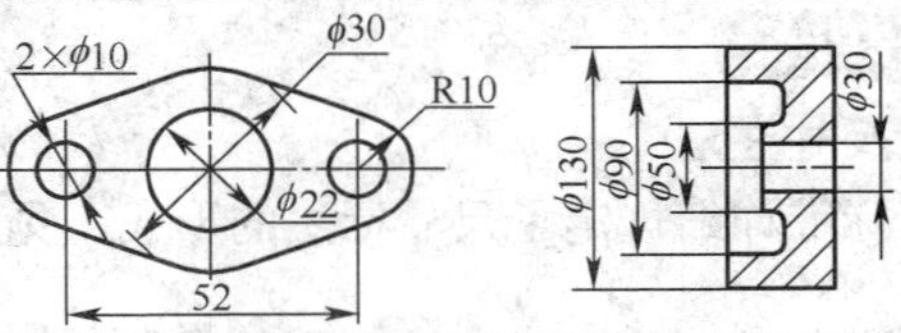
	标注小直径或小半径尺寸时，箭头和数字都可以布置在外面	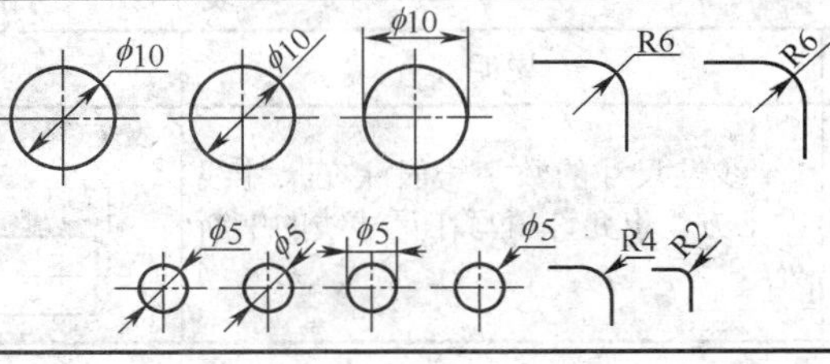

续表

项目	说明	图例
小尺寸的注法	标注一连串的小尺寸时，可用小圆点或斜线代替箭头，但最外两端箭头仍应画出 小尺寸可按右图标注	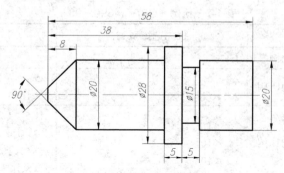
角度	角度的数字一律水平填写 角度的数字应写在尺寸线的中断处，必要时允许写在外面或引出标注 角度的尺寸界线必须沿径向引出	

案例 3　用不同比例绘制平面图形

 **案例出示**

采用合适的比例绘制如图 1-11 所示小轴的平面图形，并标注尺寸。要求符合国家制图标准中关于比例和线性尺寸、度数尺寸标注的有关规定。

图 1-11　小轴平面图

案例分析

图 1-11 所示平面图形所表达的机件的大小与实物是否相等？如何将过小或过大的机件清晰完整地表达呢？将实际测量尺寸放大或缩小以后再绘制图形就可以很好地解决这些问题。

 **学习目标**

通过本案例掌握按不同比例绘制图形的方法。

相关知识

一、比例（GB/T 14690—93）

绘制图样时所采用的比例，是指在机械图样中将实际测量尺寸放大或缩小以后，图形与实物相应要素的线性尺寸之比。比值为 1 的比例，即 1:1，为原值比例；比值大于 1 的比例，如 2:1 等，称为放大比例；比值小于 1 的比例，如 1:2 等，称为缩小比例。比例的应用效果如图 1-12 所示。特别注意，图中标注的尺寸是零件的真实大小，不随比例的不同而有所变化。

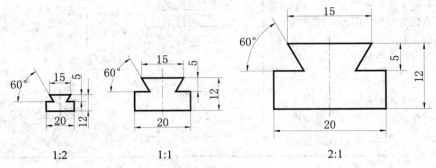

图 1-12   比例的应用效果

二、比例的选用

绘制图样时应尽可能按照机件的实际大小采用 1:1 的比例画出，以方便绘图和看图。但由于机件的大小及结构复杂程度不同，有时需要放大或缩小图形，比例应优先选用表 1-7 中所规定的优先选择系列，必要时也可选取表 1-7 中所规定的允许选择系列中的比例。

表 1-7   比例（GB/T 14690—93）

种类	定义	优先选择系列	允许选择系列
原值比例	比值为 1 的比例	1:1	
放大比例	比值大于 1 的比例	2:1 5:1 1×10^n:1 2×10^n:1 5×10^n:1	2.5:1 4:1 2.5×10^n:1 4×10^n:1
缩小比例	比值小于 1 的比例	1:2 1:5 1:10 1:2×10^n 1:5×10^n 1:1×10^n	1:1.5 1:2.5 1:3 1:4 1:6 1:1.5×10^n 1:2.5×10^n 1:3×10^n 1:4×10^n 1:6×10^n

注：n 为正整数。

 案例绘制

如图 1-11 所示因小轴的尺寸较小，为清晰反映出小轴形状和尺寸标注，可采用 2:1 的比例作图，作图步骤见表 1-8。

注意：线性尺寸按放大的倍数绘制，角度按原数值绘制。

表 1-8   作图步骤

步骤与方法	图例
1. 作基准线 作出轴向基准线 A 和径向基准线 B	

步骤与方法	图例
2. 截取线性尺寸（线性尺寸均乘以2） 在基准线 *B*、*A* 上分别截取标注尺寸2倍的长度方向尺寸 8mm、38mm、58mm、5mm、5mm 和径向尺寸 φ20mm、φ28mm、φ16mm、φ20mm	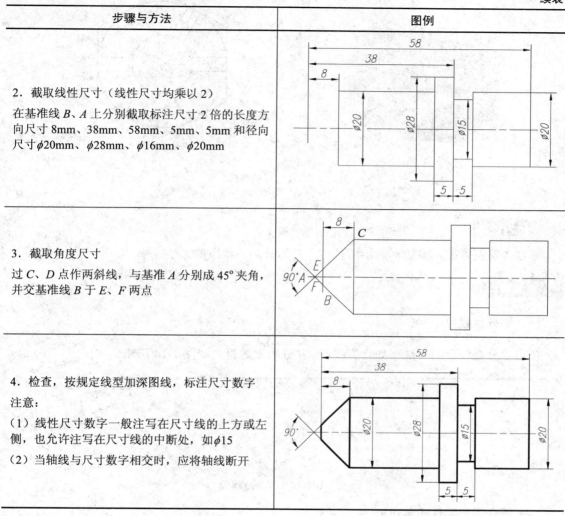
3. 截取角度尺寸 过 *C*、*D* 点作两斜线，与基准 *A* 分别成45°夹角，并交基准线 *B* 于 *E*、*F* 两点	
4. 检查，按规定线型加深图线，标注尺寸数字 注意： （1）线性尺寸数字一般注写在尺寸线的上方或左侧，也允许注写在尺寸线的中断处，如 φ15 （2）当轴线与尺寸数字相交时，应将轴线断开	

课题二 绘制较复杂的平面图形

案例1 绘制正多边形

 案例出示

绘制如图1-13（b）所示的平面图形，要求符合制图国家标准的有关规定。

案例分析

如图1-13（b）所示为六角开槽螺母俯视方向的投影图，它由外轮廓正六边形和其他几何图形组成，如何作图呢？正多边形的共同特点是各个边长均相等，可以借助一个辅助圆来实现。

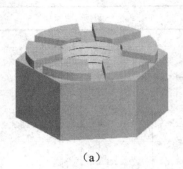
（a）

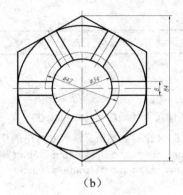
（b）

图 1-13　六角开槽螺母

学习目标

通过本案例掌握正多边形的绘图技巧，及等分圆、线段的方法。

相关知识

一、等分直线段

任意等分直线段的方法（如将直线段 AB 分为 n 等份）如图 1-14 所示。

（a）　　　　　　　　　　（b）　　　　　　　　　　（c）

图 1-14　等分直线段

二、等分圆周和作正多边形

等分圆周和作正多边形的方法和步骤见表 1-9。

表 1-9　等分圆周和作正多边形

类别	作图	方法和步骤
三等分圆周和作正三角形	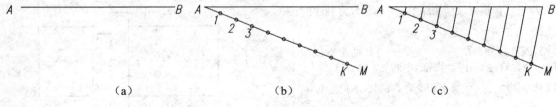	用 30°、60° 三角板等分 用 30°、60° 三角板的短直角边紧贴丁字尺，并使其斜边过点 A 作直线交圆周于 C（同理得交点 B），则 A、B、C 三点将圆周三等分，连接 BC、AC、BC，即得正三角形

类别	作图	方法和步骤
六等分圆周和作正六边形	 （a） （b）	方法一：用圆规直接等分 以已知圆周直径的两端点 A、D 为圆心，以已知圆半径 R 为半径画弧与圆周相交，即得等分点 B、F 和 C、E，依次连接各点，即得正六边形，见图（a） 方法二：用 $30°$、$60°$ 三角板的短直角边紧贴丁字尺，并使其斜边过点 A、D（圆直径上的两端点），作直线 AF 和 DC；翻转三角板，以同样方法作直线 AB 和 DE；连接 BC 和 FE，即得正六边形，见图（b）
五等分圆周和作正五边形	 （a） （b）	（1）平分半径 OM 得 O_1，以点 O_1 为圆心、O_1A 为半径画弧，交 ON 于点 O_2，见图（a） （2）取 O_2A 的弦长，自 A 点起在圆周上依次截取，得等分点 B、C、D、E，连接各点后即得正五边形
任意等分圆周作正 n 边形	 （a） （b）	以正七边形作法为例 （1）先将已知直径 AK 七等分，再以点 K 为圆心，以直径 AK 为半径画弧，交直径 PQ 的延长线于 M、N 两点，见图（a） （2）自点 M、N 分别向 AK 上的各偶数点（或奇数点）连线并延长交圆周于点 B、C、D 和 E、F、G，依次连接各点，即得正七边形，见图（b）

 案例绘制

图 1-13 所示的六角开槽螺母平面图的绘制步骤见表 1-10。

表 1-10　绘制六角开槽螺母平面图形的步骤

步骤及方法	图例	步骤及方法	图例
1. 作直径为 ϕ84mm 的辅助圆		4. 分别以中心线 AB、CE、DF 为基准，作间距为 8mm 的平行线	
2. 分别以点 1、2 为圆心，D/2 为半径画弧交圆周于点 4、5、3、6，连接各点作出正六边形		5. 以 O 点为圆心，分别作出直径为 ϕ34mm 的整圆和直径为 ϕ42mm 的 3/4 细实线圆	
3. 分别以点 A、B 为圆心，以 D/2 为半径画弧交圆周于点 D、E、C、F，过圆心分别作中心线 DF、CE		6. 去掉多余辅助线，加深图线，标注尺寸，完成图形	

案例 2　绘制圆弧连接

案例出示

绘制如图 1-15 所示的平面图形，要求符合制图国家标准的有关规定。

案例分析

如图 1-15 所示的平面图形是由直线、圆弧连接组成的。尺寸标注和线段间的连接确定了

平面图形的形状和位置，因此要对平面图形的尺寸、线段进行分析，以确定画图顺序和正确标注尺寸。

通过本案例的绘制掌握线段的分析方法，圆弧连接的绘制步骤。

用一已知半径的圆弧将两直线、两圆弧或一直线和一圆弧光滑连接起来称为圆弧连接。常见圆弧连接的类型及作图方法见表 1-11。

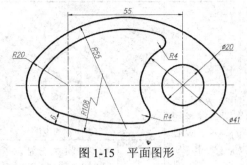

图 1-15 平面图形

表 1-11 常见圆弧连接

类别	图例及作图步骤		
作圆弧（R）与两直线 AB、BC 相切	（a）成直角时	（b）成钝角时	（c）成锐角时
作图步骤	1. 求圆心：分别作与两已知直线 AB、BC 相距为 R 的平行线，得交点 O，即为连接弧（R）的圆心 2. 求切点：自点 O 分别向 AB、BC 作垂足 K_1、K_2，即为切点 3. 画连接弧：以 O 为圆心，R 为半径，自点 K_1 至 K_2 画圆弧，即完成作图		
作圆弧（R）与已知直线 AB 和已知圆弧（半径 r、圆心 P）相切	（a）与已知直线和圆弧外切	（b）与已知直线和圆弧内切	
作图步骤	1. 求圆心：作与已知直线 AB 相距为 R 的平行线；再以 P 为圆心，r+R（外切时）或 r−R（内切时）为半径画弧，此弧与所作平行线的交点 O，即为连接弧（R）的圆心 2. 求切点：自点 O 向 AB 作垂线，得垂足 K_1；再作两圆心连线 OP（外切时）或两圆心连线 OP 的延长线（内切时），与已知圆弧（r）交于点 K_2，则 K_1、K_2 即为切点 3. 画连接弧：以 O 为圆心，R 为半径，自点 K_1 至 K_2 画圆弧，即完成作图		

续表

类别	图例及作图步骤
作圆弧（R）与两已知圆弧（半径为 r_1、r_2，圆心为 P、Q）相切	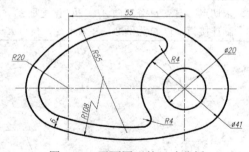 （a）外切　　　　（b）内切　　　　（c）混合相切

作图步骤	1. 求圆心：分别以 P、Q 为圆心，$R+r_1$ 和 $R+r_2$（外切时），或 $R-r_1$ 和 $R+r_2$（内切时），或 r_1-R 和 $R+r_2$（混合相切时）为半径画弧、得交点 O，即为连接弧（R）的圆心
	2. 求切点：作两圆心连接 OP、OQ（或连接延长线），与已知圆弧（r_1、r_2）分别交于 K_1、K_2 点即为切点
	3. 画连接弧：以 O 为圆心、R 为半径，自点 K_1 至 K_2 画圆弧，即完成作图

 案例绘制

一、平面图形的尺寸分析

尺寸是作图的依据，按其作用可分为定形尺寸和定位尺寸。

1. 定形尺寸

定形尺寸是指确定图形中各几何元素形状的尺寸。如图 1-16 所示图形中的 $\phi20$、$\phi41$、$R20$、$R108$、$R55$、$R4$ 等都是定形尺寸。

图 1-16　平面图形的尺寸分析

2. 定位尺寸

定位尺寸是指确定图形中各几何元素相对位置的尺寸。如图 1-16 所示图形中的 55 是定位尺寸。

3. 尺寸基准

尺寸标注的起点称为尺寸基准，可作为基准的几何元素有对称图形的对称线、圆的中心线、水平或竖直直线线段。如图 1-16 所示图形以两圆中心线为基准。

二、平面图形的线段分析

根据平面图形的尺寸标注和线段间的连接关系，可将平面图形中的线段分为三类，分别

为已知线段、中间线段和连接线段,分别介绍如下。

1. 已知线段

已知线段是指由尺寸可以直接画出的线段,即有足够的定形尺寸和定位尺寸的线段,如图 1-16 所示图形中的 $\phi20$、$\phi41$、$R20$、6 等。

2. 中间线段

中间线段是指除已知尺寸外,还需要一个连接关系才能画出的线段,即缺少一个定位尺寸的线段。如图 1-16 所示图形中的 $R55$、$R108$。

3. 连接线段

连接线段是指需要两个关系才能画出的线段。如图 1-16 所示图形中的 $R4$,绘图顺序一般是首先画出已知线段,再画中间线段,最后画连接线段。

三、绘制平面图

绘制平面图的作图步骤见表 1-12。

表 1-12　平面图作图步骤

画法与步骤	图例
1. 画基准线 作出水平中心线和竖直中心线,以及圆的中心线	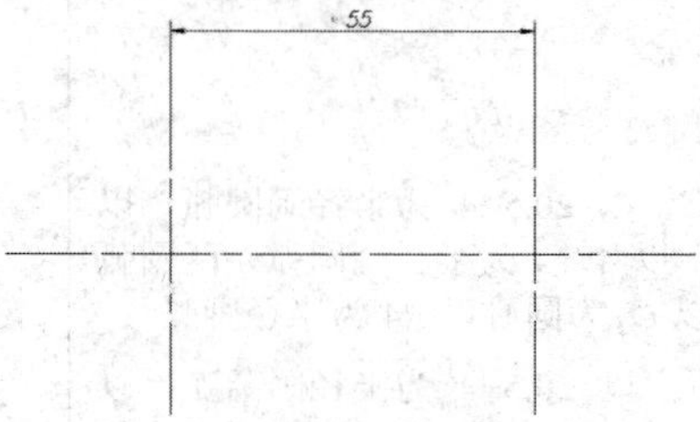
2. 画已知圆弧 以两交点为圆心画已知圆 $\phi20$、$\phi41$,已知圆弧 $R14$、$R20$	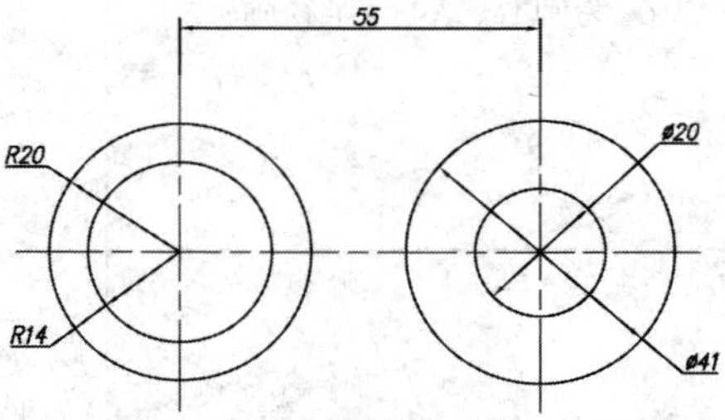
3. 画连接圆弧 以两圆心分别以 55-20 为半径、55-20.5 为半径画圆弧交于 O_1,以 O_1 为圆心以 $R55$ 为半径画弧 以两圆心分别以 108-20 为半径、108-20.5 为半径画圆弧交于 O_2,以 O_2 为圆心以 $R108$ 为半径画弧	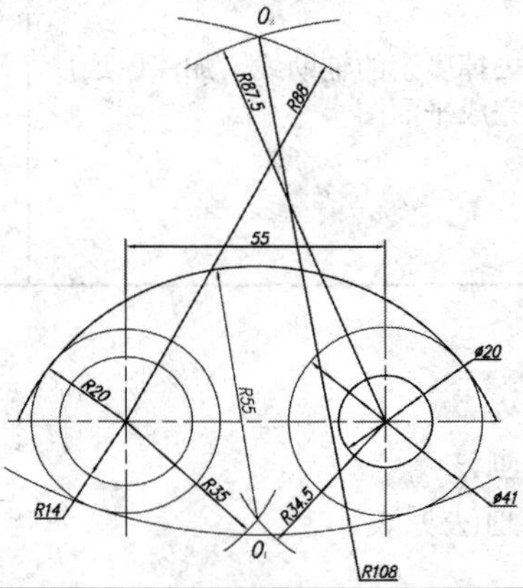

画法与步骤	图例
4. 画连接圆弧 以 O_1 为圆心、55-6 为半径画弧 以 O_2 为圆心、108-6 为半径画弧	
5. 画连接圆弧 以右侧圆心，以 20.5+4 为半径画圆圆弧，以 O_1 为圆心，以 49-4 为半径画圆圆弧，两圆弧交于 O_3，以 O_3 为圆心以 R4 为半径画弧 以右侧圆心，以 20.5+4 为半径画圆圆弧，以 O_2 为圆心，以 102-4 为半径画圆圆弧，两圆弧交于 O_4，以 O_4 为圆心、R4 为半径画弧	
6. 检查 检查无误，去掉多余的辅助线，加深图线，标注尺寸，完成平面图	

知识拓展

椭圆的画法
椭圆的画法见表 1-13。

表 1-13　椭圆的画法

画法	1. 画椭圆的长轴 *AB* 和短轴 *CD* 交于 *O* 点,以 *O* 为圆心,*AB*/2 为半径画圆弧,交 *CD* 的延长线于 *E* 点,以 *C* 为圆心,*CE* 为半径画圆弧,交 *AC* 于 *F* 点	2. 作 *AF* 的垂直平分线交 *AB*、*CD* 于 O_1、O_2 点,再分别作 O_1、O_2 点的对称点 O_3、O_4 点。这四点即为四段圆弧的圆心	3. 分别以 O_1、O_3 和 O_2、O_4 为圆心,以 O_1A、O_2C 为半径画圆,得到四段圆弧,即为所求。加深图线,完成作图
图例	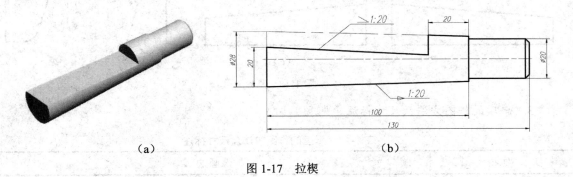		

案例 3　绘制锥度和斜度

案例出示

绘制如图 1-17 所示拉楔的平面图,要求符合制图国家标准的有关规定。

（a）　　　　　　　　　　　　　　（b）

图 1-17　拉楔

案例分析

　　如图 1-17（b）所示的拉楔,是一个轴类的机件,其立体图如图 1-17（a）所示,左端是锥度为 1:20 的圆锥体,上方切有一个斜度为 1:20 的倾斜平面,按国家标准绘制斜度和锥度。

学习目标

通过本案例掌握斜度、锥度的绘制与标注方法。

相关知识

一、斜度

1. 斜度的概念

斜度是指一直线（或平面）对另一直线（或平面）的倾斜程度。其大小用两直线（或两平面）夹角的正切来表示，并简化为 1:n 的形式，如图 1-18a 所示。

$$S = \tan\alpha = AC:AB = 1:\frac{AB}{AC} = 1:n$$

2. 斜度符号的画法及标注方法

斜度符号的画法如图 1-18（b）所示。图样上标注斜度符号时，其斜度符号的斜边应与图中斜线的倾斜方向一致，如图 1-18（c）所示。

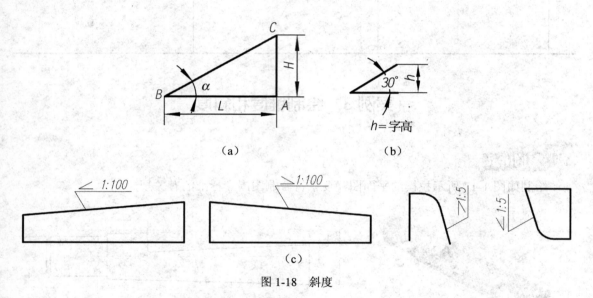

图 1-18　斜度

3. 斜度的作图方法及尺寸标注（见表 1-14）

表 1-14　斜度的作图方法及尺寸标注

要求	画法		
按照下图的尺寸绘图	1. 由已知尺寸作出无斜度的轮廓线	2. 将 AB 线段五等分，作 BC，取 BC 为一等分长	3. 连接 AC 即为 1:5 的斜度线 4. 检查，描粗，标注尺寸，完成作图

二、锥度

1. 锥度的概念

锥度是指正圆锥的底圆直径与其高度之比。若是锥台，则为上下两底面圆满直径差与锥台高度之比，并以 1:n 的形式表示，如图 1-19（a）所示。

$$锥度 = \frac{D-d}{L} = \frac{D}{H} = 2\tan(\alpha/2)$$

2. 符号的画法及标注方法

锥度符号的画法如图 1-19（b）所示。图样上标注锥度符号时，其锥度符号的尖点应与圆锥的锥度方向一致，如图 1-17（c）所示。

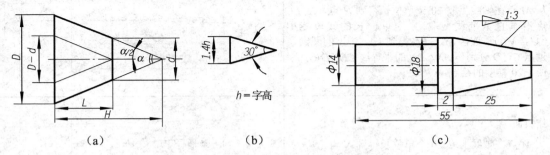

（a）　　　　　　　　（b）　　　　　　　　（c）

图 1-19　锥度及其符号

3. 锥度的作图方法及尺寸标注（见表 1-15）

表 1-15　锥度的作图方法及尺寸标注

要求	画法		
按照下图的尺寸绘制圆锥台	1. 作径向和轴向基准线交于 *A* 点；根据已知尺寸截取 20 交于 *E*、*F* 点，截取长度 60	2. 从 *A* 点向右以任意长度截取三等份，得 *B* 点，过 *B* 点作 *CD*⊥*AB*，取 *CD* 为一等份长	3. 连接 *AC*、*AD*，即为 1:3 的锥度线。过 *E* 点作 *AC* 的平行线，过 *F* 点作 *AD* 的平行线 4. 检查，描深，标注尺寸，完成作图

案例绘制

绘制拉楔平面图的作图步骤见表 1-16。

表 1-16　绘制拉楔平面图的作图步骤

画法与步骤	图例
1．作基准线 作径向基准和轴向基准线，相交于 M 点 **2．作已知线段** 依据尺寸 100mm、130mm、20mm、φ20mm、φ28mm 画已知线段，得交点 C、D、K 点	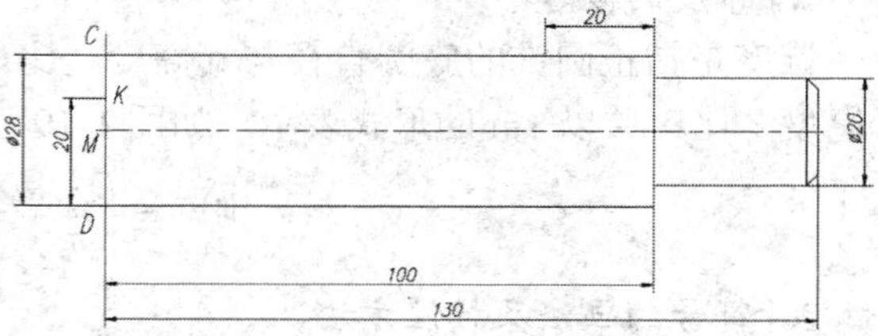
3．作锥度 从 M 点在轴线上取 20 个单位长得到 N 点，从 M 点沿垂直基准线截取 1 个单位长的线段 AB（MA=MB），连接 AN、BN 得到 1:20 锥度的圆锥。过点 C、D 分别作 AN、BN 的平行线 CE、DF，完成 1:20 锥度的绘制	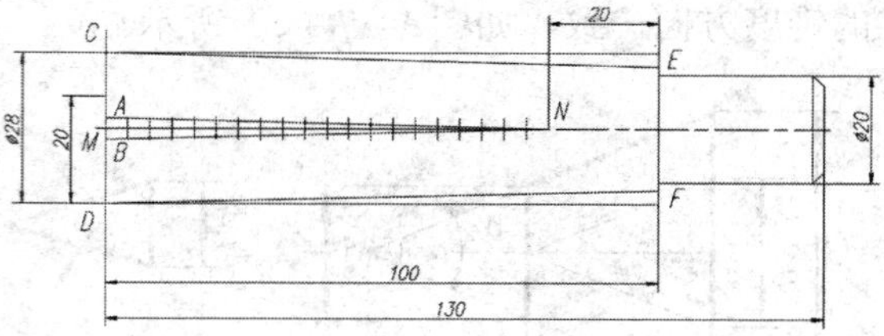
作斜面 从 M 点在轴线上取 20 个单位长得到 N 点，从 M 点沿垂直基准线向上截取 1 个单位长的线段 MG，连接 GN 得到 1:20。斜度的斜线。过点 K 作 N 的平行线，完成 1:20 斜度的绘制	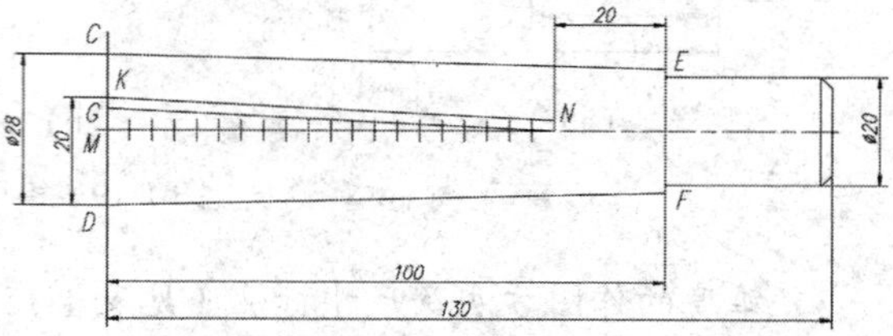
检查 检查无误后，去掉多余辅助线，加深图线，标注尺寸，完成图形	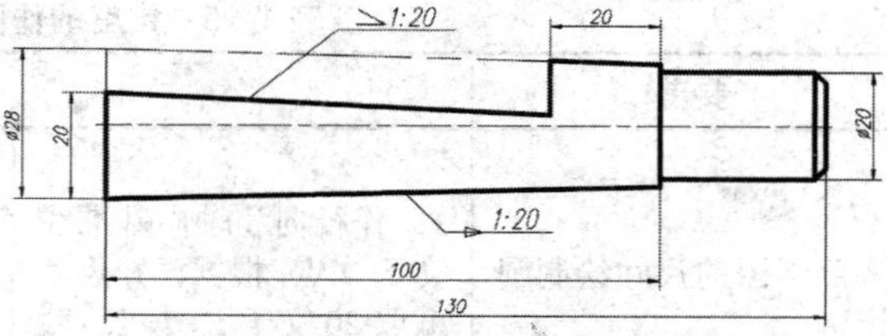

案例4　绘制较复杂的平面图形

案例出示

在 A3 图纸上绘制如图 1-20 所示的钩子平面图形，要求符合国家制图标准的有关规定。

案例分析

一张完整的图纸一般由图幅、标题栏、图形、尺寸、技术要求等组成，如图 1-20 所示的钩子平面图形就是一张完整的图纸。

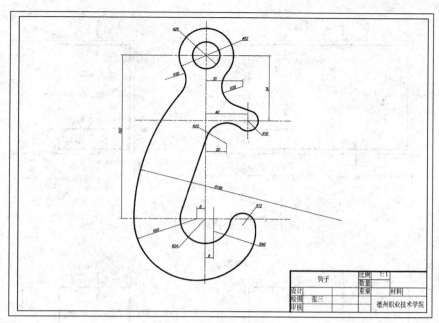

图 1-20　钩子平面图

相关知识

一、图幅

根据图形的大小选择适当的图纸幅面，国家标准 GB/T 14689—2008 对图纸幅面作了相应规定，基本幅面的尺寸关系见图 1-21。

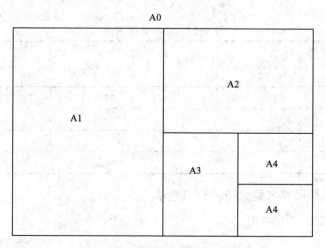

图 1-21　基本幅面的尺寸关系

二、图框

国家标准规定，图框用粗实线绘制，图框按格式分为无装订边和有装订边两种，如图 1-22 和图 1-23 所示。图中的周边尺寸 a、c、e 从表 1-17 中查取。

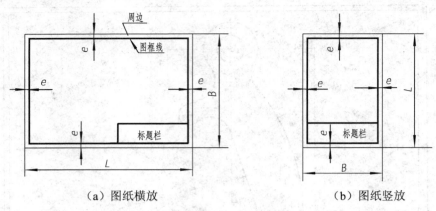

（a）图纸横放　　　　　　　　　　（b）图纸竖放

图 1-22　无装订边的图框格式

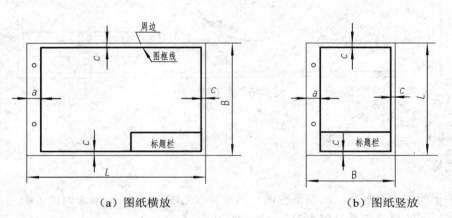

（a）图纸横放　　　　　　　　　　（b）图纸竖放

图 1-23　有装订边的图框格式

表 1-17　基本幅面尺寸

基本幅面代号 尺寸代号	A0	A1	A2	A3	A4
$B \times L$	841×1189	594×841	420×594	297×420	210×297
a	25				
b	10			5	
c	20		10		

注意： 同一产品的图样只能采用一种图框格式。

三、标题栏

　　每张图纸上都必须画出标题栏，标题栏的格式和尺寸在 GB/T 10609.1—2008 中作了规定。标题栏的位置应位于图纸的右下角，如图 1-20、图 1-22、图 1-23 所示，标题栏中的文字方向通常与看图的方向保持一致。制图作业的标题栏如图 1-24 所示，标题栏外框采用粗实线绘制，框内格线采用细实线绘制。

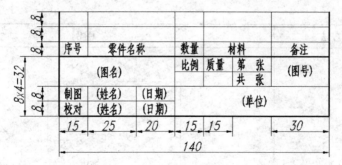

（a）装配图标题栏

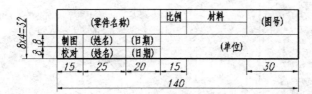

（b）零件图标题栏

图 1-24 制图作业简化标题栏格式

 案例绘制

一、准备工作

1. 确定图幅

根据图形及其尺寸，确定采用 A3 图纸。

2. 确定绘图比例

根据图形的复杂程度和尺寸大小，确定采用 1:1 的绘图比例。

二、绘制图形

图 1-20 所示的钩子平面图的作图步骤见表 1-18。

表 1-18 钩子的作图步骤

步骤	方法	图例
1. 绘制 A3 图形边框、标题栏 2. 绘制基准线	选取各圆心位置绘制水平中心线和竖直中心线作为基准	

续表

步骤	方法	图例
3. 绘制已知圆部分	画各个圆	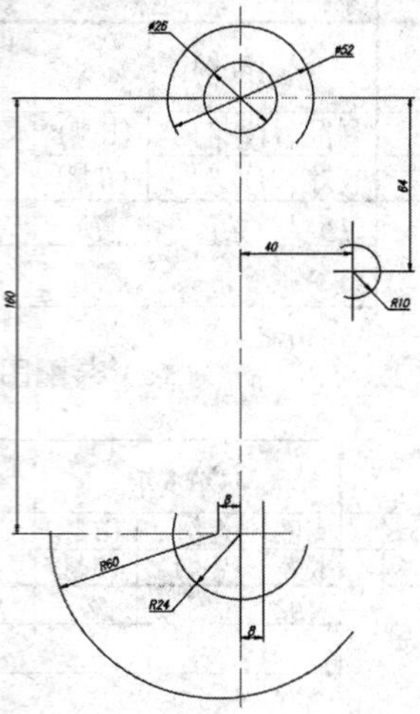
4. 绘制中间圆弧	（1）画与 R60 内切并与 R60 圆心在同一水平线的中间圆弧 R198 （2）画与 R10 外切并且圆心距中心线 20 的圆弧 R30 （3）画与 R60 内切并且圆心距中心线 8 的圆弧 R40	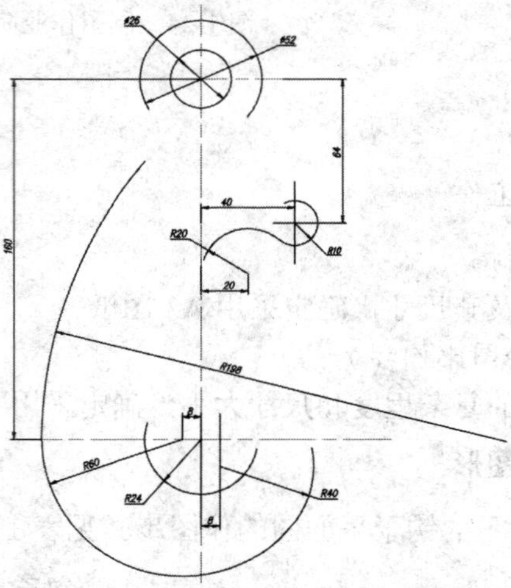
5. 绘制连接圆弧	（1）画与 φ52 和 R198 外切的圆弧 R20 （2）画与 R10 和 φ52 外切的圆弧 R20 （3）画与 R40 内切，与 R24 外切的圆弧 R12 （4）画与 R30 和 R24 相切的直线段	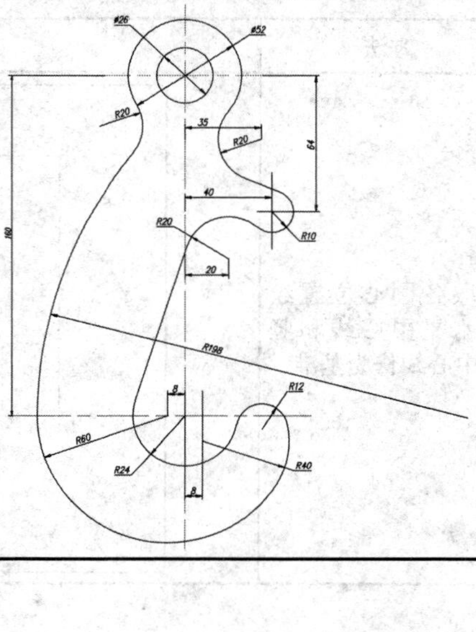

续表

步骤	方法	图例
6．校核、描深 7．标注尺寸 8．填写标题栏	描粗前检查各图线，擦除多余的作图线	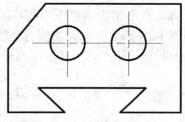

课题三 徒手绘制草图

以目测估计图形与实物的比例，徒手（或部分使用仪器）画出的图，称为草图。草图是工程技术人员交谈、记录、构思、创作的有力工具。技术人员必须熟练掌握徒手作草图的技巧。

草图的"草"字只是指徒手作图而言，并没有允许潦草的含义。草图上的线条也要粗细分明、基本平直、方向正确、长短大致符合比例，线型符合国家标准。

案例 徒手绘制垫块草图

 案例出示

徒手绘制如图 1-25 所示垫块的平面草图。

图 1-25 垫块的平面图

 案例分析

该垫块的平面图形由水平、竖直、倾斜直线及圆组成，徒手绘制该图形时，必须掌握徒手绘制各种线条的基本方法。

相关知识

草图图形的大小是根据目测估计画出的，目测尺寸要尽可能准确。画草图的铅笔一般用HB或B。为了便于转动图纸顺手画成，提高徒手画图的速度，草图的图纸一般不固定。初学者可在方格纸上进行练习。

一、直线的画法

徒手画图时，手腕和手指微触纸面。画短线以手腕运笔；画长线时，移动手臂运笔，眼睛注视着线段终点，以眼睛的余光控制运笔方向，移动手腕使笔尖沿要画线的方向作直线运动。画水平线时，为了便于运笔，可将图纸微微左倾，自左向右画线，如图1-26（a）所示；画竖直线时，应自上而下运笔画线，如图1-26（b）所示；画30°、45°、60°等常见角度斜线时，可根据两直角边的比例关系，先定出两端点，然后连接两端点即为所画角度线，如图1-27所示。

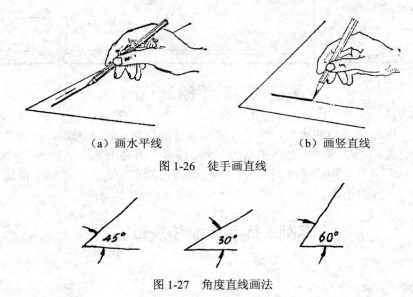

（a）画水平线　　　　　（b）画竖直线

图1-26　徒手画直线

图1-27　角度直线画法

二、圆和圆弧的画法

画圆时，先确定圆心位置，并过圆心画出两条中心线；画小圆时，可在中心线上按半径目测出四点，然后徒手连点，如图1-28（a）所示；当圆直径较大时，可以通过圆心多画几条不同方向的直线，按半径目测出一些直径端点，再徒手连点画圆，如图1-28（b）所示。

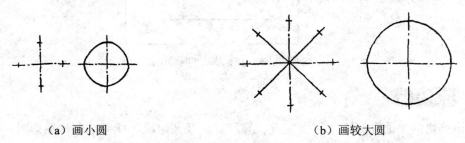

（a）画小圆　　　　　　　　（b）画较大圆

图1-28　圆的画法

　　徒手画图，最重要的是要保持物体各部分的比例关系，确定出长、宽、高的相对比例。画图过程中随时注意将测定线段与参照线段进行比较、修改，避免图形与实物失真太大。对于小的机件可利用手中的笔估量各部分的大小，对于大的机件则应取一参照尺度，目测机件各部分与参照尺度的倍数关系。

 案例绘制

　　徒手绘制垫块草图的步骤见表 1-19。

表 1-19　徒手绘制垫块的草图

内容	步骤与方法	图例
1. 通过目测绘制基准线 2. 绘制外形轮廓线	根据目测尺寸绘制外轮廓直线及斜线	
3. 绘制下方燕尾槽	根据燕尾槽的深度，在槽的两面端画正方形，正方形的对角线确定槽的斜度	
4. 绘制两个小圆	根据圆的半径，画正方形，与正方形相切画小圆	
5. 检查、校核、描粗	擦去作图辅助线，校核、描粗，完成徒手绘图	

项目二　正投影法及三视图

　学习导读

物体可以看成是由点、线、面组成的，要实现物体与图样的转换就必须首先掌握好构成空间物体的基本几何元素——点、线、面的投影特性、作图原理和方法，这也是学习后续内容的基础。

投影法是在平面（图纸）上表达空间形体的基本方法，它广泛应用于机械图样中。

　主要内容

1．通过正投影法的学习，熟练掌握简单形体三视图的画法。
2．通过各类练习，熟练点、线、面在三面投影体系中的投影规律。

课题一　绘制简单形体的三视图

　学习目标

1．掌握简单形体三视图的画法。
2．能正确绘制简单形体三视图。

案例1　绘制物体的正投影图

　案例出示

在机械设计、生产过程中，需要用图来准确地表达机器和零件的形状和大小，图2-1为一物体立体图。立体图就像照片一样富有立体感，给人以直观的印象，但是它在表达物体时，某些结构的形状发生了变形（矩形被表达为平行四边形），可见立体图很难准确地表达机件的真实形状。如何才能完整准确地表达物体前表面的形状和大小呢？

　案例分析

在中学的数学课上，大家都学过投影与视图的知识，如果正对着图2-1的前面观察，所看到的图像就能准确地反映此物体的前表面的形状和大小。

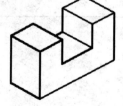

图2-1　立体图

　相关知识

物体在阳光等光线照射下，就会在地面或墙壁上产生影子。影子在某些方面反映出物体

的形状特征，这就是常见的投影现象。人们根据生产活动的需要，对这种现象加以抽象和总结，逐步形成了投影法。所谓投影法，就是一组投射线通过物体射向预定平面上得到图形的方法。预定平面 P 称为投影面，在 P 面上所得到的图形称为投影，如图 2-2 所示。

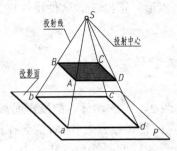

图 2-2　中心投影法

1．工程常见投影法

工程上常见的投影法有中心投影法和平行投影法。

（1）中心投影法。

投射线汇交于一点的投影法称为中心投影法，如图 2-2 所示，由图可见，空间四边形 *ABCD* 比其投影 *abcd* 四边形小。所以，中心投影法所得投影不能反映物体的真实形状和大小，因此在机械图样中很少使用。

（2）平行投影法。

若将图 2-2 的投射中心 S 移至无穷远处，则投射线互相平行，如图 2-3（a）所示。这种投射线互相平行的投影法称为平行投影法。

斜投影法——投射线与投影面斜交。根据斜投影法所得到的图形，称为斜投影或斜投影图（如图 2-3（a）所示）。

正投影法——投射线与投影面垂直。根据正投影法所得到的图形，称为正投影或正投影图（如图 2-3（b）所示）。

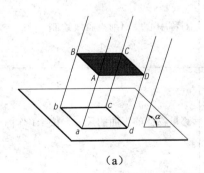
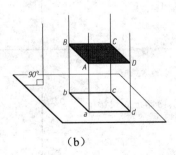

（a）　　　　　　　　　　　　　　（b）

图 2-3　平板在地面上的投影

由于正投影法的投射线相互平行且垂直于投影面，正投影在投影图上容易如实表达空间物体的形状和大小，作图比较方便，因此绘制机械图样主要采用正投影法，并将正投影简称为投影。

2．正投影特点

（1）真实性。当直线或平面与投影面平行时，直线的投影为反映空间直线实长的直线段，平面投影为反映空间平面实形的图形，正投影这种特性称为真实性。

（2）积聚性。当直线或平面与投影面垂直时，直线的投影积聚成一点，平面的投影积聚成一条直线，正投影的这种特性称为积聚性。

（3）类似性。当直线或平面与投影面倾斜时，直线的投影为小于空间直线实长的直线段，平面的投影为小于空间实形的类似形，正投影的这种特性称为类似性。

 案例绘制

一、正投影图的形成

如果将图 2-2 中的平板换成图 2-1 中的物体，把投影面放在正前方，物体放在人与投影面之间，让互相平行且与投影面垂直的投影线投射物体，就会在投影面上得到投影图（又称视图）。很显然，该正投影图能准确地表达物体前面的形状和大小。

二、正投影图的绘图步骤

空间物体有长、宽、高三个方向，一般把物体左右之间的距离称为长，前后之间的距离称为宽，上下之间的距离称为高。

正投影图绘图步骤见表 2-1。

表 2-1　正投影图的绘图方法与步骤

步骤	图例	说明
1. 形体分析		此物体是对称结构
2. 绘制中心线		对称中心线用细点画线绘制
3. 绘制物体正面投影		测量物体的正面的尺寸，按 1:1 作图
4. 完成投影图		检查，并按标准描深图线 注意：轮廓线用粗实线绘制

案例 2　绘制物体的三视图

一个视图只能表达物体一个面的形状，但不能完整地表达物体的全部形状，如表 2-1 所示图形无法反映物体的顶面和侧面。因此，要想表达一个物体的完整形状，就必须从物体的几个方向进行投射，绘制出几个视图。通常在物体的后面、下面和右面放置三个投影面，从物体的前面、上面和左面进行投射，分别绘出三个视图。

一、三视图的形成

1. 三投影面体系的建立

在图 2-4（a）中，分别从物体的前面、上面和左侧面三个方向进行投射，因而需要建立三个互相垂直的投影面。这三个互相垂直的投影面即构成一个三投影面体系。

三投影面分别为：

（1）正立投影面，简称正面，用 V 表示。

（2）水平投影面，简称水平面，用 H 表示。

（3）侧立投影面，简称侧面，用 W 表示。

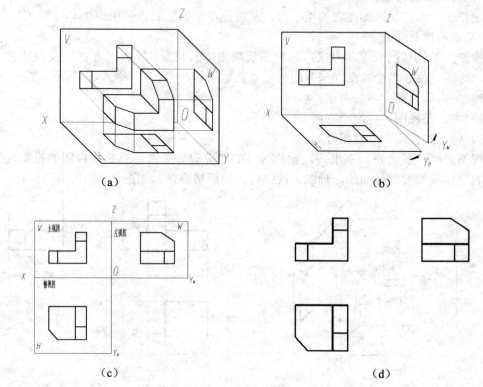

(a)　　　　　　　　　　　　(b)

(c)　　　　　　　　　　　　(d)

图 2-4　三视图的形成

每两个投影面的交线称为投影轴，如 OX、OY、OZ，分别简称为 X 轴、Y 轴、Z 轴。三根投影轴相互垂直，其交点 O 称为原点。

2. 三面投影的形成

将物体放置在三投影面体系中，按正投影法向各投影面投射，由前向后投射在 V 面上得到的视图称为主视图；由上向下投射在 H 面上得到的视图称为俯视图；由左向右投射在 W 面上得到的视图称为左视图，如图 2-4（a）所示。

3. 三投影面的展开

为了画图方便，需将相互垂直的三个投影面摊平在同一个平面上。展开的方法：正立投影面不动，将水平投影面绕 OX 轴向下旋转 90°，将侧立投影面绕 OZ 轴向右旋转 90°，如图 2-4（b）所示，分别重合到正立投影面上，如图 2-4（c）所示。应注意当水平投影面和侧立投影面旋转时，OY 轴分为两处，分别用 OY_H（在 H 面上）和 OY_W（在 W 面上）表示。这样用正投影法得到的三个投影图称为物体的三视图，分别介绍如下。

（1）主视图——物体在正立投影面上的投影，也就是由前向后投射所得的视图；

（2）俯视图——物体在水平投影面上的投影，也就是由上向下投射所得的视图；

（3）左视图——物体在侧立投影面上的投影，也就是由左向右投射所得的视图。

由于视图所表达的物体形状与投影面的大小、物体与投影面之间的距离无关，所以工程图样上通常不画出投影面的边框和投影轴，如图 2-4（d）所示。

二、三视图之间的对应关系

将投影面旋转展开到同一平面上后，物体的三视图存在着下列对应关系。

1. 视图的位置关系

以主视图为准，俯视图在它的正下方，左视图在它的正右方，如图 2-4（c）、（d）所示。

2. 尺寸的度量关系

主视图反映物体的长度和高度；俯视图反映物体的长度和宽度；左视图反映物体的宽度和高度。这样，相邻两个视图同一方向的尺寸必定相等，即：

（1）主、俯视图——长对正；

（2）主、左视图——高平齐；

（3）俯、左视图——宽相等。

三视图之间"长对正，高平齐，宽相等"的"三等"关系，就是三视图的投影规律，对于物体的整体或局部都是如此，画图、读图时，要严格遵循，如图 2-5（b）所示。

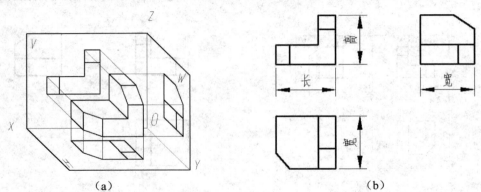

（a）   （b）

图 2-5 三视图中物体的对应关系

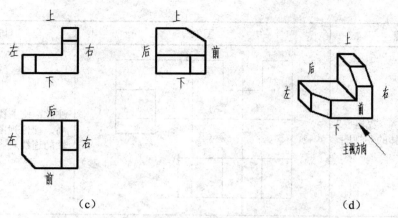

图 2-5　三视图中物体的对应关系（续图）

3. 物体的方位关系

物体有上、下、左、右、前、后六个方位，其中：

（1）主视图——反映物体的上、下和左、右；

（2）俯视图——反映物体的左、右和前、后；

（3）左视图——反映物体的上、下和前、后。

这样，俯、左视图靠近主视图的一边（里边），均表示物体的后面；远离主视图的一边（外边），均表示物体的前面，如图 2-5（c）所示。

一般只有将三视图中任意两视图组合起来看，才能完全看清物体的上、下、左、右、前、后六个方位的相对位置。其中物体的前后位置在左视图中最容易弄错。左视图中的左、右反映了物体的后面和前面，不要误认为是物体的左面和右面。

案例绘制

绘制图 2-1 所示形体的三视图。其绘图方法和步骤见表 2-2。

表 2-2　三视图的绘图方法与步骤

步骤	图例	说明
1. 绘制"凹"字体的主视图		测量长方体的"长"和"高"，按 1:1 作图
2. 根据"长对正"绘制"凹"字体的俯视图		测量长方体的尺寸"宽"，按 1:1 作图 注意：使主视图与俯视图上下对齐

续表

步骤	图例	说明
3. 根据"高平齐、宽相等"绘制"凹"字体的左视图	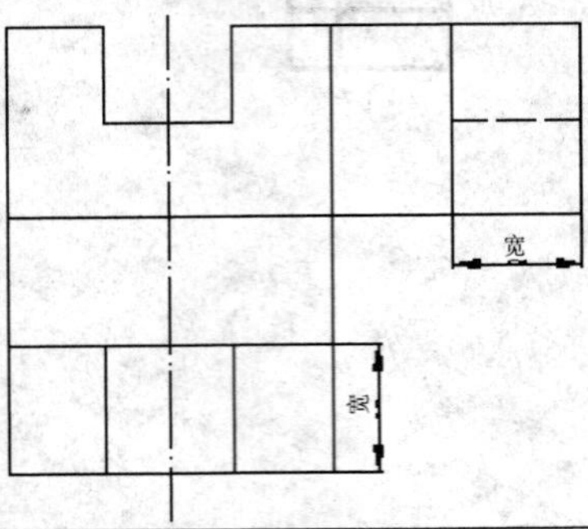	注意：使主视图与左视图同高，使俯视图和左视图到 Y 轴的连线对齐
4. 检查并描深	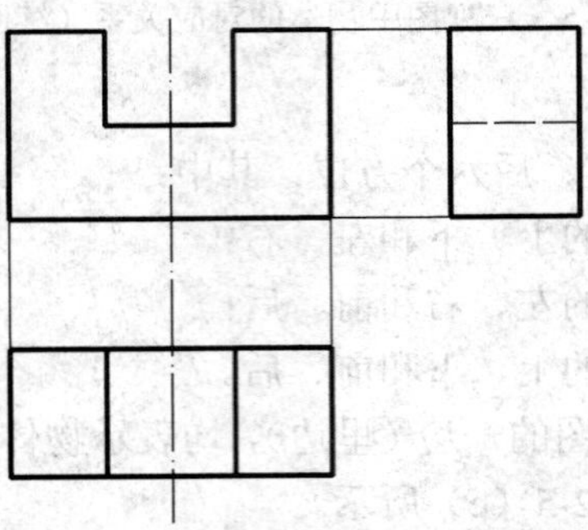	按标准描深图线 注意：轮廓线用粗实线绘制

课题二　绘制点的投影

学习目标

1. 准确掌握和运用点的投影规律。
2. 掌握点的坐标与投影关系。
3. 掌握两点间的相对位置关系及重影性。

案例1　根据立体图作点的三面投影

案例出示

如图 2-6 所示，将点 S 点向三个投影面进行投射，得到点的三面投影。试绘制点的三面投影，并分析其投影规律。

案例分析

求作点 S 的投影时，需要测量点到投影面的距离。大家想一下，点的正面投影的位置由什么尺寸确定？点的水平投影和侧面投影的位置又是由什么尺寸确定？点的三面投影符合三视图的投影规律吗？

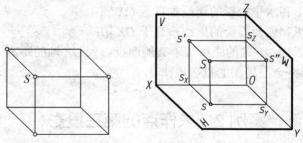

图 2-6 点的投影

一、作点的三面投影图

点的三面投影的作图步骤见表 2-3。

表 2-3 点的作图步骤

步骤	图例	说明
1. 作出点的正面投影		根据 S 点到侧投影面的距离和到水平投影面的距离绘制点的正面投影
2. 作出点的水平投影		根据 S 点到侧投影面的距离和到正投影面的距离绘制点的水平投影
3. 作出点的侧面投影		根据 S 点到正投影面的距离和到水平投影面的距离绘制点的侧面投影

二、分析点的投影规律

观察表 2-3 中的图,可得点的投影规律:

（1）点的正面投影和水平投影的连线垂直于 OX 轴；

（2）点的正面投影和侧面投影的连线垂直于 OZ 轴；

（3）点的水平投影到 OX 轴的距离等于其侧面投影到 OZ 轴的距离。

很显然，点的投影符合三视图的投影规律。

案例 2   求作点的第三投影

 案例出示

如图 2-7 所示，已知点 A 的两面投影，求作第三投影。

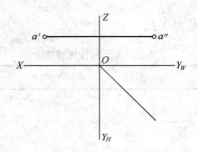

图 2-7   已知点的两面投影求第三投影

案例分析

如果已知点的两个投影，利用点的投影规律可以求得其第三投影。

案例绘制

图 2-7 所示图形点的第三投影的作图步骤见表 2-4。

表 2-4   根据点的已知投影作点的第三投影

步骤	1. 过 a' 垂直 X 轴作竖线	2. 过 a'' 垂直 Y 轴作竖线	3. 在对角线与 a'' 点的竖线连水平线同第 1 步所作竖线的交点即为点 a 的水平投影
图例			

案例3 点的坐标与投影关系

案例出示

在三投影面体系中，点的位置可由点到三个投影面的距离来确定。

案例分析

如果将三个投影面作为三个坐标面，投影轴作为坐标轴，则点的投影和点的坐标关系如图 2-8 所示。

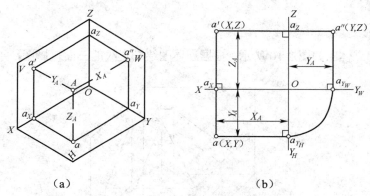

（a）　　　　　　　　　　（b）

图 2-8　点的投影和点的坐标关系

点 A 到 W 面的距离 X_A 为：$Aa''=a'a_z=aa_y=a_XO=X$ 坐标。

点 A 到 V 面的距离 Y_A 为：$Aa'=a''a_z=aa_x=a_YO=Y$ 坐标。

点 A 到 H 面的距离 Z_A 为：$Aa=a''a_Y=a'a_x=a_ZO=Z$ 坐标。

空间点的位置可由该点的坐标(X,Y,Z)确定，A 点三面投影的坐标分别为 $a(X,Y)$、$a'(X,Z)$、$a''(Y,Z)$。任一投影都包含了两个坐标，所以一个点的两个投影就包含了确定该点空间位置的三个坐标，即确定了点的空间位置。

所以，若已知某点的两个投影，则可求出第三投影。

重影点的概念

在图 2-9 中，点 E、F 的正投影重合，该两点称为 V 面的重影点。点 E 和点 F 在向正面投影时，先投射到点 E，则认为点 E 是可见的；后投射到点 F，则认为点 F 不可见，此时点 F 正投影的标记在图中注写为(f')。

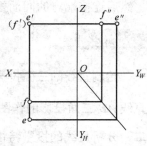

图 2-9　重影点

课题三　绘制和识读直线的投影

学习目标

1．掌握直线的投影画法。
2．了解空间直线与投影面的三种相对位置。

案例1　绘制直线的三视图

案例出示

直线 AB 的立体图如图 2-10 所示，根据立体图绘制直线的三面投影图，并分析其投影特性。

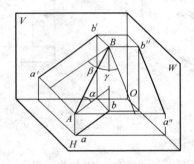

图 2-10　直线的立体图

案例分析

　　直线可以认为是连接其两个端点得到的，所以求直线的投影，可以分别作出两个端点的投影，然后连接端点的同面投影即可。

案例绘制

一、绘制直线的三面投影

直线 AB 三面投影的作图步骤见表 2-5。

二、分析直线的投影特性

　　分析图 2-10 可知，直线 AB 与三个投影面都倾斜，这种与三个投影面都倾斜的直线称为一般位置直线。直线 AB 的三面投影皆为斜线，且三面投影的长度小于直线的实际长度。

表 2-5　求作直线投影的作图步骤

步骤	图例	说明
1. 作点 A 的三面投影		测量图 2-10 中的 A 点到三个投影面的距离
2. 作点 B 的三面投影		测量图 2-10 中的 B 点到三个投影面的距离
3. 完成 AB 直线的三面投影		用粗实线连接 A、B 两点的同面投影

知识拓展

一、直线的类别

空间直线可分为三类：一般位置直线、投影面平行线、投影面垂直线。

投影面平行线又分为：水平线、正平线、侧平线。

投影面平行线的投影特性见表 2-6。

表 2-6　投影面平行线的投影特性

名称	水平线（AB//H 面）	正平线（AC//V 面）	侧平线（AD//W 面）
立体图			

名称	水平线（AB//H面）	正平线（AC//V面）	侧平线（AD//W面）
投影图	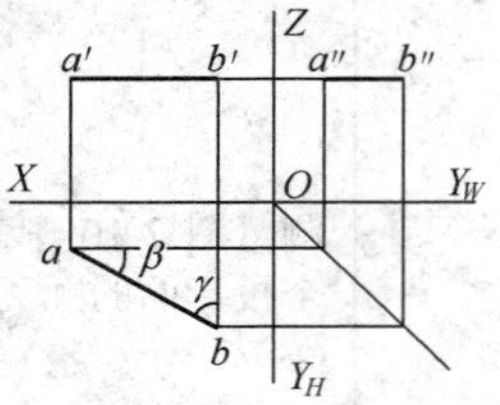	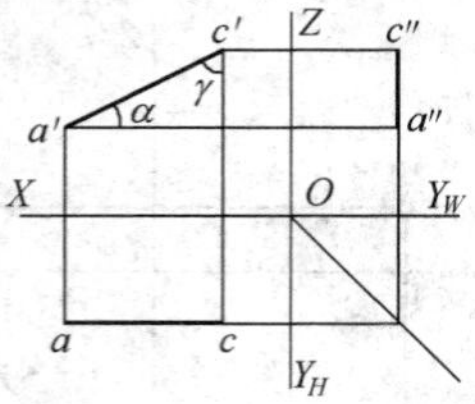	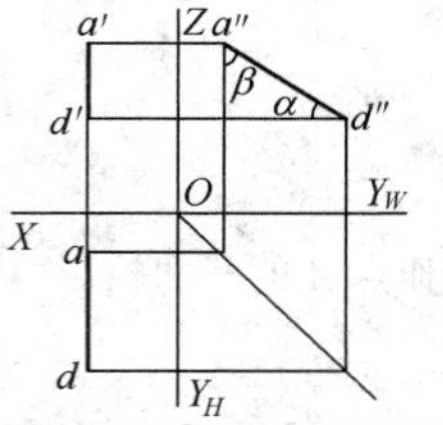
在形体投影图中的位置	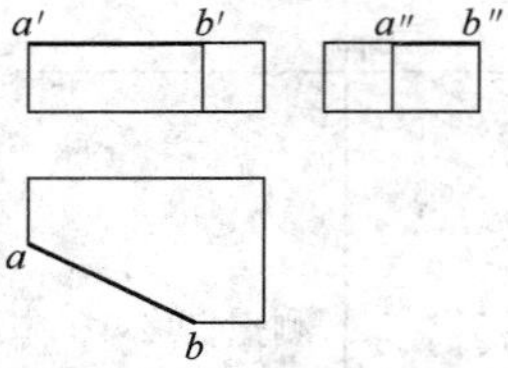	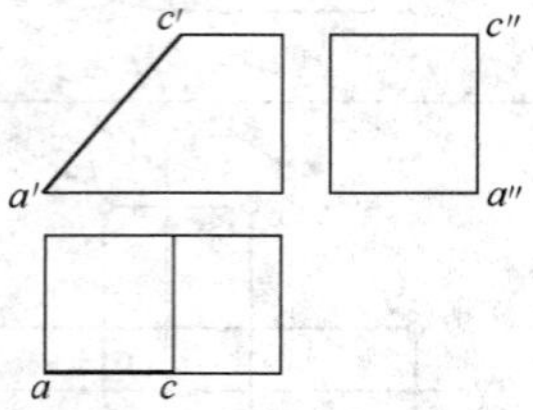	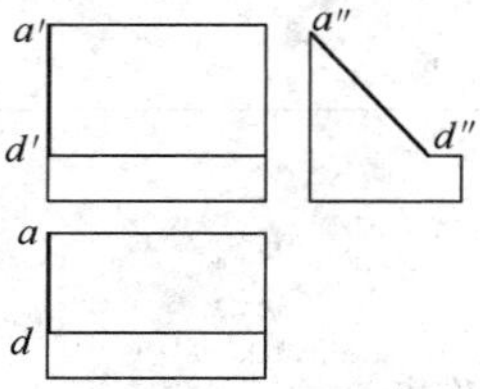
在形体立体图中的位置	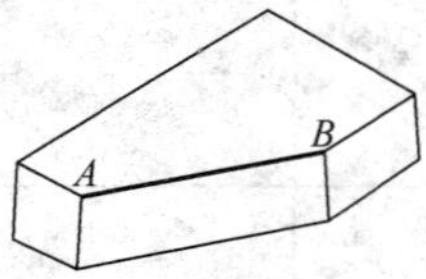	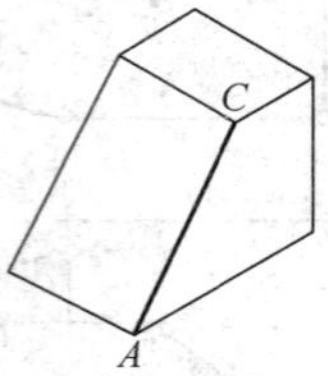	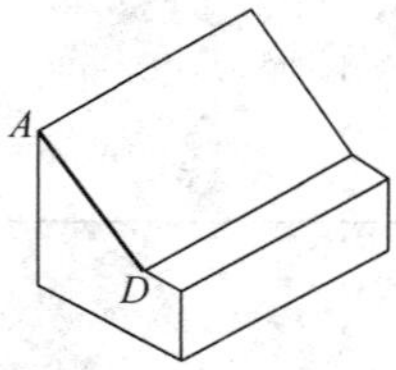
投影规律	（1）ab与投影轴倾斜，$ab=AB$，反映倾角 β、γ 的大小 （2）$a'b'//OX$ （3）$a''b''//OY_W$	（1）ac与投影轴倾斜，$a'c'=AC$，反映倾角 α、γ 的大小 （2）$ac=OX$；$a''c''=OZ$	（1）$a''d''$ 与投影轴倾斜，$a''d''=AD$，反映倾角 α、β 的大小 （2）$ad//OY_H$；$a'd'//OZ$

投影面垂直线又分为：铅垂线、正垂线、侧垂线。

投影面垂直线的投影特性见表2-7。

表2-7　投影面垂直线的投影特性

名称	铅垂线（AB⊥H面）	正垂线（AC⊥V面）	侧垂线（AD⊥W面）
立体图	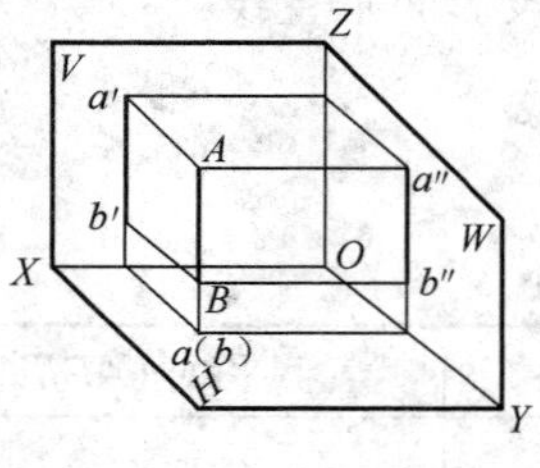	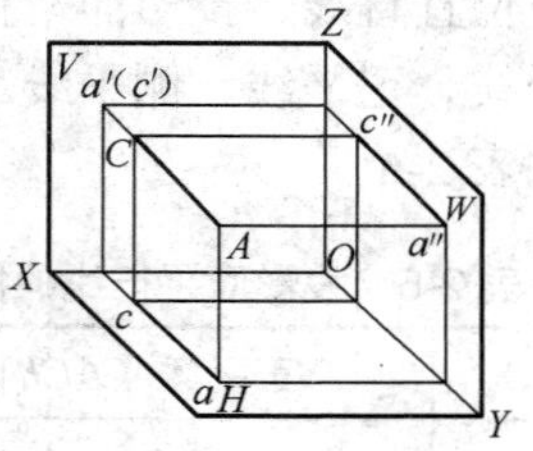	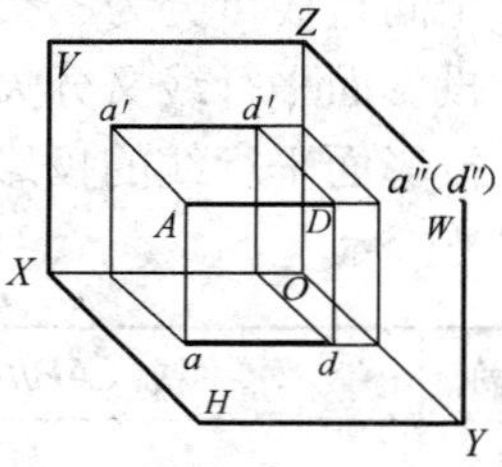
投影图	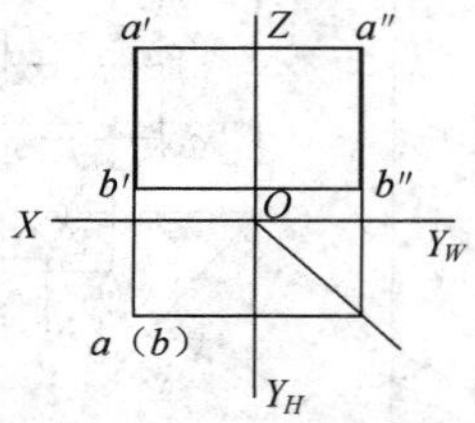	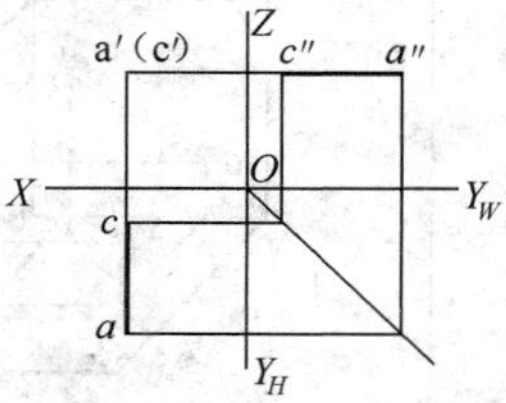	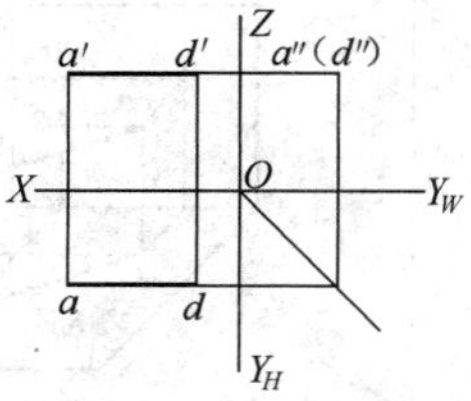

续表

名称	铅垂线（$AB \perp H$ 面）	正垂线（$AC \perp V$ 面）	侧垂线（$AD \perp W$ 面）
在形体投影图中的位置	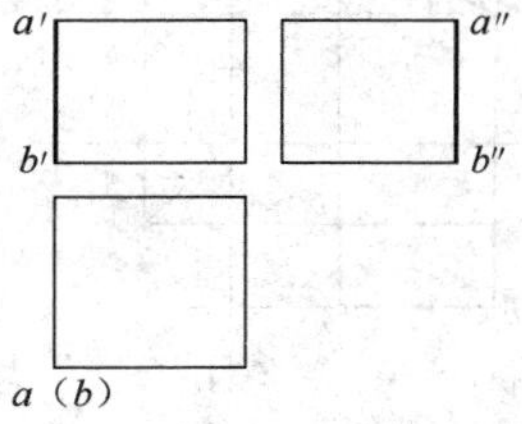	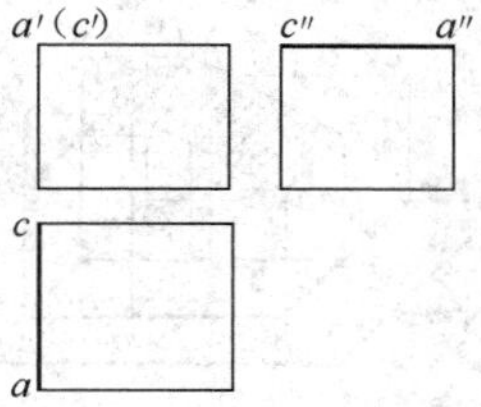	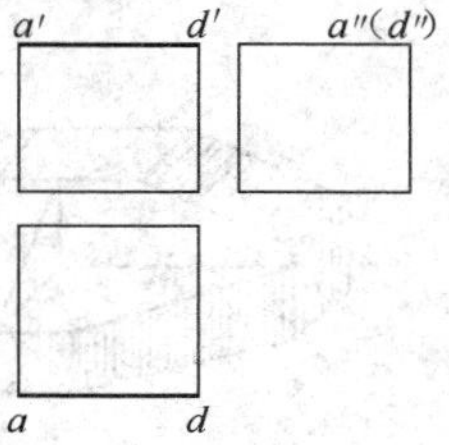
在形体立体图中的位置	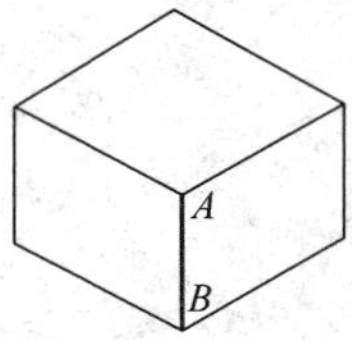	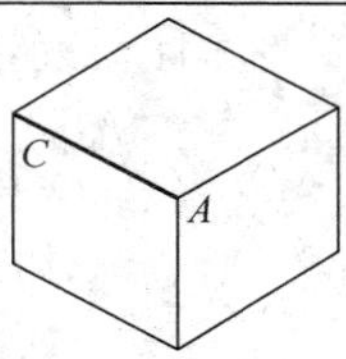	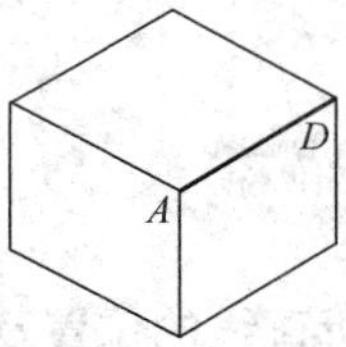
投影规律	（1）ab 积聚为一点 （2）$a'b' \perp OX$；$a''b'' \perp OY_W$ （3）$a'b'=a''b''=AB$	（1）$a'b'$ 积聚为一点 （2）$ac \perp OX$；$a''c'' \perp OZ$ （3）$ac=a''c''=AC$	（1）$a''d''$ 积聚为一点 （2）$ad \perp OY_H$；$a'd' \perp OZ$ （3）$ad=a'd'=AD$

二、特殊直线的投影特性

1．投影面平行线的投影特性

①直线在它所平行的投影面上的投影反映实长。

②直线的其他两个投影平行于相应的投影轴。

③反映直线实长的投影与投影轴的夹角等于直线对相应投影面的倾角。

反之，如果直线的三个投影与投影轴的关系是一斜两平行，则其必定是投影面平行线。

2．投影面垂直线的投影特性

①直线在它所垂直的投影面上的投影积聚成一点。

②直线的其他两个投影反映实长，且垂直于相应的投影轴。

反之，如果直线的一个投影是点，则直线必定是该投影面的垂直线。

案例 2　识读直线的投影

案例出示

图 2-11 所示为一个不规则的形体的立体图、其上一个面的投影及三视图，试分析该形体上棱线 AB、BC、CD、DA 的名称及投影特性。

案例分析

图 2-11 中的形体上包含了三种投影面的平行线和三种投影面的垂直线，可以通过分析立体图和三视图得出，直线 AB、CD 为投影面的平行线，AD、BC 为投影面的垂直线。

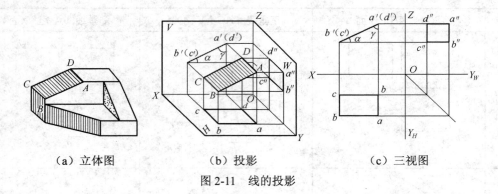

（a）立体图　　　　　（b）投影　　　　　（c）三视图

图 2-11　线的投影

分析直线的位置及名称

分析图 2-11 可知，*AB*、*BC*、*CD*、*DA* 的投影图、投影特性见表 2-8。

表 2-8　直线的投影图及投影特性

直线	投影图	投影特性
AB		（1）正面投影为斜线 （2）水平投影为横线 （3）侧面投影为竖线
BC		（1）正面投影积聚为一点 （2）水平投影为竖线 （3）侧面投影为横线
CD		（1）正面投影为斜线 （2）水平投影为横线 （3）侧面投影为竖线

续表

直线	投影图	投影特性
DA	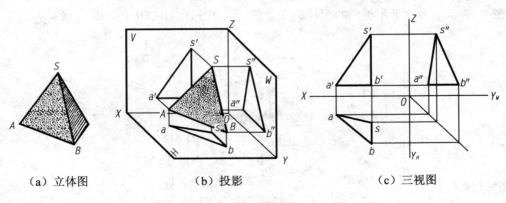	（1）正面投影积聚为一点 （2）水平投影为竖线 （3）侧面投影为横线

课题四　绘制和识读平面的投影

学习目标

1. 掌握面的投影画法。
2. 了解空间平面与投影面的三种相对位置。

案例1　绘制平面的三面投影图

案例出示

图 2-12（a）所示为一个三棱锥的立体图，求作平面 SAB 的三面投影。

（a）立体图　　　　　（b）投影　　　　　（c）三视图

图 2-12　面的投影

案例分析

平面 SAB 由三条直线围成，作平面投影，可先求出端点 S、A、B 的投影，然后依次连接即可得到平面的投影。

绘制平面的三面投影

空间平面 *SAB* 分别向三个投影面进行投影如图 2-12（b）所示，最后投影所得如图 2-12（c）所示。

空间平面的类别

空间平面根据位置不同，可以分为三类，具体见表 2-9。

表 2-9　平面的类别

类别	概念	名称
一般位置平面	与三个投影面都倾斜	一般位置平面
投影面垂直面	垂直于某投影面，倾斜于另外两投影面	（1）正垂面 （2）水垂面 （3）侧垂面
投影面平行面	平行于某投影面	（1）正平面 （2）水平面 （3）侧平面

案例 2　识读平面的投影

案例出示

图 2-13 所示为一个不规则的形体的立体图，求作平面 *ABCDE* 的三面投影。

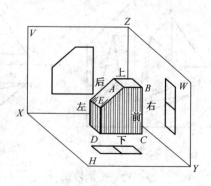

图 2-13　平面的三面投影

平面 *ABCDE* 由五条直线围成，作平面投影，可先求出端点 *A*、*B*、*C*、*D*、*E* 的投影，然后依次连接即可得到平面的投影。

相关知识

一、分析平面的位置及名称

投影面垂直面、平行面的投影特性分别见表 2-10、表 2-11。

表 2-10 投影面垂直面的投影特性

名称	铅垂直（$A \perp H$）	正垂面（$B \perp V$）	侧垂面（$C \perp W$）
立体图	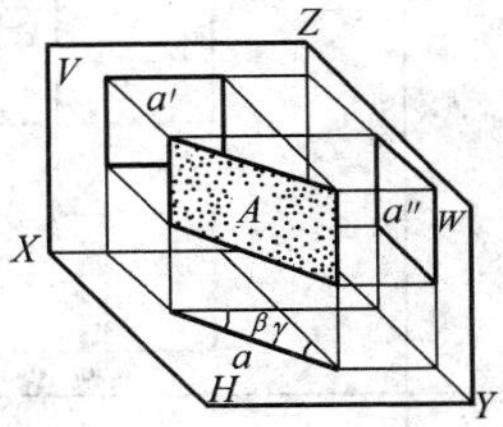	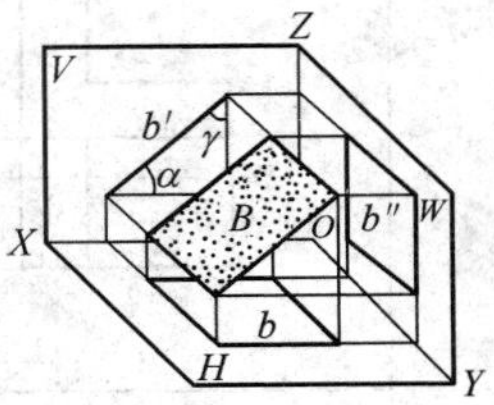	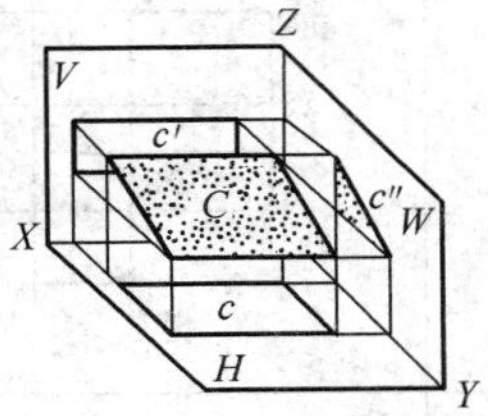
投影图	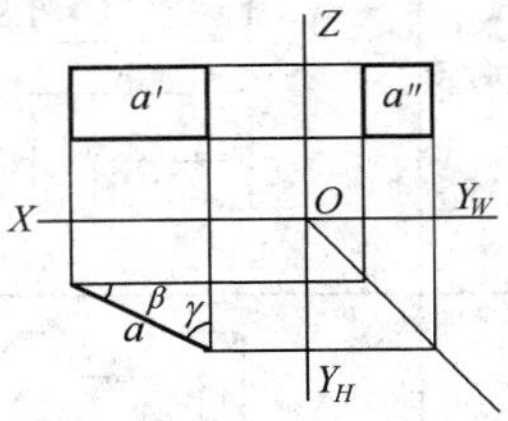	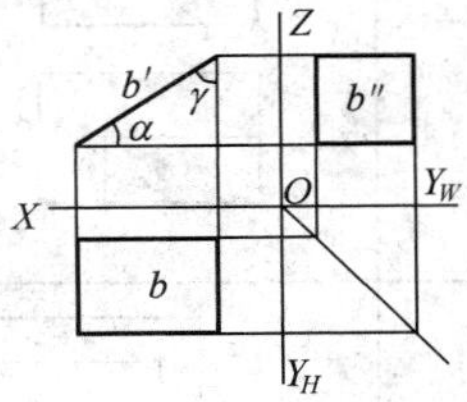	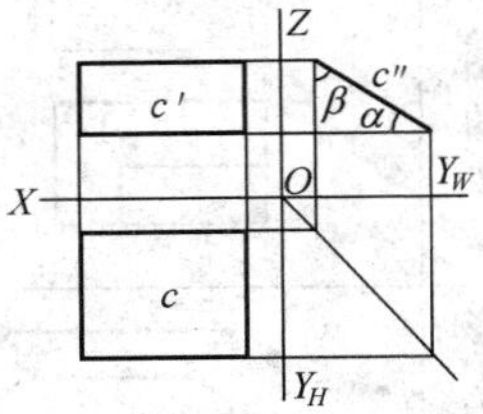
在形体投影图中的位置	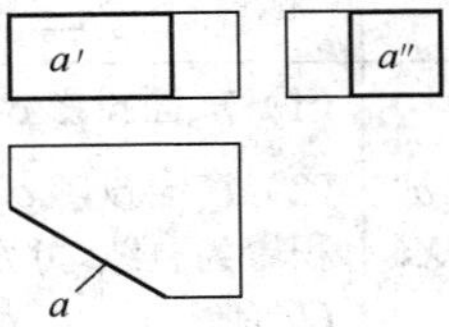	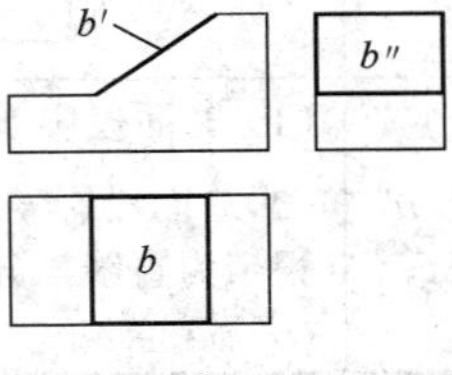	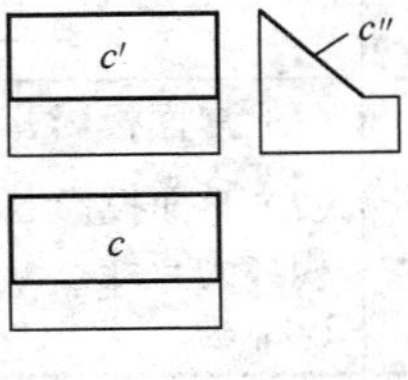
在形体立体图中的位置	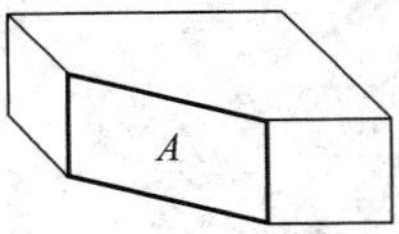	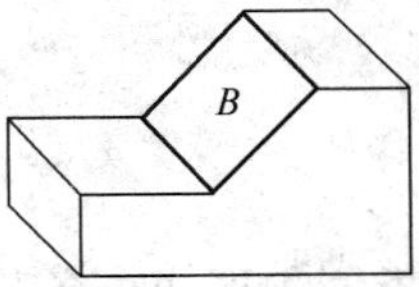	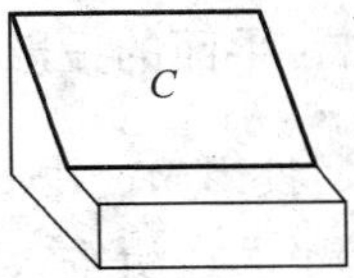
投影规律	（1）H 面投影 a 积聚为一条斜线且反映 β、γ 的大小 （2）V 面投影 a' 和 W 面投影 a'' 小于实形，是类似形	（1）V 面投影 b' 积聚为一条斜线且反映 α、γ 的大小 （2）H 面投影 b 和 W 面投影 b'' 小于实形，是类似形	（1）W 面投影 c'' 积聚为一条斜线且反映 α、β 的大小 （2）H 面投影 c 和 V 面投影 c' 小于实形，是类似形

表 2-11 投影面平行面的投影特性

名称	水平面（A//H）	正平面（B//V）	侧平面（C//W）
立体图	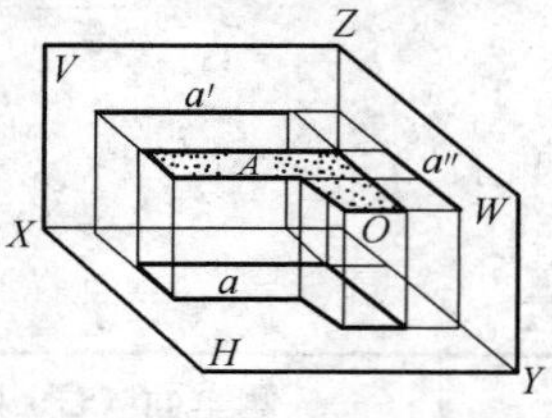	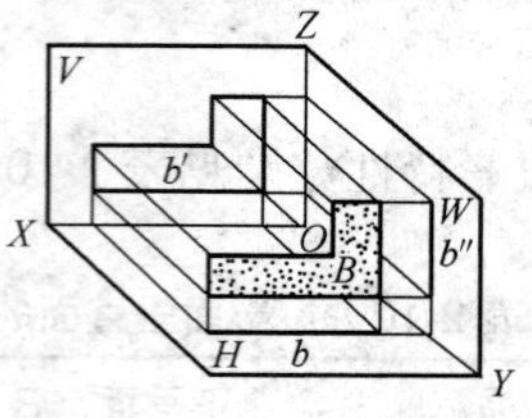	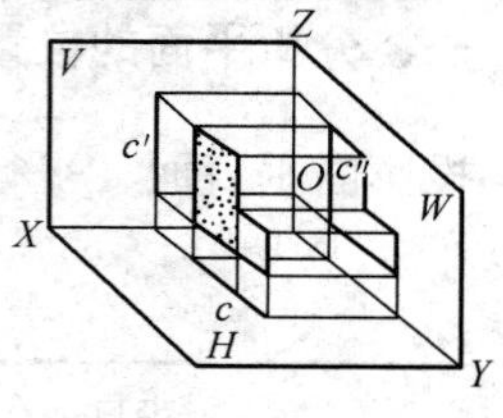
投影图	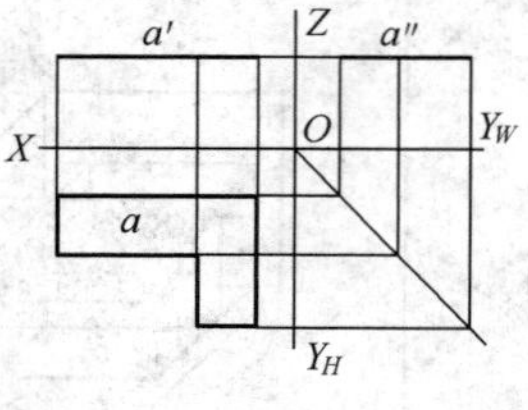	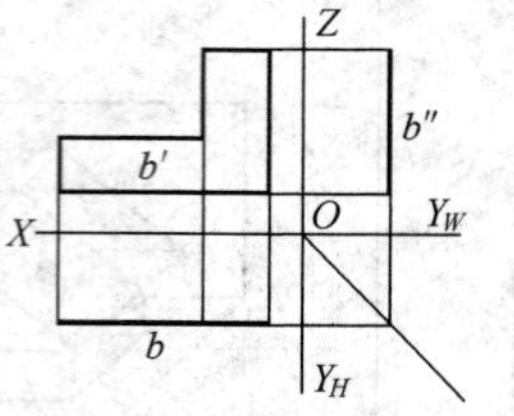	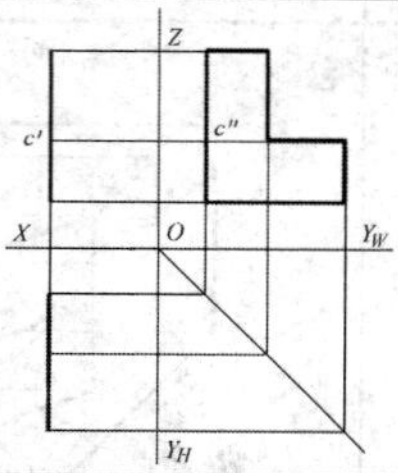
在形体投影图中的位置	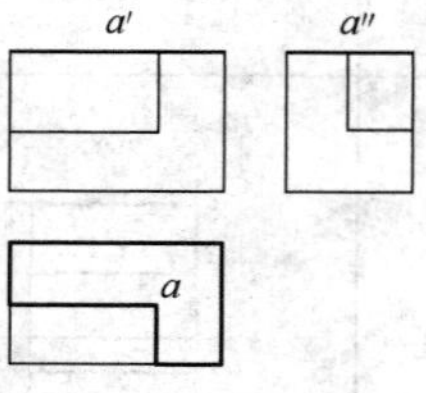	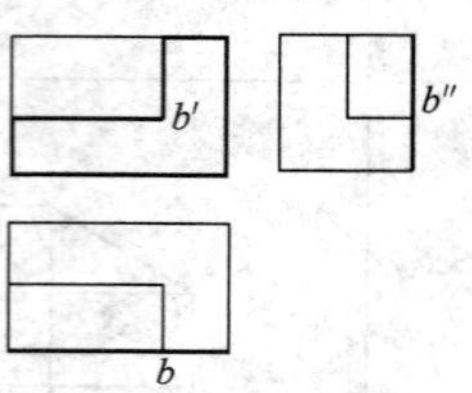	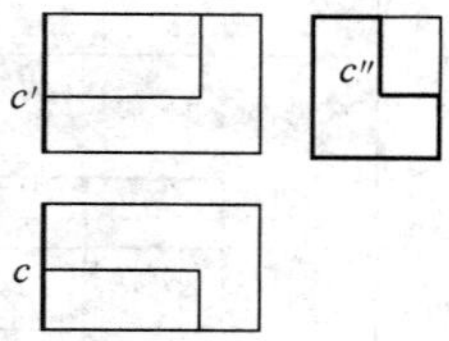
在形体立体图中的位置	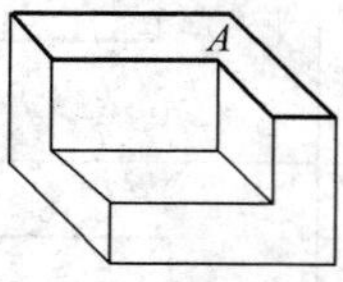	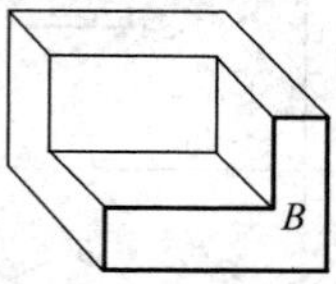	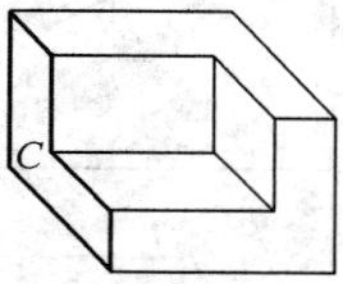
投影规律	（1）H 面投影 a 反映实形 （2）V 面投影 a' 和 W 面投影 a" 积聚为直线，分别平行于 OX、OYw 轴	（1）V 面投影 b' 反映实形 （2）H 面投影 b 和 W 面投影 b" 积聚为直线，分别平行于 OX、OZ 轴	（1）W 面投影 c" 反映实形 （2）H 面投影 c 和 V 面投影 c' 积聚为直线，分别平行于 OYH、OZ 轴

二、平面的投影特征

1. 投影面的垂直面特征

①平面在所垂直的投影面的投影积聚成一条与投影轴倾斜的直线。

②平面的其他两个投影均为小于实形的类似形。

2. 投影面的平行面特征

①平面在所平行的投影面上的投影反映实形。

②平面的其他两个投影均积聚成直线，且平行于相应的投影轴。

 案例绘制

图 2-13 所示 ABCDE 的三面投影的作图步骤见表 2-12。

表 2-12 平面投影的作图步骤

作图步骤	图例	作图方法
1. 作 A、B、C、D、E 五点的三面投影	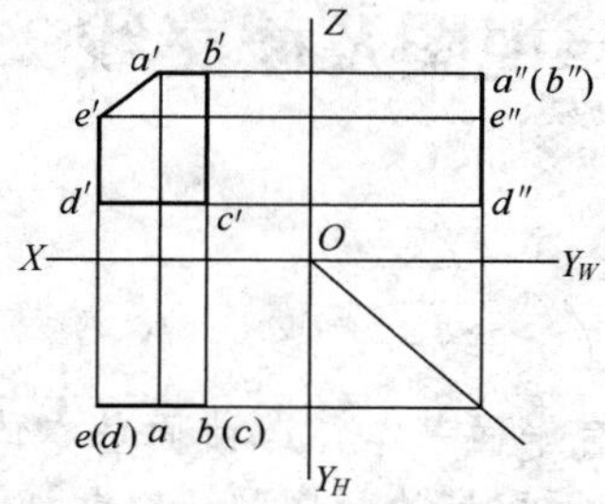	分别测量各点到三个投影面的距离
2. 作 ABCDE 的三面投影	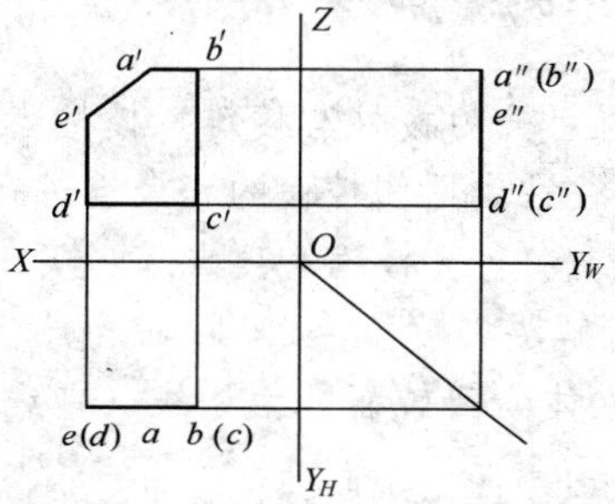	依次连接各点的同面投影，即得到平面的三面投影 由前面知识可判断平面为正平面

项目三　基本体的三视图及截交线、相贯线

学习导读

　　单一的几何形体称为基本体，基本体有平面基本体与曲面基本体之分，常见的曲面基本体为回转体。掌握基本体三视图及基本体表面取点的问题是研究截切、相贯问题及复杂形体投影的基础。

　　平面基本体按其表面及棱线间的位置可分为棱柱与棱锥。棱柱由上底面、下底面及若干个侧棱面包围而成，棱柱表面取点的问题往往利用侧棱面的积聚性进行解决。棱锥由一个底面及若干个侧棱面组成，且侧棱面交汇于一点，称为棱锥的顶点。一般情况下棱锥表面取点的问题往往是用过已知点作辅助线的方法进行解决。

　　回转体是由回转面与平面所围成的立体。回转面是由母线（直线或曲线）绕某一轴线旋转而成的。常见的回转体有圆柱、圆锥、球等。

　　截交线是立体表面与截平面、截平面与截平面之间的共有线。截交线为平面封闭的图形。

　　立体与立体相交时，在机件表面产生的交线称为相贯线。相贯线一般为封闭的空间曲线。相贯线的形状取决于相交两立体的几何形状、尺寸大小与相对位置。

主要内容

　　1．平面基本体的三视图及表面求点。
　　2．曲面基本体的三视图及表面求点。
　　3．截交线的画法。
　　4．相贯线的画法。

课题一　绘制基本几何体的三视图

　　各种各样的机器零件，不管结构、形状多么复杂，一般都可以看作是由一些基本几何体按一定方式组合而成。而基本几何体通常分为如下两类：

　　（1）平面立体——其表面为若干个平面的几何体，如棱柱、棱锥等。

　　（2）曲面立体——其表面为曲面或曲面与平面的几何体，最常见的是旋转体，如圆柱、圆锥、球、圆环等。如图 3-1 所示为几种常见的基本形体，一般称其为基本几何体。本课题重点分析棱柱、棱锥、圆柱、圆锥、球、圆环等基本几何体的三视图、尺寸标注和求表面点的投影。

图 3-1　基本几何体

学习目标

1. 掌握基本立体三视图的画法。
2. 能正确绘制基本体上点的投影。

案例1 绘制正三棱柱的三视图

案例出示

正三棱柱的结构如图 3-2 所示，由顶面、底面和 3 个侧面组成。其顶面和底面为正三角形，3 个侧面均为矩形，两侧面间的交线（即棱线）相互平行。绘制其三视图，分析投影特性。

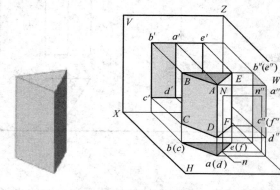

图 3-2 正三棱柱

案例分析

图 3-2 所示的正三棱柱的顶面和底面为水平面，其余 3 个侧面为铅垂面。

想一想，绘制该正三棱柱的三视图时，应该先绘制哪个视图？

案例绘制

一、绘制正三棱柱的三视图

正三棱柱三视图的绘制方法和绘图步骤见表 3-1。

表 3-1 绘制正三棱柱的三视图

步骤与方法	图例
绘制投影轴 在水平投影面上绘制中心线，并绘制圆 在圆上找出三等分点，连接各点得正三角形即为正三棱柱的俯视图 测量图 3-2，按 1:1 作图	三个等分点

续表

步骤与方法	图例
按"长对正"的投影规律绘制主视图，作图时取高按测量值 1:1 作图 按"高平齐，宽相等"的投影规律绘制左视图	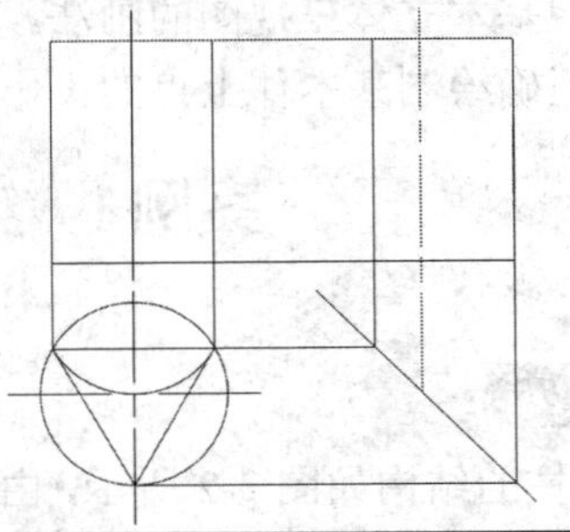
擦去多余图线，按线型描深图线	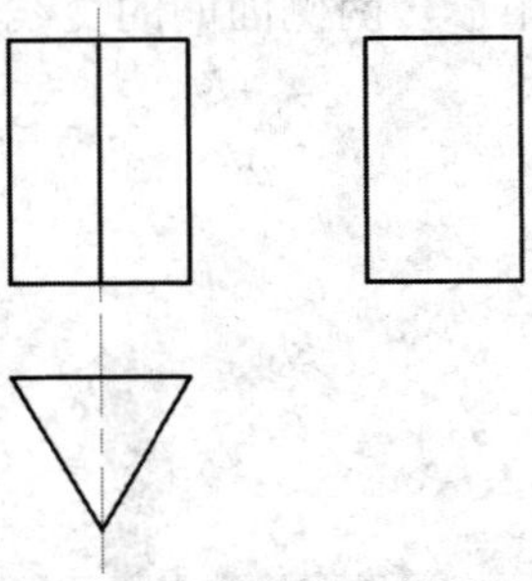

二、分析投影特性

正三棱柱的水平投影为正三角形，为正三棱柱的顶面和底面的投影。正三棱柱的三个侧面在水平投影面上分别积聚成三条直线。

正三棱柱的正面投影由两个矩形拼成，它们分别为前面两个侧面的投影。主视图上两边的矩形为前方左、右两侧面的投影，因为它们都是铅垂面，故正面投影为原实形的类似形。主视图上的上、下两条横线是顶面和底面的投影。三棱柱后面的投影与前面两个面的投影重合。

正三棱柱的侧面投影是一个矩形，为左侧一个侧面的投影，是原实形的类似形，这个面的前后两条棱线为前、后两条竖线，顶面和底面分别积聚为上、下两条横线。

知识拓展

如图 3-3（a）所示，已知正三棱柱上 M 点的正面投影 m'，求作另两面投影。

在正三棱柱表面上求点的方法：

（1）利用点的投影规律；

（2）借助于三棱柱表面的积聚性投影。

作图步骤：

（1）判别点在三棱柱的哪一个表面上；

（2）先求出有积聚性的投影，再根据点的投影规律求出另一个投影；

（3）判断所求投影的可见性。

所求点的三面投影如图 3-3（b）所示。

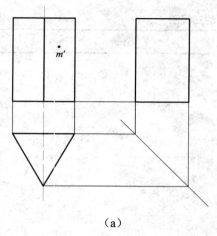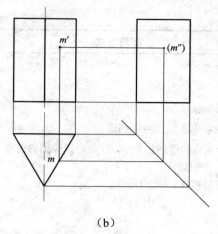

（a） （b）

图 3-3 正三棱柱上点的三面投影

案例 2 绘制正四棱锥的三视图

案例出示

正四棱锥的结构如图 3-4 所示，它由一个底面和 4 个侧面组成。它的底面为正方形，4 个侧面均为等腰三角形，两侧面间的交线（即棱线）相交为一点。绘制其三视图，并分析投影特性。

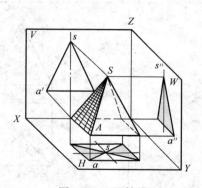

图 3-4 正四棱锥

案例分析

图 3-4 所示的正四棱锥的底面为水平面，前、后侧面为侧垂面，左、右两个侧面为正垂面。想一想，绘制正四棱锥的三视图时，应该先绘制哪个视图？主视图和左视图是否一样？

案例绘制

一、绘制正四棱锥的三视图

正四棱锥三视图的绘图步骤与方法见表 3-2。

表 3-2　绘制正三棱锥的三视图

步骤与方法	图例
1．绘制投影轴 2．绘制中心线，并绘制圆 3．绘制圆的外切正方形，即得正四棱锥的俯视图 4．测量图 3-4，按 1:1 绘制	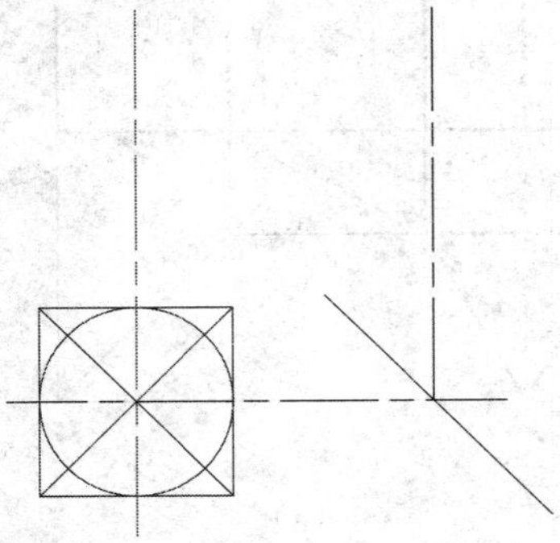
5．按"长对正"的投影规律绘制主视图，作图时取高按测量值 1:1 作图 6．按"高平齐，宽相等"的投影规律绘制左视图	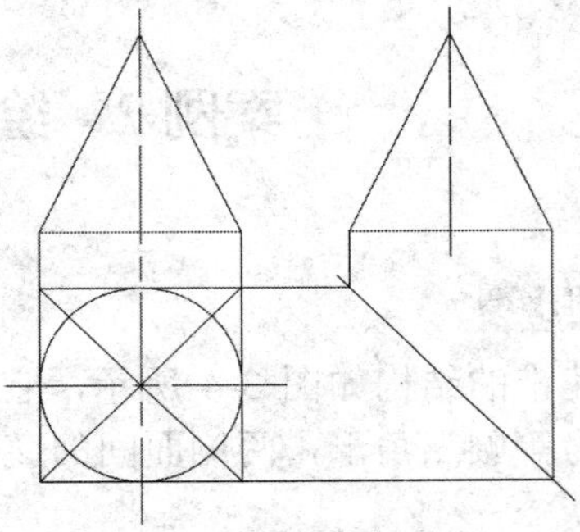
7．擦去多余图线，按线型描深图线	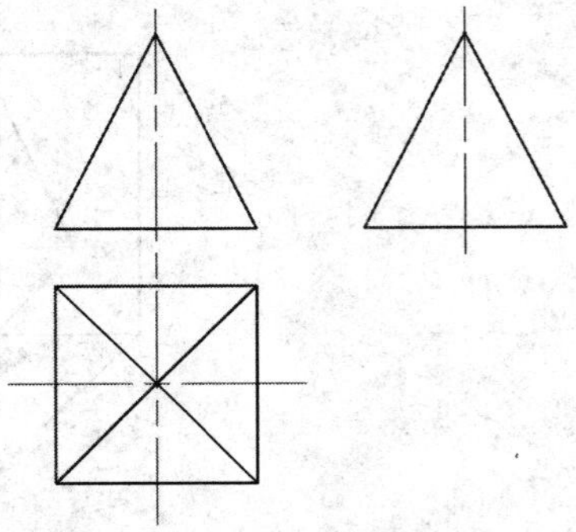

二、分析投影特性

正四棱锥的底面为水平面，其水平投影为正方形，正面投影和侧面投影为横线。前、后侧面为侧垂面，其侧面投影为斜线，正面投影和水平投影为三角形（原实形的类似形）。左、右两侧面为正垂面，其正面投影为斜线，侧面投影为三角形（原实形的类似形），左、右面在侧面投影中重合。过锥顶的四条棱线为一般位置线，三面投影皆为缩短的斜线。

如图 3-5（a）所示，根据正四棱锥表面上 A 点的正面投影 a'，求出其另外两个投影。

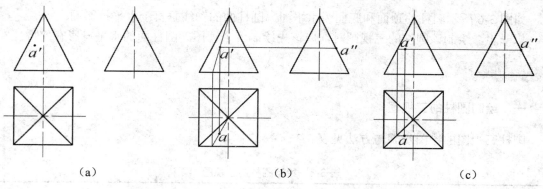

图 3-5 正四棱锥上点的三面投影

作图分析：

由于四棱锥的投影没有积聚性，因此需要借助于平面内的辅助线来求点的投影。

辅助线的两种作法：

（1）作过锥顶的辅助线，所求点 A 的三面投影如图 3-5（b）所示。

（2）作平行底边的辅助线，所求点 A 的三面投影如图 3-5（c）所示。

案例 3   绘制圆柱的三视图

案例出示

如图 3-6 所示，绘制圆柱的三视图，并分析其投影特性。

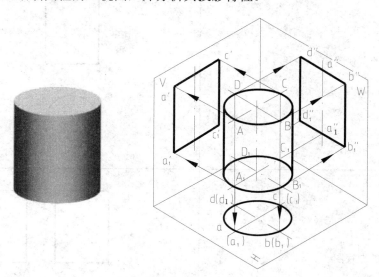

图 3-6   圆柱的三视图

案例分析

如图 3-6 所示，圆柱体是由一个圆柱面、圆形的顶面和底面组成。圆柱面可看作是一条直线（母线）绕着与它平行的一条轴线旋转一周形成的，母线在任一位置时，称为素线。

如图 3-6 所示圆柱的顶面和底面为水平面，圆柱面的轴线垂直于水平投影面。

想一想，绘制该圆柱的三视图时，应该先绘制哪个视图？圆柱面的水平投影有何特性？

 案例绘制

一、绘制圆柱的三视图

圆柱三视图的绘图步骤与方法见表 3-3。

表 3-3　绘制圆柱的三视图

步骤与方法	图例
1. 绘制各视图的轴线或中心线 2. 绘制圆柱的俯视图 由于圆柱面在俯视图上积聚为圆，所以该圆柱的水平投影为圆 3. 作图时，按测量值 1:1 作图	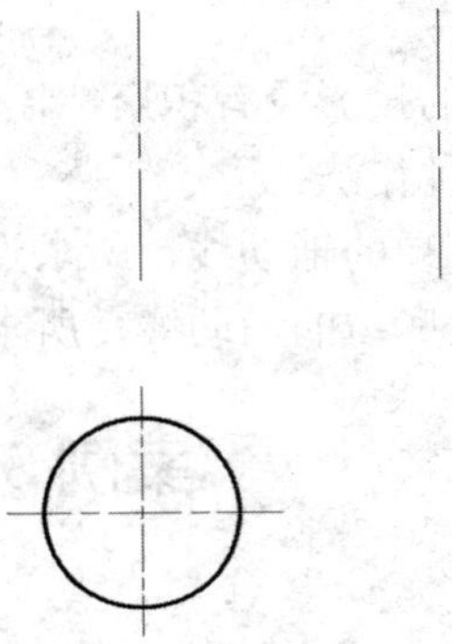
4. 绘制圆柱的主视图 该图为矩形线框	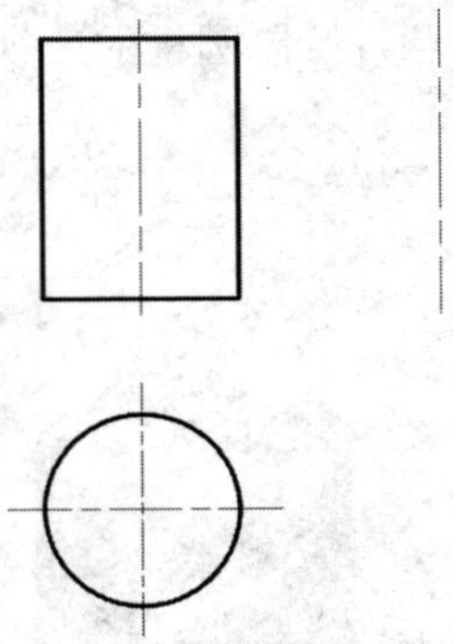
5. 绘制圆柱的左视图 该图亦为矩形线框	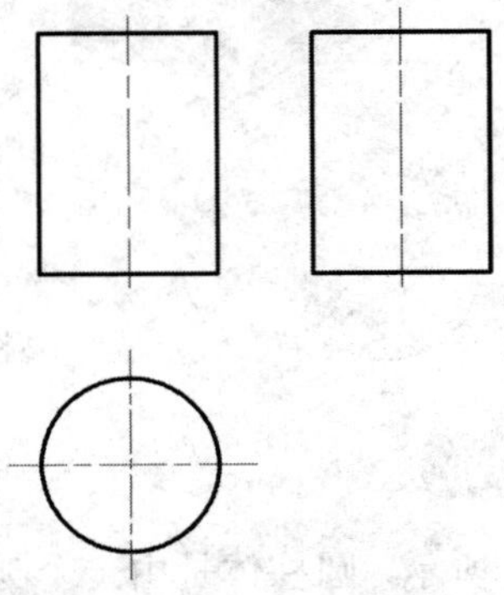

二、分析投影特性

在表 3-3 中，圆柱的水平投影为圆，圆围成的区域为顶面和底面的投影，圆周为圆柱面的积聚投影；圆柱的正面投影为矩形线框，两条横线分别为顶面和底面的投影；圆柱的侧面投影为主视图相同的矩形线框。

知识拓展

如图 3-7（a），求出圆柱表面上 A 点、C 点的另外两个投影。

A 点的位置分析及作图方法可参考图 3-7（d）中的 B 点。

在圆柱表面上求作点的方法：

（1）利用点的投影规律。

（2）借助于圆柱表面的积聚性投影。

C 点的投影同理。

作图步骤如下：

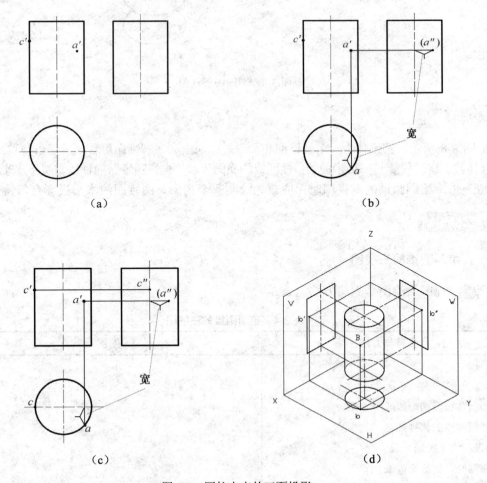

图 3-7 圆柱上点的三面投影

案例 4　绘制圆锥的三视图

如图 3-8 所示，绘制其三视图，并分析投影特性。

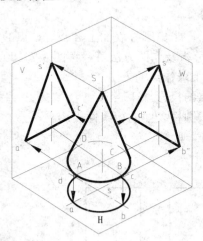

图 3-8　圆锥的三视图

案例分析

如图 3-8 所示，圆锥体由一个圆锥面和圆形的底面围成。圆锥面可看成是一条与轴线相交的直线（母线）绕轴线旋转一周形成的。该圆锥的底面为水平面，圆锥面的轴线垂直于水平投影面。

想一想，绘制圆锥的三视图时，应该先绘制哪个视图？圆锥面的水平投影有何特性？

案例绘制

一、绘制圆锥的三视图

圆锥三视图的绘图步骤与方法见表 3-4。

表 3-4　绘制圆锥的三视图

步骤与方法	图例
1．绘制各视图的轴线或中心线 2．绘制圆锥的俯视图 该圆锥的水平投影为圆 3．作图时，按测量值 1:1 作图	

续表

步骤与方法	图例
4.绘制圆锥的主、左视图，测量高度作等腰三角形	

二、分析投影特性

在表3-4中，圆锥体的水平投影为圆，圆围成的区域既是圆锥面的投影，也是底面的投影。正面投影为等腰三角形，下面的横线为底面的投影。侧面投影为与正面投影相同的等腰三角形。

知识拓展

如图3-9（a）所示，求出圆锥表面上A点、B点的另外两个投影。

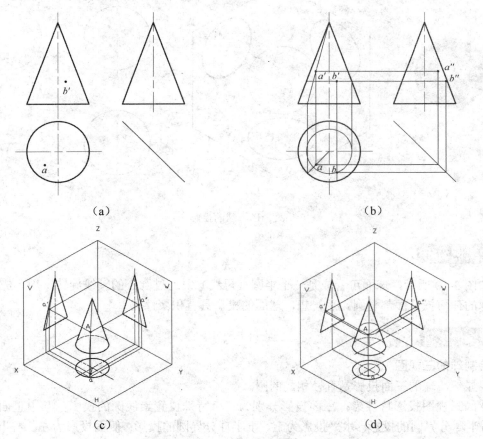

（a）　　　　　（b）

（c）　　　　　（d）

图3-9　圆锥上点的投影

在圆锥表面上求作点的方法

由于锥面的投影没有积聚性，因此圆锥面上求作点需用辅助素线法或辅助圆法。

（1）辅助素线法。

过点在锥面上作一素线（过锥顶），作出素线的各投影后，再将点对应到素线的投影上。如图 3-9（c）所示。

（2）辅助圆法。

在锥面上过点作与底面平行的圆，作出该圆的各投影后，再将点对应到辅助圆的投影上。如图 3-9（d）所示。

如图 3-9（b）即为所求点的三面投影，A 点的另外两面投影是用作辅助素线法得到，B 点的另外两个投影是用作辅助圆的方法获得。

案例 5　绘制球的三视图

案例出示

如图 3-10（a）所示球体，绘制其三视图，并分析投影规律。

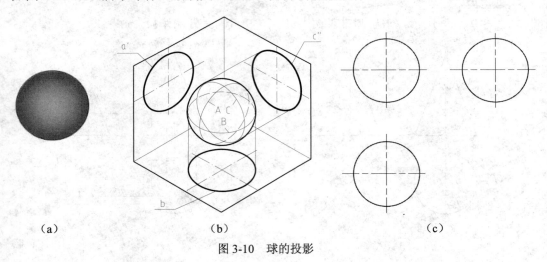

（a）　　　　　　　　　　（b）　　　　　　　　　　（c）

图 3-10　球的投影

案例分析

如图 3-10 所示，球面可看成是一个半圆（母线）绕通过圆心的轴线旋转一周形成的。

球的任何投影面都是圆。想一想，球面的投影具有积聚性吗？

案例绘制

绘制球的三视图

很显然，球的三面投影是直径相同的圆。

球的三视图投影特性为：三面投影分别为三个特殊位置素线圆的投影，其中正面投影为前、后半球分界圆的投影；水平投影为上、下半球分界圆的投影；侧面投影为左、右半球分界圆的投影。

如图 3-11（a）所示，求出圆球表面上 A 点的另外两个投影，A 点的位置分析如图 3-11 所示。

1. 判断 A 点在球体表面上的位置

A 点在上半球、在后半球、在左半球。

2. 在圆球表面上求作点的方法（图 3-11（e））

由于球面的投影没有积聚性，因此要借助于球体表面上的辅助圆来求点。

辅助圆法——过点在球面上作一辅助圆，作出该圆的各投影后再将点对应到圆的投影上。

作图步骤如图 3-11 所示。

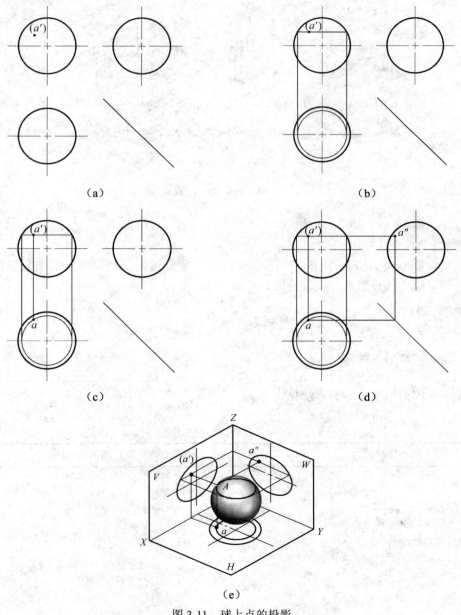

图 3-11　球上点的投影

案例 6   绘制圆环的三视图

案例出示

如图 3-12 所示，绘制其三视图，并分析其投影规律。

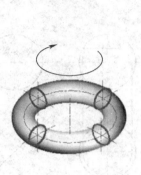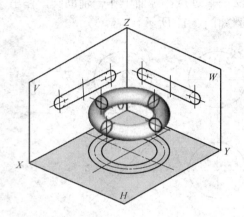

图 3-12   圆环的三面投影

案例分析

如图 3-12 所示，圆环可看成是一个圆（母线）绕一平面上不通过圆心的轴线旋转一周而成的。想一想，圆环的投影具有积聚性吗？

案例绘制

一、绘制圆环的三视图

圆环三视图的绘图步骤与方法见表 3-5。

表 3-5   绘制圆环的三视图

步骤与方法	图例
1. 绘制各视图的轴线或中心线 2. 绘制圆环的俯视图 3. 作图时，按测量值 1:1 作图	

步骤与方法	图例
4．绘制圆环的主视图	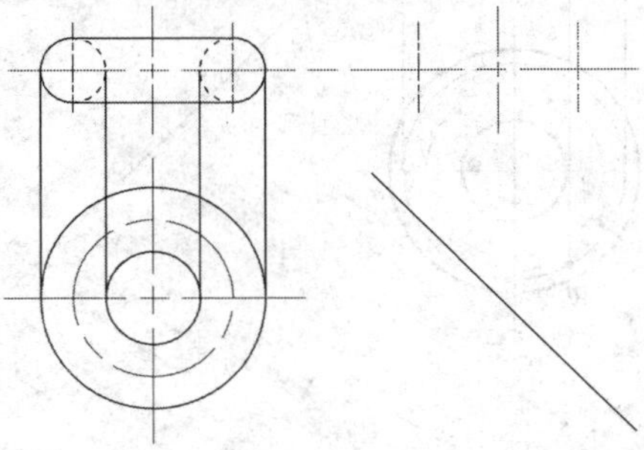
5．绘制圆环的左视图	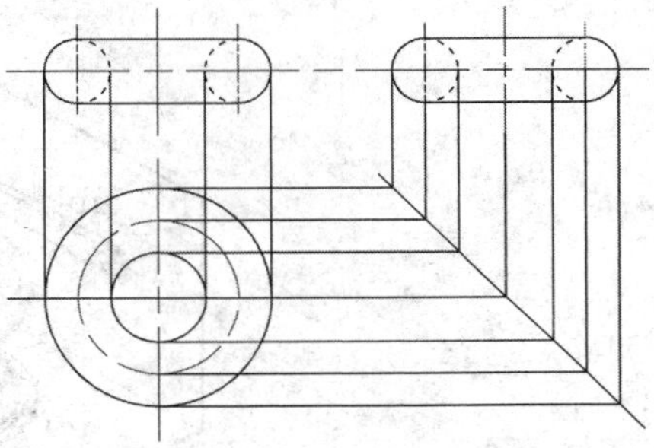
6．擦去多余图线，按线型描深图线	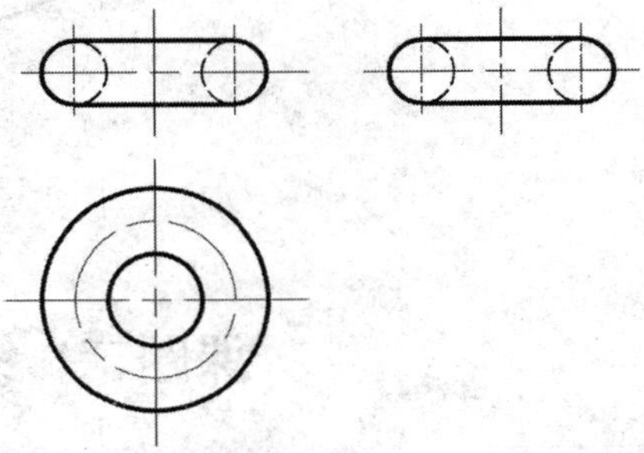

二、分析投影特性

在表 3-5 中，圆环的俯视图为两个同心轮廓圆，它表示上、下部分的分界线的投影。

知识拓展

如图 3-13（a）所示，求出圆环表面上 M 点的另两投影，M 点的位置分析如图所示。

（1）判断 M 点在圆环表面上的位置。

M 点在上半环面；在外半环面。

（2）在圆环表面上求作点的方法：如图 3-13（c）所示。

由于圆环面的投影没有积聚性，因此要借助于表面上的辅助圆求点。

辅助圆法—过点在圆环面上作一辅助圆，作出该圆的各投影后再将点对应到圆的投影上。

辅助圆法作图步骤如下图：如图 3-13（b）所示，即为所求点的三面投影。

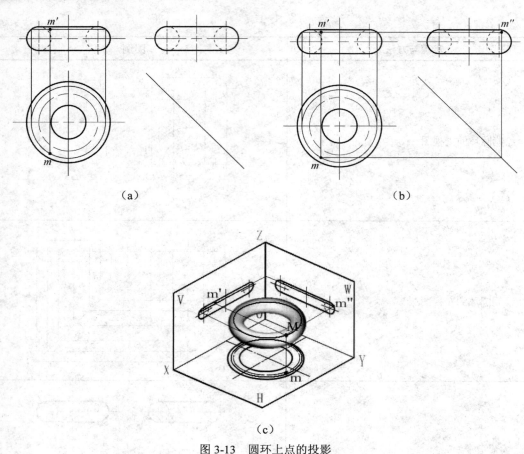

图 3-13　圆环上点的投影

课题二　绘制截交线的投影

 学习目标

1．掌握平面立体和曲面立体截交线的画法。
2．掌握补画带有截交线的三视图。

案例 1　绘制斜割六棱柱上的截交线

案例出示

　　基本体被平面截断时，该平面称为截平面，基本体被截平面所截后的立体称为截断体。此截平面与基本体表面所产生的交线（即截断面的轮廓线）称为截交线。平面立体的截交线是一个平面多边形，此多边形的各个顶点就是截平面与平面立体的棱线的交点，多边形的每一条边，是截平面与平面立体各棱面的交线。所以，求平面立体截交线的投影，实质上就是求属于平面的点、线的投影。如图 3-14 所示，已知该切割六棱柱体的主、俯视图，试绘制其左视图。

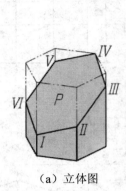

（a）立体图

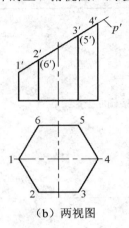

（b）两视图

图 3-14　切割六棱柱

🔧 **案例分析**

　　观察图 3-14（a）不难看出，平面斜割六棱柱时，平面与六棱柱的交线是平面六边形，六边形的顶点都在棱柱的棱线上，六边形的每一条边都是截平面与平面立体各棱面的交线。立体被平面截切时，立体形状和截平面相对立体的位置不同，所形成截交线的形状也不同，但任何截交线都具有以下性质：

　　（1）截交线是截平面和立体表面的共有线。

　　（2）截交线一般是封闭的平面图形。

　　由于截交线是截平面与立体表面的共有线，截交线上的点必定是截平面与立体表面的共有点。因此，求截交线的问题，实质上就是求截平面与立体表面的共有点的集合。

🔧 **案例绘制**

　　绘制斜切六棱柱左视图的具体作图步骤见表 3-6。

表 3-6　绘制斜切六棱柱左视图

步骤	图例
1. 绘制切割六棱柱左视图 2. 找出截面与各棱线交点的正面投影与水平面投影，并对应求出左视图上的投影	（图例）

续表

步骤	图例
3. 用直线连接侧面投影上各点	
4. 擦去被切部分的轮廓线，并描深图线	

案例 2　绘制四棱锥截交线

案例出示

图 3-15 所示求一平面切割四棱锥截交线的水平投影和侧面投影。

（a）立体图　　　　　　　　　　　（b）三视图

图 3-15　求四棱锥截交线的水平投影和侧面投影

 **案例分析**

如图 3-15 所示，正四棱锥被正垂面切割，截交线是一个四边形，四边形的顶点是四条棱线与截平面 P 的交点。由于正垂面的正面投影具有积聚性，所以截交线的正面投影积聚在 p' 上，$1'$、$2'$、$3'$、$4'$分别是四条棱线与 p' 的交点，水平投影与侧面投影应为类似的四边形。

案例绘制

求作切割四棱锥截交线的水平投影和侧面投影的步骤见表 3-7。

表 3-7　绘制切割四棱锥截交线的水平投影和侧面投影

步骤	图例
1. 绘制截平面与四棱锥棱线交点的水平投影和侧面投影	
2. 绘制正垂面截切后的水平投影和侧面投影	
3. 擦去切割部分的轮廓线及辅助线，按线型描深图线，完成水平投影和侧面投影	

案例 3   绘制斜割圆柱体上的截交线

案例出示

绘制如图 3-16 所示平面斜切圆柱体的截交线，已知该切割圆柱体的主、俯视图，试绘制其左视图。

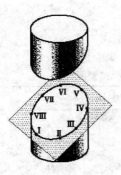

（a）立体图

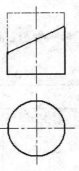

（b）两视图

图 3-16   切割圆柱

案例分析

由图 3-16 可以看出平面斜切圆柱，其截交线为一椭圆。由于该椭圆截交线是圆柱和截平面的共有线，因此它具有两个性质：一是该椭圆在圆柱面上，具有圆柱面的投影特性——水平投影为圆；二是该椭圆在正垂截割平面上，具有正垂面的投影特性——正面投影积聚成直线。因此该截交线的正面投影和水平投影都是已知的。已知椭圆截交线的两个投影求第三投影，可用求多个椭圆上点的第三投影，再依次连接各点投影的方法。在该椭圆上有四个特殊位置点（又称为极限点），即最低点、最高点、最前点、最后点。然后再求一般位置点。

案例绘制

绘制斜切圆柱左视图的具体作图步骤见表 3-8。

表 3-8   绘制斜切圆柱的左视图

步骤	图例
1．绘制截割前圆柱的左视图 2．找出椭圆的四个特殊位置点的正面投影和水平投影，求出其侧面投影	

步骤	图例
3. 在俯视图适当位置找四个一般点的水平投影，按投影规律找出其正面投影，求出其侧面投影	
4. 光滑连接各点的侧面投影	
5. 擦去被切部分的轮廓线，按线型描深图线	

知识拓展

圆柱截交线

根据截割平面与圆柱面轴线的相对位置不同、圆柱截交线有三种情况，见表 3-9。

表 3-9 平面截割圆柱

截平面的位置	与轴线平行	与轴线垂直	与轴线倾斜
轴测图			
投影图			
截交线的形状	两平行直线	圆	椭圆

案例 4　补全切口圆柱的正面投影和水平面投影

案例出示

如图 3-17 所示，补全切口圆柱的正面投影和水平投影。

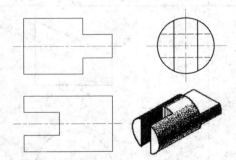

图 3-17　补全切口圆柱的正面投影和水平投影

案例分析

由图 3-17 可知，圆柱上左边切口是由两个正平面一个侧平面切割得到的，右边两个切口是由两个水平面和一个侧平面切割得到的。

案例绘制

补全切口圆柱的正面投影和水平投影的步骤见表 3-10。

表 3-10 补全切口圆柱的正面投影和水平投影

步骤	图例	方法
1．求作左侧切口的截交线	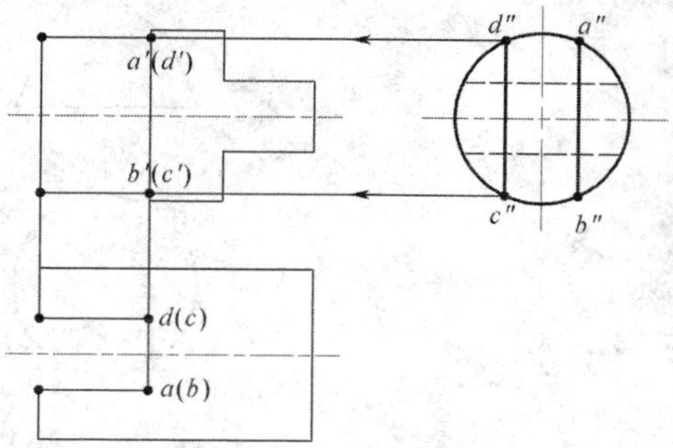	左侧分别是两个正平面和一个侧平面切割圆柱，由水平面上 $a(b)$、$d(c)$ 以及侧面上 a''、b''、c''、d'' 求出正面投影 $b'(c')$ 和 $a'(d')$
2．求作右侧两切口的截交线	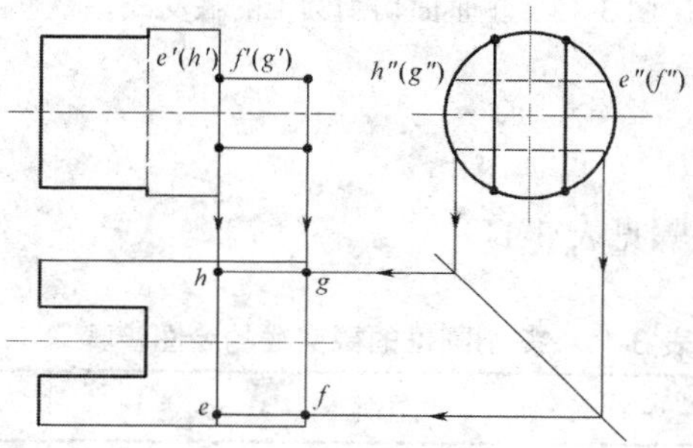	右侧两切口分别是由两个水平面和一个侧平面切割圆柱，由正面 $e'(h')$、$f'(g')$ 和侧面 $e''(f'')$ 及 $h''(g'')$ 求得水平面投影 e、h、g、f
3．擦去被切割部分的轮廓及辅助线，按线型描深图线，完成正面投影和水平投影	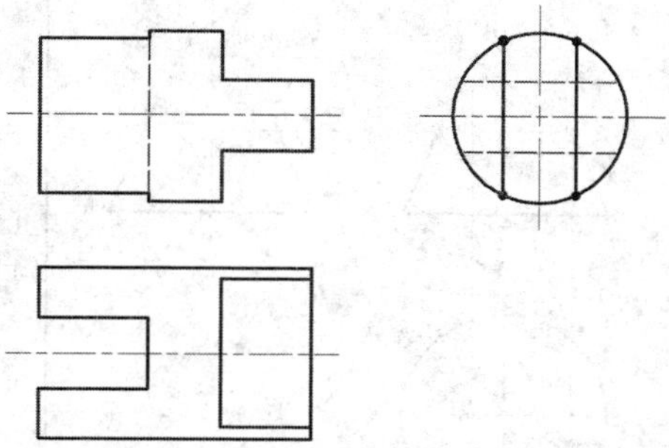	圆柱左侧切口时，切去了最上边和最下边素线，注意把切去的素线擦去

案例 5 绘制斜割圆锥的截交线

 案例出示

如图 3-18 所示，圆锥被正垂面切割，完成切割体的俯视图和左视图。

案例分析

在图 3-18（a）可以看出，在该圆锥上的截交线为一封闭椭圆。该截交线是截切平面与圆锥面的共有线，因此其正面投影与正垂面的正面投影重合，同时由于截交线是圆锥面上的线，所以具备圆锥表面上线的特性。该截交线的正面投影是已知的，水平投影和侧面投影是椭圆，需要绘制。

（a）立体图

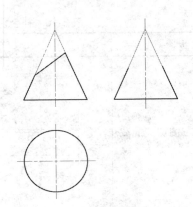
（b）三视图

图 3-18   正垂面切割圆锥的截交线

案例绘制

圆锥截交线的具体作图步骤见表 3-11。

表 3-11   斜割圆锥的截交线的绘图步骤

步骤	图例	方法
1. 求作截交线的最上点 B、最下点 A 的水平投影和侧面投影		已知 a'、b'，根据投影规律可直接求出 a、b 和 a"、b"
2. 求截交线最前点 C、最后点 D 的水平投影和侧面投影		注意：C、D 的正面投影 c'、d' 在 a'b' 的中间 过 c'(d') 作水平辅助平面的正面投影，求出该辅助平面的水平投影，然后求出 c、d，最后求出 c"、d"

步骤	图例	方法
3．求截交线与最前面素线的交点 E、与最后面素线的交点 F 的水平投影和侧面投影		先找出 E、F 的正面投影 $e'(f')$，然后用辅助平面法求出水平投影 e、f，再根据投影规律求出侧面投影 e''、f''
4．作一般点的投影		在主视图上找适当的一般点的正面投影 $i'(j')$，利用辅助平面法求作其水平投影和侧面投影
5．连接各点的同面投影，完成截交线的投影 6．擦去多余图线，完成俯、左视图		补全俯、左视图上的轮廓线，绘制轴线、中心线。擦去多余图线，按线型描深图形

 相关知识

　　当截平面与圆锥的截交线为直线和圆时，求截交线的作图方法十分简单。当截交线为椭圆、抛物线、双曲线时，由于圆锥面的三个投影都没有积聚性，求出属于交线的多个点的投影时，则需要用辅助素线法或者辅助平面法。

知识拓展

一、平面截割圆锥

平面截割圆锥时，根据截平面与圆锥轴线位置不同，其截交线有五种情况，见表 3-12。

表 3-12　平面截割圆锥

截平面的位置	与轴线垂直	过圆锥顶点	平行于任一素线	与轴线倾斜（不平行于任一素线）	与轴线平行
轴测图					
投影图					
截交线的形状	圆	两相交直线	抛物线	椭圆	双曲线

二、绘制正平面截割圆锥的截交线（见图 3-19）

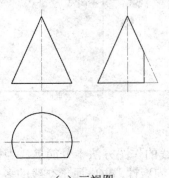

（a）三视图

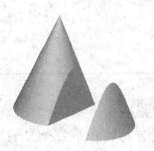

（b）立体图

图 3-19　平面与圆锥截交线

正平面截割圆锥的作图步骤见表 3-13。

表 3-13　正平面截割圆锥的作图步骤

步骤与方法	图例
1．求双曲线的最高点和最低点的正面投影	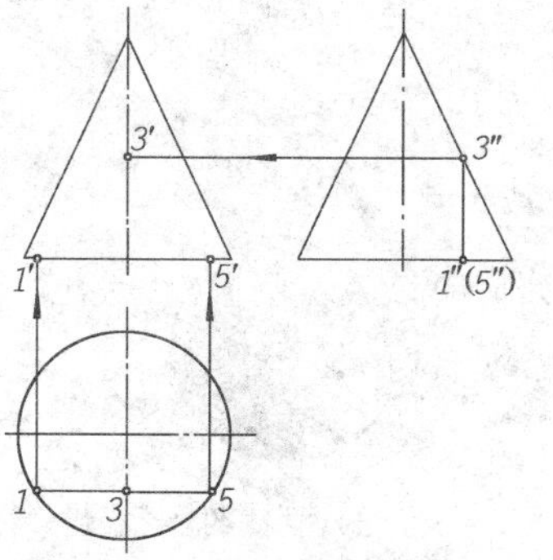
2．求作一般点的正面投影 方法：在左视图的适当位置选取 2″、4″，利用辅助平面法求出水平面上 2、4，然后根据投影规律求出 2′、4′	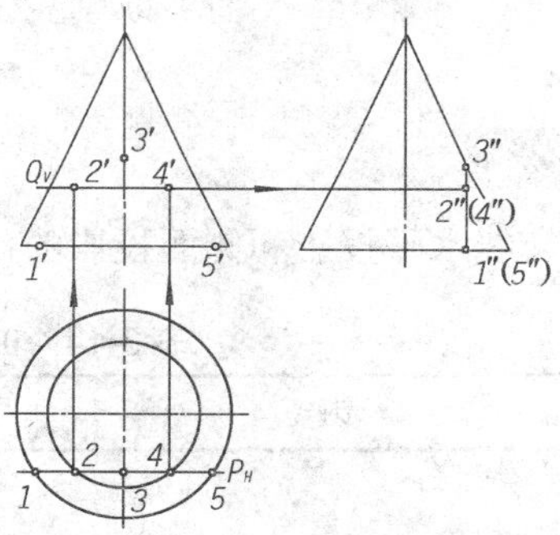
3．光滑连接各点，并描深图线	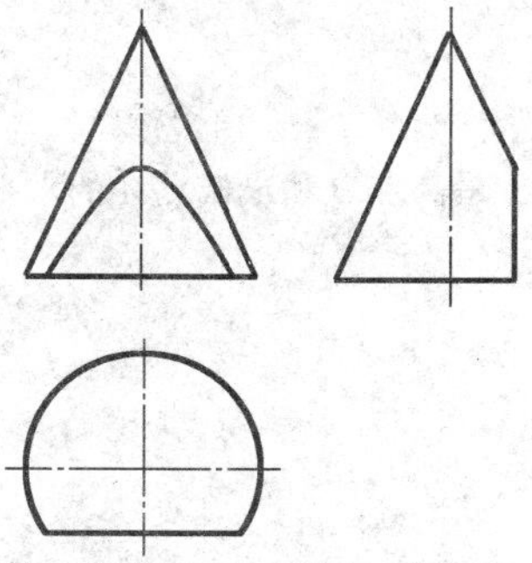

案例 6　绘制球体上的截交线

案例出示

如图 3-20 所示，球体被正垂面切割，完成俯视图和左视图。

案例分析

平面切割球体产生的截交线为圆。由图 3-20（a）可以看出，正垂截切平面切割球体，在球体上产生一个截交圆，该圆是截切平面与球面的共有线。其正面投影为直线，与截割平面的投影重合；水平投影和侧面投影为椭圆，需要绘制。

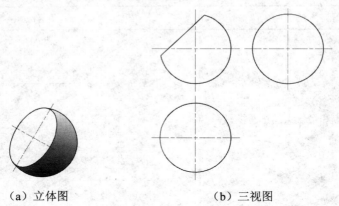

（a）立体图   （b）三视图

图 3-20   完成正垂面切割球体的俯、左视图

案例绘制

球体截交线水平投影和侧面投影的作图步骤见表 3-14。

表 3-14   正垂面切割球体的作图步骤

步骤	图例
1.求作截交线上最高点 B 和最低点 A 的水平投影和侧面投影	
2. 求作截交线上最前点 C，最后点 D 的水平投影和侧面投影（c'（d'）位于 a'、b' 的中间），过 C、D 作水平辅助平面，求出 C、D 的水平投影 c、d 和侧面投影 c"、d"	

续表

步骤	图例
3．求作正面竖直轴线和水平轴线上点 $e'(f')$、$g'(h')$ 的水平投影和侧面投影	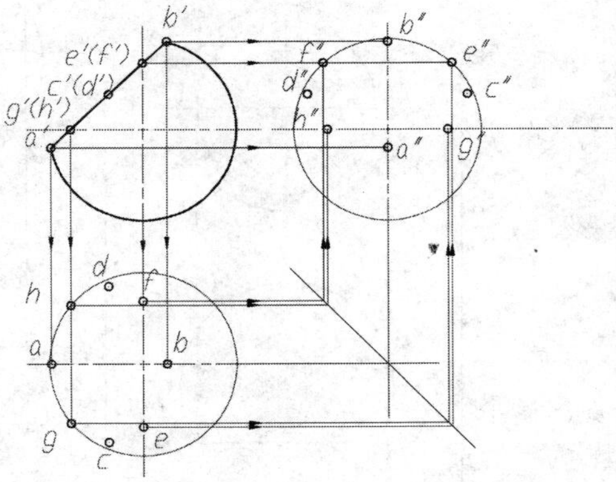
4．连接各点同面投影，擦去切割掉的线以及辅助作图线，描深图线	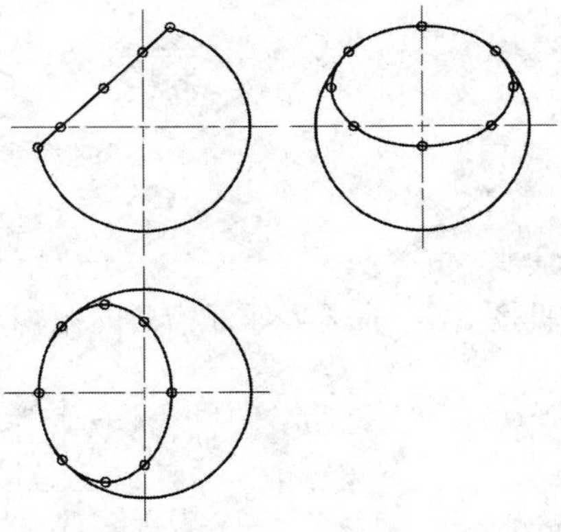

知识拓展

平面截割圆球的截交线

平面截割球体时，截交线为圆。根据截平面与投影面的位置不同，其截交线的投影也不同，具体见表 3-15。

表 3-15 平面截割圆球的截交线

截平面位置	截平面为正平面	截平面为水平面	截平面为正垂面
立体图	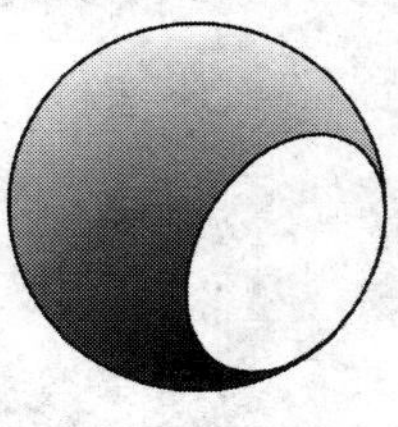	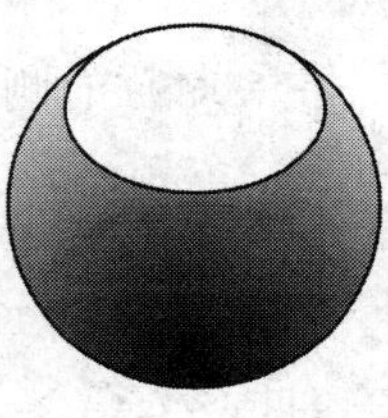	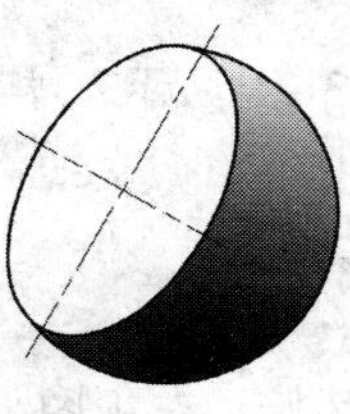

截平面位置	截平面为正平面	截平面为水平面	截平面为正垂面
投影图			

案例 7　补画开槽半球缺线

　案例出示

根据图 3-21 补画半球开槽后的俯视图和左视图上的缺线。

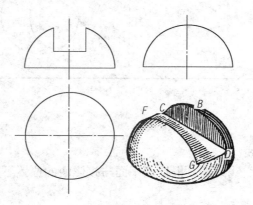

图 3-21　完成半球开槽的俯、左视图

案例分析

如图 3-21 所示，半球开槽是由两个左右对称的侧平面和一个水平面切割形成的，它们与球体相交得到的截交线都是圆弧。

　案例绘制

补画其俯、左视图上缺线的作图步骤见表 3-16。

表 3-16　补画开槽半球的俯、左视图上的缺线

步骤	图例
1. 作辅助水平面，求出水平面投影点	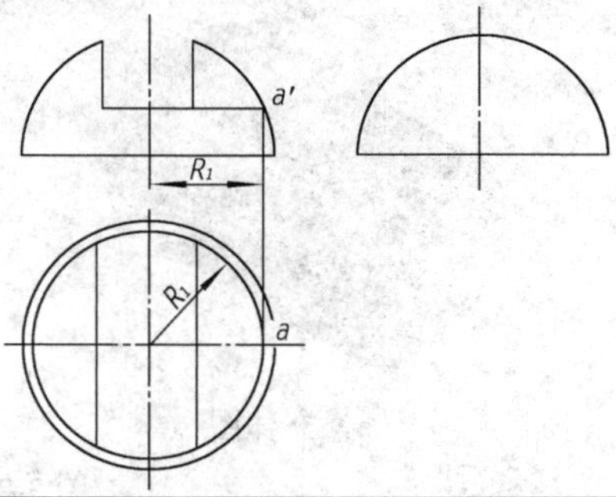
2. 作辅助侧平面，求出侧面上的投影点	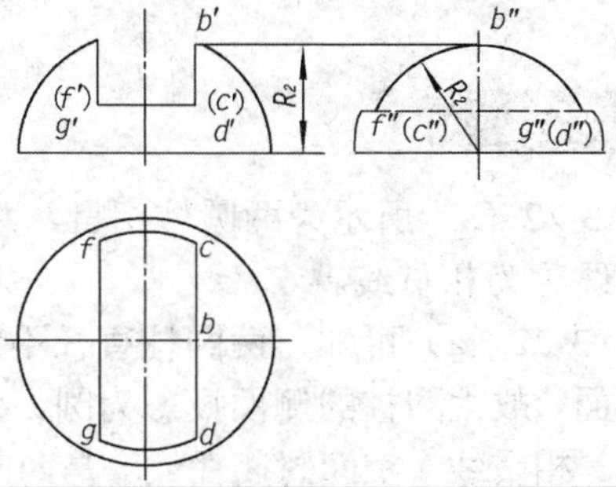
3. 擦去辅助作图线，按线型描深图线	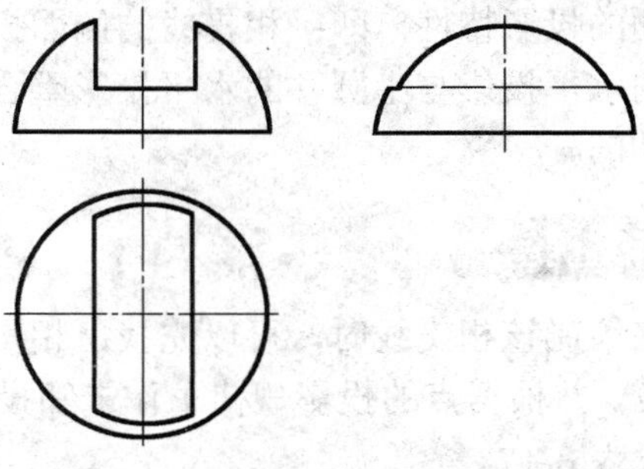

课题三　绘制相贯线的投影

学习目标

1. 掌握圆柱正交相贯线的画法。
2. 掌握简单的特殊相贯线。

案例 1　绘制正交两圆柱的相贯线

案例出示

两圆柱正交相贯线的三视图如图 3-22 所示，补画主视图上相贯线的投影。

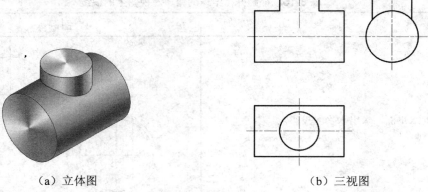

（a）立体图　　　　　　　　　　　　（b）三视图

图 3-22　两圆柱正交相贯

案例分析

　　如图 3-22（a）所示为两圆柱相贯，两圆柱相交产生了一条封闭的空间曲线，这种曲面和曲面的交线称为相贯线。

　　由图 3-22（a）可知，两圆柱直径不同，轴线垂直相交（正交），其中大圆柱的轴线垂直于侧投影面，故大圆柱的侧面投影为圆；小圆柱的轴线垂直于水平投影面，故小圆柱的水平面投影为圆。相贯线（空间封闭曲线）是两圆柱面的交线，也是两圆柱面的共有线，因此具有两圆柱面的投影特性，即：相贯线的侧面投影与大圆柱面的投影重合（为圆的一部分圆弧），相贯线的水平投影与小圆柱的水平投影重合（为整圆）。因此，该相贯线的水平投影和侧面投影是已知的。

案例绘制

　　在绘制该相贯线时，可以先找出相贯线上的特殊位置点（即极限点），再在适当位置选取一般点，并根据点的投影规律求作未知投影，光滑连接各点即得相贯线的未知投影，具体作图步骤见表 3-17。

表 3-17　绘制两圆柱正交相贯的相贯线

步骤	图例	说明
1. 作特殊点的正面投影		在水平投影上找到相贯线上最左边和最右边投影点 1、5 以及最前边和最后边投影点 3、7，侧面投影 1″(5″)、3″、7″，求出正面投影

续表

步骤	图例	说明
2. 作一般点的正面投影	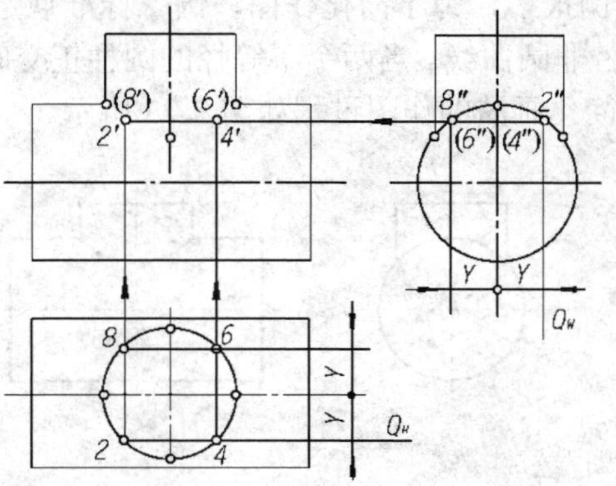	在适当位置选取一般点，找出其水平面投影，根据点的投影规律和相贯线上点的侧面投影在大圆周上两个条件，求其侧面投影，然后根据点的两面投影求作正面投影
3. 光滑连接各点	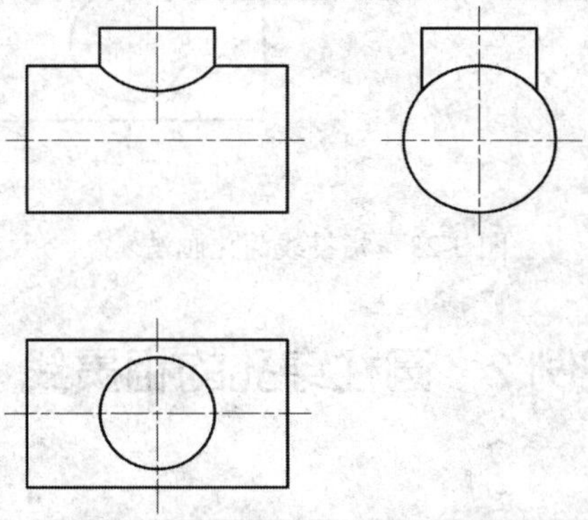	擦去多余的图线，描深可见轮廓线

知识拓展

一、两圆柱正交相贯时，相贯线的变化情况（见表 3-18）

表 3-18 两圆柱正交相贯线

两圆柱直径不相等（横大竖小）	两圆柱直径相等	两圆柱直径不相等（横小竖大）
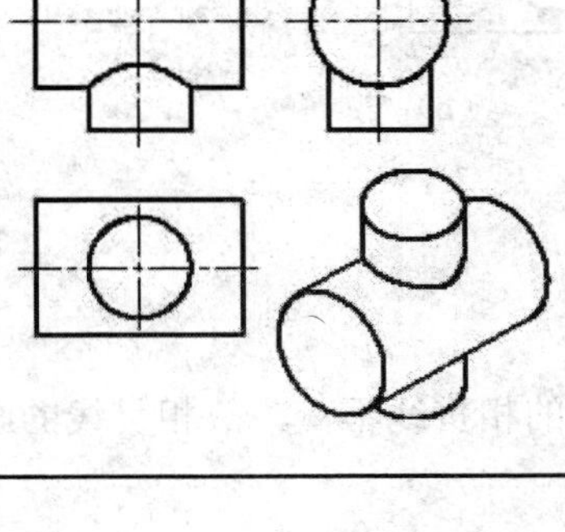	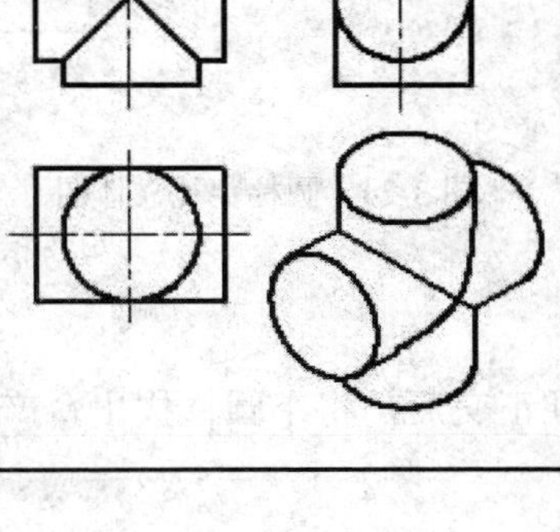	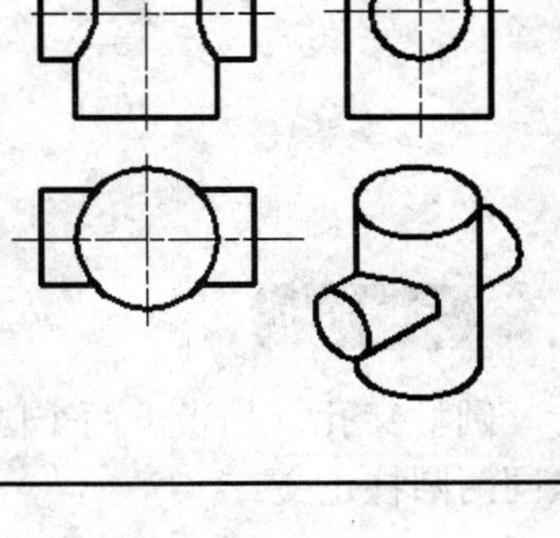

二、相贯线的简化画法

工程上两圆柱正交的实例很多，为了简化作图，国家标准规定，允许采用简化画法作出相贯线的投影，即以圆弧代替非圆曲线。当两个不等径的圆柱正交时，相贯线的正面投影以大圆柱的半径为半径画圆弧。简化画法的作图过程如图 3-23 所示。

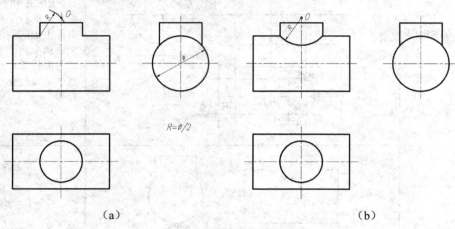

（a）   （b）

图 3-23   相贯线简化画法

案例 2   圆柱穿孔的相贯线

案例出示

根据图 3-24（a）所示圆柱穿孔的立体图，绘制其相贯线。

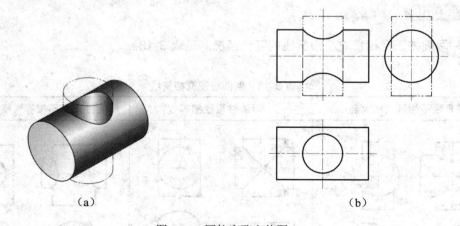

（a）   （b）

图 3-24   圆柱穿孔立体图

案例分析

圆柱穿孔，相当于两个圆柱正交后，将小圆柱拔出，产生的相贯线不变，故相贯线的画法同两圆柱正交。

 **案例绘制**

圆柱穿孔后的三视图如图 3-25 所示。

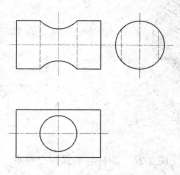

图 3-25 圆柱穿孔三视图

知识拓展

圆柱穿孔的相贯线见表 3-19。

表 3-19 圆柱穿孔的相贯线

轴上圆柱孔	不等径圆柱孔	等径圆柱孔

案例 3 绘制圆柱与圆锥正交的相贯线

案例出示

如图 3-26 所示为圆柱和圆锥正交相贯，两立体相交产生一条封闭的空间曲线，试分析相贯的画法，并补画主、俯视图上的相贯线投影。

案例分析

由图 3-26 可知，圆柱和圆锥体的轴线垂直相交（正交），其中圆柱的轴线垂直于侧投影面，圆锥的轴线垂直于水平投影面。由于该相贯线是圆柱面上的线，故其侧面投影为圆（与圆柱投影重合）。但是，由于圆锥面不像圆柱面那样具有积聚性，所以该相贯线只有一个投影（侧面投影）是已知的。作图时，只能用辅助平面法求相贯线上的点的投影。

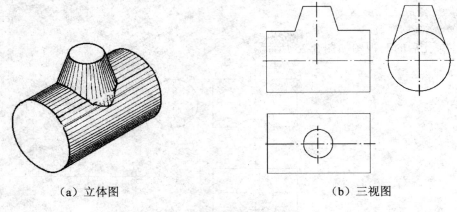

（a）立体图　　　　　　　　　　　　（b）三视图

图 3-26　圆柱与圆锥正交相贯

案例绘制

　　圆柱和圆锥体的轴线垂直相交，其相贯线在主、俯视图上的投影的具体作图方法与步骤见表 3-20。

表 3-20　绘制圆柱与圆锥正交相贯线

步骤	图例	说明
1．作特殊位置上的四个点的投影		在侧面投影上找出最高点和最低点，最前点和最后点，然后根据投影规律求出水平投影和正面投影
2．作一般位置点		在适当位置作辅助平面，由侧面圆柱积聚性的特点，求出水平投影和正面投影

续表

步骤	图例	说明
3．光滑连接各点的同面投影		擦去辅助作图线，描深图线

案例 4 绘制圆锥与球偏交的相贯线

 案例出示

图 3-27 所示为一圆锥和一半球相交，两立体的轴线互相平行，其相贯线为一条封闭的空间曲线，试补画主、左、俯视图上的相贯线投影。

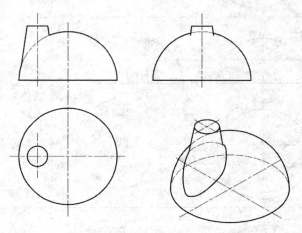

图 3-27 圆锥与球偏交相贯

案例分析

由图 3-27 可知，圆锥体和球体的轴线互相平行，该相贯线为一空间封闭曲线，由于圆锥在各个面上的投影都没有积聚性，所以要利用辅助平面法求出主、左、俯视图上的相贯线投影。

 案例绘制

圆锥体与球体相贯线的具体作图步骤见表 3-21。

表 3-21　圆锥体与球体偏交的相贯线

步骤	图例	作法
1. 作最高点和最低点的侧面投影和水平投影	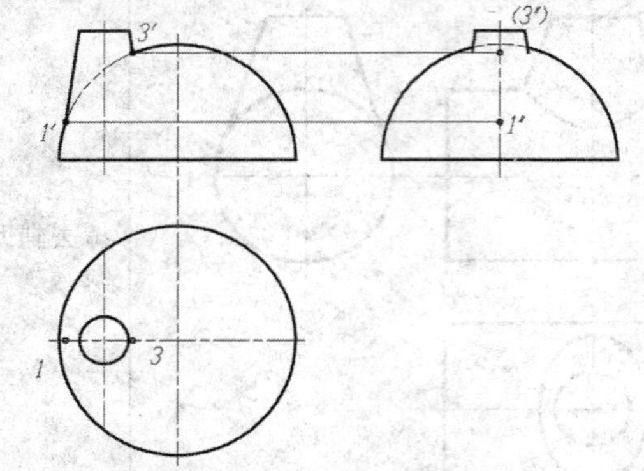	在主视图上找到最高点 3′ 和最低点 1′，根据投影规律依次求出侧面投影 1″、(3″)和水平面的投影 1、3
2. 作最前点和最后点的三面投影	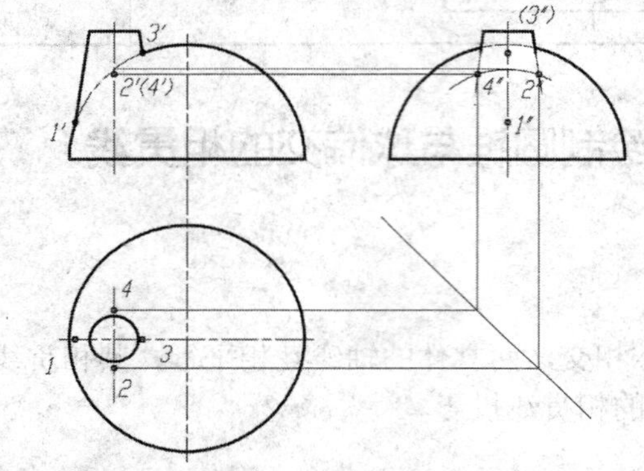	最前和最后点应该在圆锥最前和最后的素线上，所以在主视图上过圆锥轴线作辅助平面（侧平面），切圆球在左视图上得圆弧，它与圆锥前后素线的交点 2″、4″ 即为相贯线上的侧面投影，对应的求出水平投影 2、4，对应到正面上得正面投影 2′(4′)
3. 作一般点的三面投影	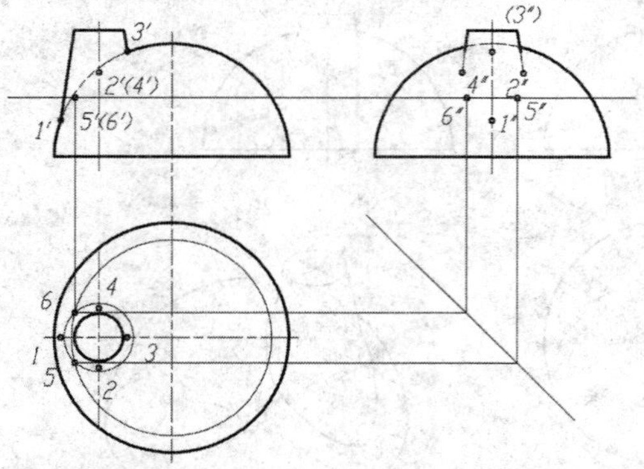	在适当位置作水平辅助平面，切圆锥和球在水平面上的投影都是圆，两圆的交点 5、6 即为相贯线上的点，根据投影规律求出正面投影和侧面投影
4. 光滑连接各点同面投影	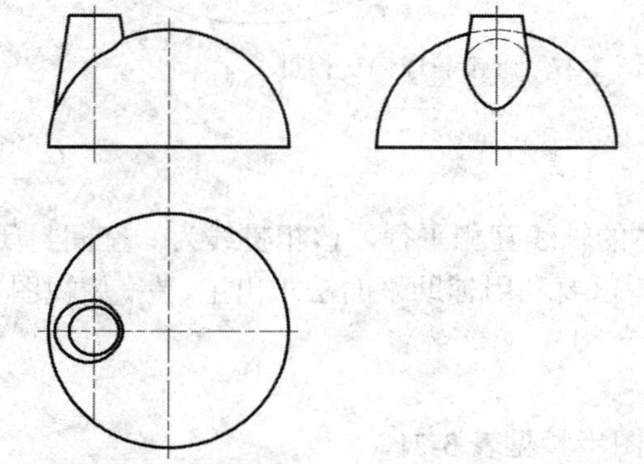	将相贯线上可见部分画成粗实线，不可见部分画成虚线，在左视图上补全圆锥体的最前与最后素线

知识拓展

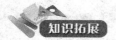

相贯线的特殊情况

轴线重合的两回转体相贯如图 3-28 所示。

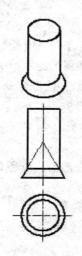

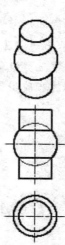

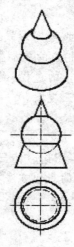

（a）圆锥与圆柱相交　（b）圆柱与球相交　（c）圆锥与球相交

图 3-28　轴线重合的两回转体相贯

项目四 组合体

学习导读

由基本体按一定形式组合而成的物体称为组合体。组合体的组合形式有叠加、切割与综合三种，形成相应的叠加型、切割型与综合型三类组合体。组合体画图的过程就是将组合体表达在平面图纸上的过程。绘制组合体三视图的一般步骤为①对组合体进行形体分析；②确定主视图；③绘制三视图。

主要内容

1. 通过学习组合体三视图的绘制和识读方法，培养学生基本的画图、读图能力，为以后学习机件采用的表达方法莫定基础。

2. 通过大量的绘图、读图练习，进一步增强学生的空间想象能力。

课题一 绘制组合体的三视图

学习目标

1. 掌握组合体三视图的画法。
2. 能正确绘制组合体三视图。

案例 1 绘制轴承座的三视图

案例出示

根据图 4-1 所示轴承座的立体图，绘制其三视图。

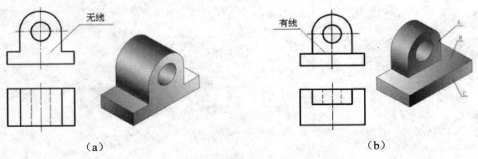

（a）   （b）

图 4-1 轴承座及形体分析

案例分析

　　轴承座由凸台、圆筒、支承板、肋板和底板五个部分组成，这类由几个基本几何体叠加而形成的形体称为叠加类组合体。画叠加类组合体的三视图，首先要运用形体分析法进行分析，即把比较复杂的组合体视为若干个基本形体的组合，对他们的形状和相对位置及表面连接关系进行分析，从而形成对组合形体的完整认识。其次，选择主视图的投影方向。然后选比例、定图幅，最后画图。

相关知识

一、表面连接关系

　　两形体在组合时，由于组合方式或接合面的相对位置不同，形体之间的表面连接关系有以下四种。

　　1．平齐

　　当两形体的表面平齐时，中间应该没有线隔开，如图 4-2 所示。

　　2．不平齐

　　当两形体的表面不平齐时，中间应该有线隔开，如图 4-3 所示。

图 4-2　两表面平齐

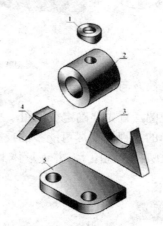

图 4-3　两表面不平齐

　　3．相切

　　相切是指两个基本体的相邻表面（平面与曲面或曲面与曲面）光滑过渡。当两表面相切时，相切处不存在分界线，如图 4-4 所示。

　　特殊情况：如图 4-5 所示，当两圆柱面相切时，若它们的公共切平面垂直于投影面，则应画出相切的素线在该投影面上的投影，也就是两个圆柱面的分界线。

　　4．相交

　　相交是指两基本体的表面相交所产生的交线（截交线或相贯线），基本体相交时应画出交线的投影，如图 4-6 所示。

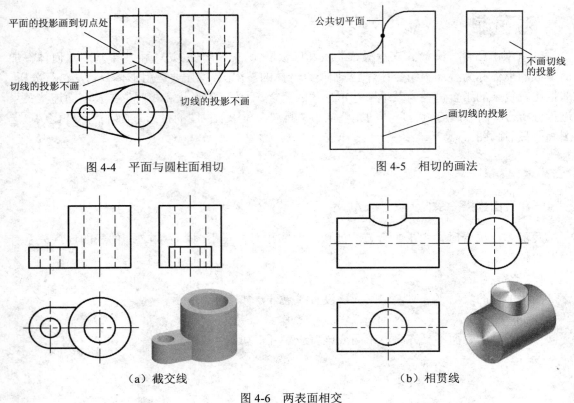

平面的投影画到切点处

切线的投影不画

切线的投影不画

图 4-4 平面与圆柱面相切

公共切平面

不画切线的投影

画切线的投影

图 4-5 相切的画法

（a）截交线

（b）相贯线

图 4-6 两表面相交

二、主视方向的确定

选择视图，首先要确定主视图，主视图的投射方向一经确定，其他视图也就随之确定了。所选择的主视图要尽可能多的反映组合体的形状特征，即尽量将组成部分的形状和相对位置关系反映在主视图上，并使形体上主要平面平行于投影面，以便使投影能反映真实形状和便于作图。

 案例绘制

一、形体分析

如图 4-2 所示的轴承座，可分解为图 4-3 所示的凸台、圆筒、支承板、肋板和底板五个部分。其中，凸台与圆筒的轴线垂直正交，内外圆柱面都有交线即相贯线；支承板的两侧与圆筒的外圆柱面相切，画图时应注意相切处无轮廓线；肋板的左右侧面与圆筒的外圆柱面相交，交线为两条素线，底板、支承板、肋板相互叠合，并且底板与支承板的后表面平齐。

二、选择主视图

在三视图中，主视图是最主要的视图，因此，主视图的选择甚为重要。选择主视图时通常将物体放正，保证物体的主要平面（或轴线）平行或垂直于投影面，使所选择的投射方向一

般最能反映物体结构形状特征。将轴承座按自然位置安放后，按图 4-2 所示箭头的四个方向进行投射，将所得的视图进行比较以确定主视图的投射方向。

如图 4-7 所示，若选择 D 向作为主视图，主视图的虚线多，没有 B 向清楚；若选择 C 向作为主视图，左视图的虚线多，没有 A 向好，由于 B 向投射方向最清楚地反映了轴承座的形状特征及其各组成部分的相对位置，比 A 向投射好，所以，选择 B 向作为主视图的投射方向。

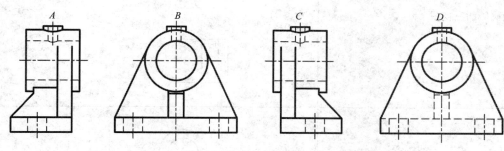

图 4-7 轴承座主视图的选择

主视图一旦确定了，俯视图和左视图的投影方向也就相应确定了。

三、作图

1. 选择图纸幅面和比例

根据组合体的复杂程度和尺寸大小，应选择国家标准规定的图幅和比例。在选择时，应充分考虑到视图、尺寸、技术要求及标题栏的大小和位置等。在一般情况下，尽量选用 1:1 的比例。

2. 布置视图，画作图基准线

根据组合体的总体尺寸，通过简单计算，将各视图均匀地布置在图框内，视图间应预留尺寸标注位置。各视图位置确定后，用细点画线或细实线画出作图基准线。作图基准线一般为底面、对称面、主要端面、主要轴线等。

3. 作图

作图步骤见表 4-1。

表 4-1 轴承座三视图的画图步骤

绘图的方法和步骤	图例
1. 画基准线 画圆筒的轴线及后端面的定位线	

绘图的方法和步骤	图例
2. 画圆筒的三视图	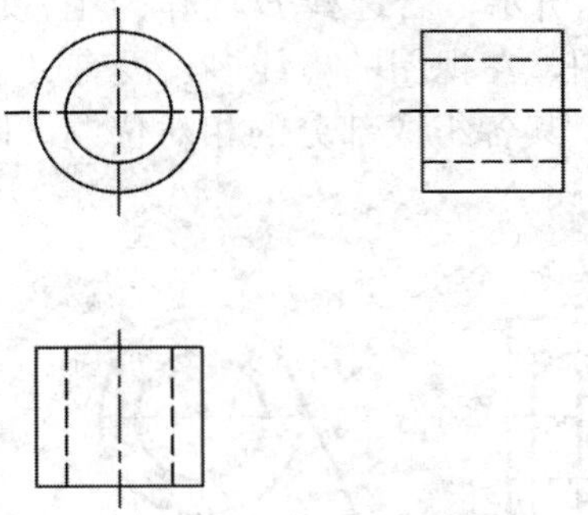
3. 画底板的三视图	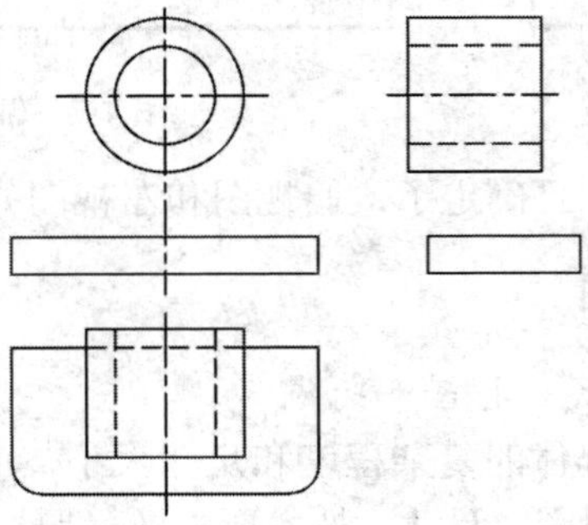
4. 画支承板的三视图 注意支承板与圆筒外表面相切的连接关系	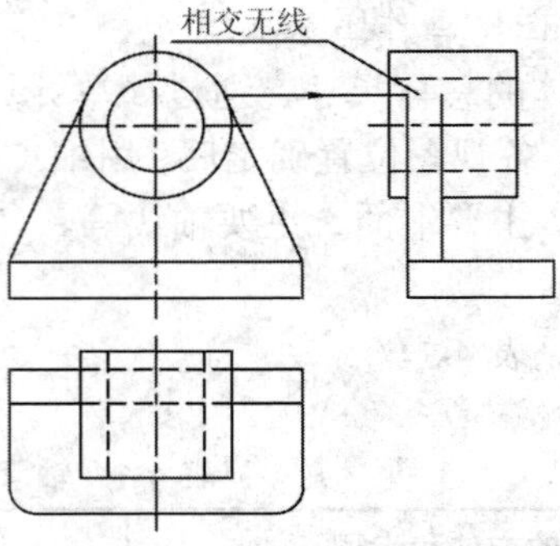 相交无线
5. 画凸台和肋板的三视图 注意肋板与圆筒交线的画法及凸台与圆筒内表面相贯线的画法	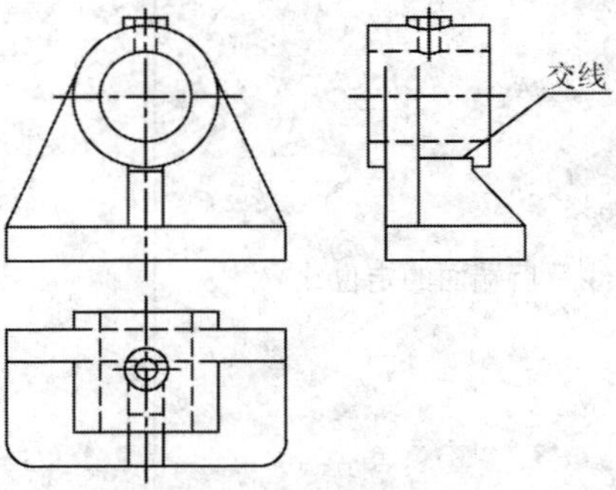 交线

绘图的方法和步骤	图例
6. 画底板上的圆角和圆柱孔，检查，描深	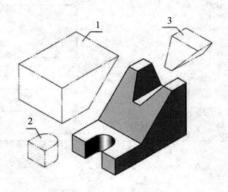

案例2　绘制切割体的三视图

案例出示

根据图 4-8 所示机件的立体图，绘制其三视图。

图 4-8　机件及其形体分析

案例分析

　　机件是在长方体的基础上经过多次切割后而形成的，这类组合体称为切割类组合体。切割类组合体的三视图一般应用"减法"进行绘制。

案例绘制

一、形体分析

分析切割类组合体，要重点弄清楚以下几点：
（1）该组合体在切割之前的形状。
（2）截切面的空间位置、切割顺序及被切去形体的形状。

由图 4-8 机件的立体图可知,该机件是在长方体的基础上,依次进行三次切割所得。

二、选择主视图

切割类组合体与叠加类组合体主视图选择的不同点是:应使切割类组合体上尽量多的截切面(切口)处于投影面的垂直或平行位置,使其具有积聚性或反映实形,以简化作图。

对于机件,选择其水平放置,使前后对称面平行于正投影面,将切割较大的部分置于左上方,以此确定主视图的投射方向,这样能较好地反映出支座的形体特征。

三、作图

绘制切割类组合体的方法一般用"减法",即:

(1)首先画出切割之前的完整形体的三视图。

(2)按切割过程逐个减去被切去部分的视图(叠加类组合体是一部分一部分地加在一起,切割类组合体是一部分一部分地减去)。

画图时,应先画被切割部分的特征图(即截切面或切口有积聚性的投影),再画其他视图,三个视图同时作图。具体作图步骤见表 4-2。

表 4-2　机件三视图的画图步骤

绘图的方法和步骤	图例
1. 画出切割前长方体的三视图	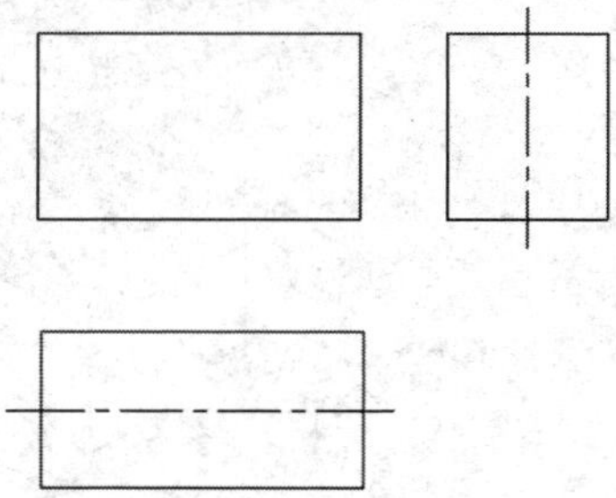
2. 切去第 1 部分	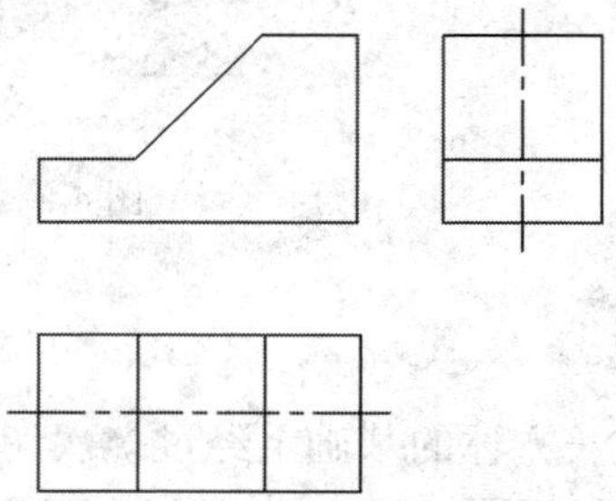
3. 切去第 2 部分	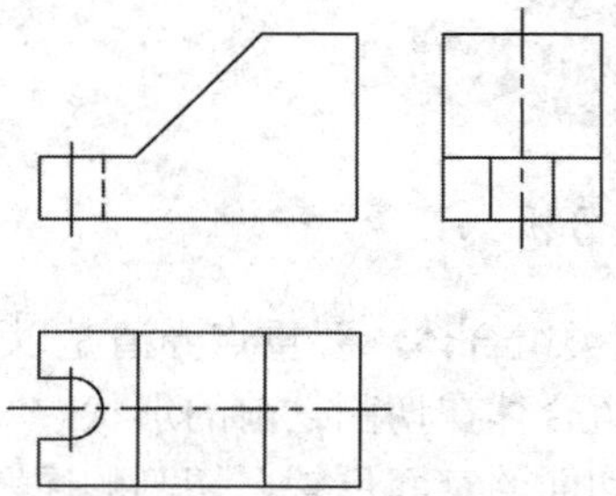

续表

绘图的方法和步骤	图例
4．切去第 3 部分，检查，描深	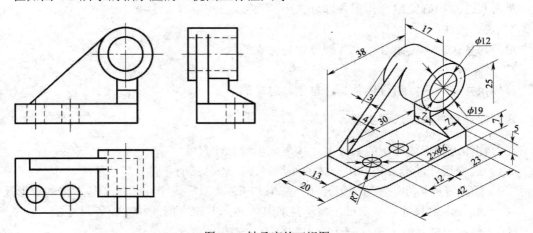

课题二 标注组合体的尺寸

 学习目标

1．了解组合体尺寸的种类，了解尺寸基准的概念。
2．掌握组合体尺寸标注的基本要求、注意事项和常见尺寸注法。
3．能标注简单组合体的尺寸。

案例 标注轴承座的尺寸

案例出示

在如图 4-9 所示的轴承座的三视图上标注尺寸。

图 4-9 轴承座的三视图

案例分析

视图只能表达组合体的形状，而形体的真实大小及各组成部分的相对位置，则要根据视

图上所标注的尺寸来确定。如何标注出完整、正确、清晰的尺寸，就是本任务要解决的问题。

 相关知识

一、尺寸标注的基本要求

标注组合体尺寸必须做到正确、完整、清晰。

1. 正确

正确就是要求所注的尺寸数值要正确无误，注法要严格遵守国家标准《机械制图　尺寸注法》（GB/T 4458.4—2003）。

2. 完整

完整就是要求所注的尺寸必须能完全确定组合体的形状、大小及其相对位置，不遗漏、不重复。

3. 清晰

清晰就是要求所注的尺寸布局整洁、清晰，便于查找和看图。

二、尺寸基准

所谓尺寸基准就是标注尺寸的起始位置，或者说是度量尺寸的起始点。由于空间的组合体都有长、宽、高三个方向的尺寸，所以每个方向至少要有一个尺寸基准。选择基准时，一般把组合体上较大的加工平面（底面或端面）、轴线、对称平面或某个点等几何元素作为尺寸基准。

三、尺寸的分类

组合体的尺寸可分为定形尺寸、定位尺寸和总体尺寸三类。

1. 定形尺寸

定形尺寸是指确定组合体上各部分大小的尺寸。

2. 定位尺寸

定位尺寸是指确定组合体上各部分相对位置的尺寸。

3. 总体尺寸

总体尺寸是指确定组合体总长、总宽、总高的尺寸。

四、标注尺寸的方法和步骤

在对物体进行形体分析的基础上，按下列步骤标注尺寸：

（1）选择尺寸基准。根据组合体的结构特点，选取三个方向的尺寸基准。

（2）标注定形尺寸。假想把组合体分解为若干基本体，逐个注出每个基本体的定形尺寸。

（3）标注定位尺寸。从基准出发标注各基本体与基准之间的相对位置尺寸。

（4）标注总体尺寸。标注三个方向的总长、总宽、总高的尺寸。

（5）核对尺寸，调整布局。标完尺寸后，应采用形体分析法，对重复和遗漏的尺寸进行修正，并以有利于读图为原则，调整尺寸布局，达到所注尺寸正确、完整、清晰的要求。

五、组合体尺寸标注的注意事项

（1）与两视图相关的尺寸，最好注在两视图之间，以保持视图间的联系。长度尺寸尽量标注在主、俯视图之间；宽度尺寸尽量标注在俯、左视图之间；高度尺寸尽量标注在主、左视图之间。

（2）尺寸应标注在表达形状特征最明显的视图上。

（3）同一尺寸只能标注一次，不能重复。

 案例绘制

一、分析形体，选择基准

该轴承座由圆筒、支承板、肋板和底板四个部分组成。根据其结构特点，长度方向以右面为基准，高度方向以底面为基准，宽度方向以后面为基准。

二、标注尺寸

轴承座尺寸标注的步骤见表 4-3。

表 4-3 轴承座尺寸标注的步骤

标注的方法和步骤	图例
1. 选择尺寸基准 根据其结构特点，长度方向以右面为基准，高度方向以底面为基准，宽度方向以后面为基准	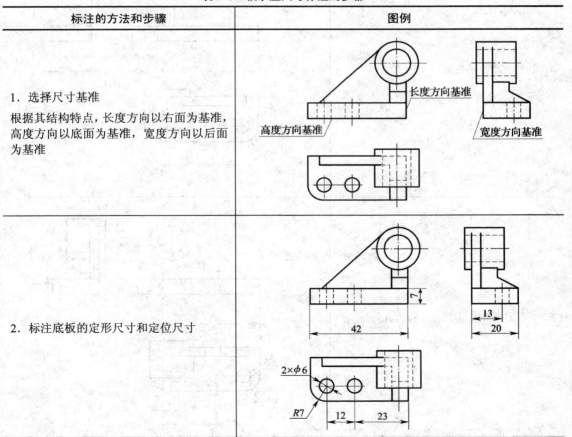
2. 标注底板的定形尺寸和定位尺寸	

标注的方法和步骤	图例
3．标注圆筒的定形尺寸和定位尺寸	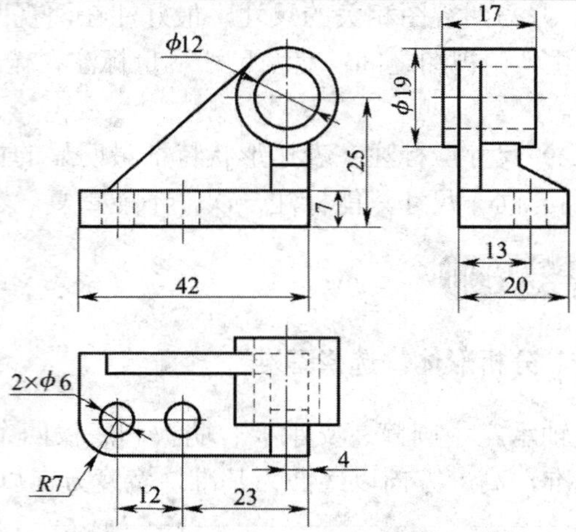
4．标注支承板的定形尺寸	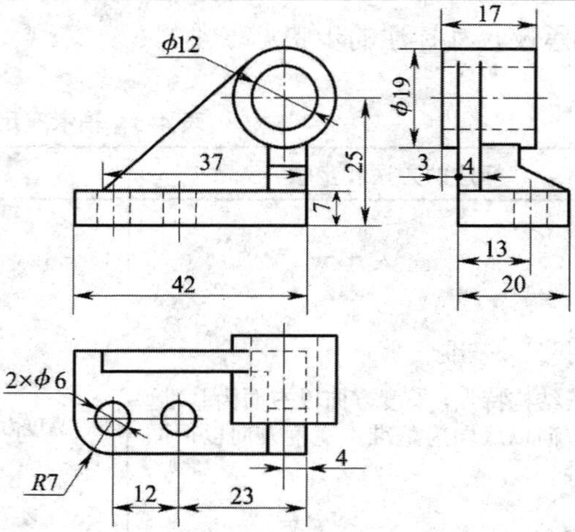
5．标注肋板的定形尺寸，检查并调整	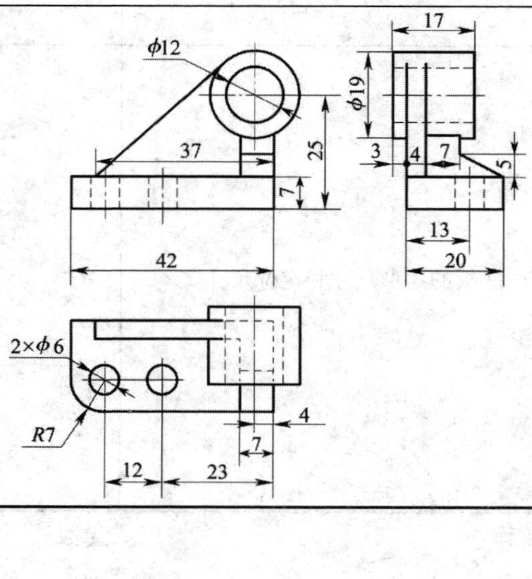

一、常见基本体的尺寸标注

对于基本体，一般应注出它的长、宽、高三个方向的尺寸，但并不是每一个基本体都需要注全这三个方向的尺寸。例如标注圆柱、圆锥的尺寸时，在其投影为非圆的视图上注出直径方向（简称径向）尺寸"ϕ"后，既可减少一个方向的尺寸，还可省略一个视图，因为尺寸"ϕ"具有双向尺寸功能。图4-10给出了一些常见基本体的尺寸标注。

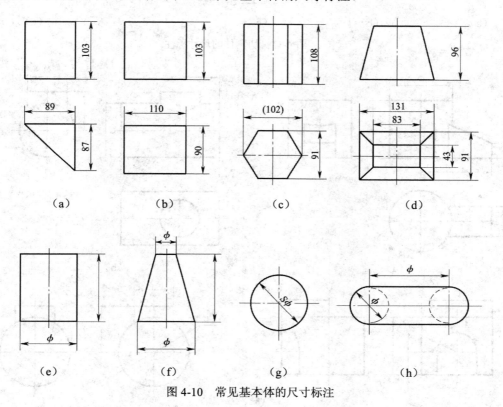

图4-10 常见基本体的尺寸标注

二、切割体的尺寸标注

在标注切割体的尺寸时，除标注定形尺寸外，还应标注确定截平面位置的定位尺寸。当截平面在形体上的相对位置确定后，截交线的形状即被确定，因此对截交线的形状和位置不应再注尺寸，如图4-11所示。

三、相交立体的尺寸标注

相交立体除标注相交基本形体的定形尺寸外，还应注出确定两相交基本形体的定位尺寸。当定形、定位尺寸注全后，则两相交体的交线（相贯线）即被确定，因此，对相贯线的形状和位置也不要再注出尺寸，如图4-12所示。

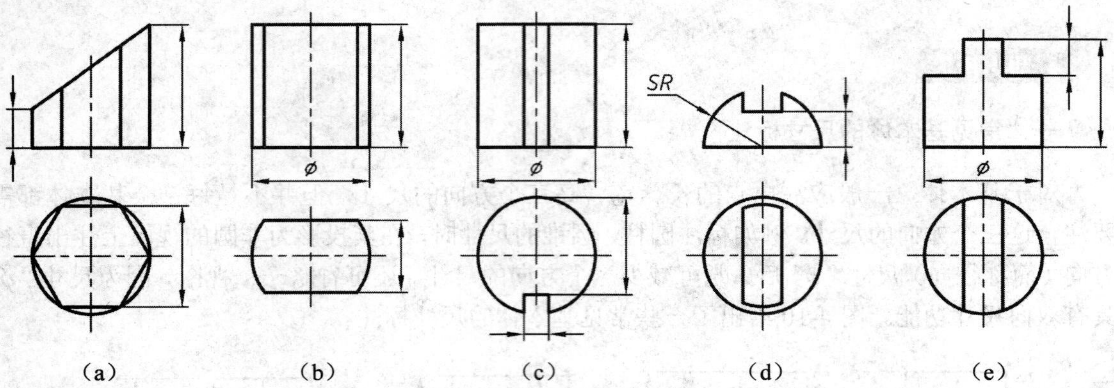

图 4-11　切割体的尺寸标注

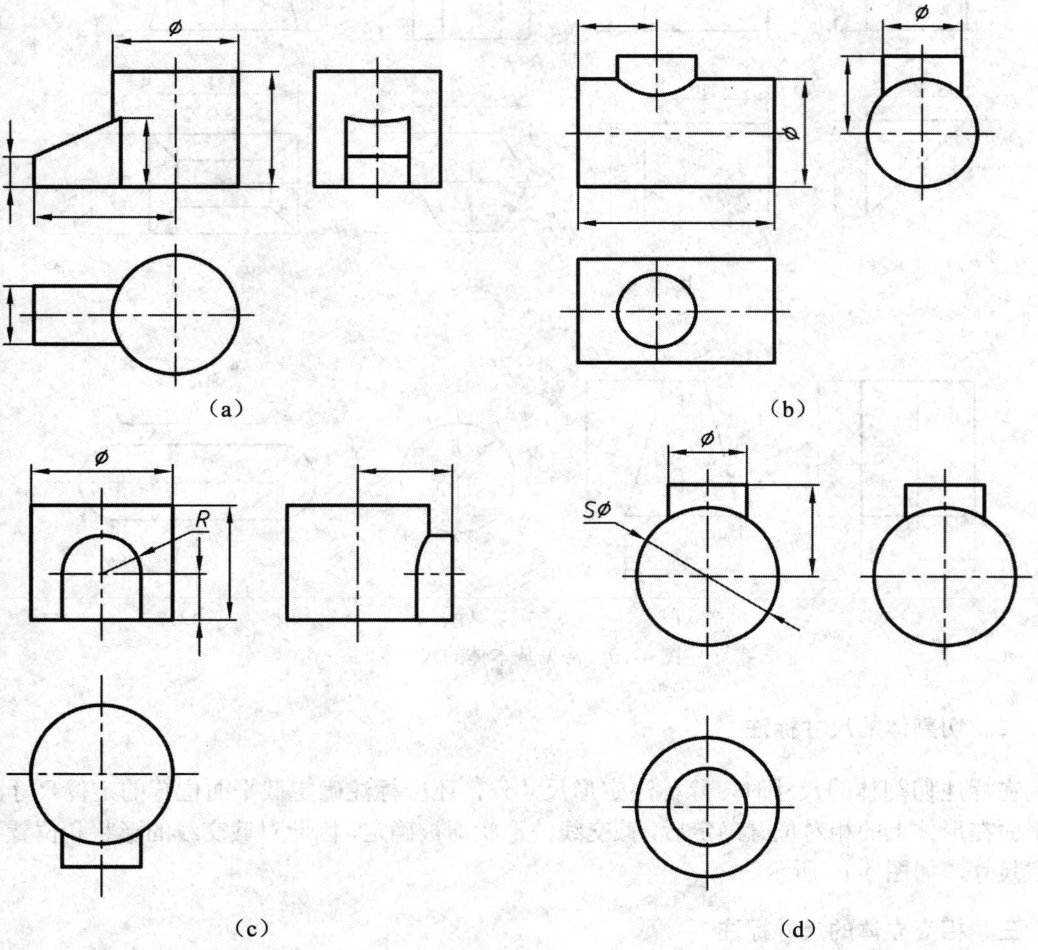

图 4-12　相交立体的尺寸标注

四、常见薄板的尺寸标注

由图 4-13 可以看出，由于板的基本形状和孔、槽的分布形式不同，其中心距定位尺寸的标注形式也不一样。

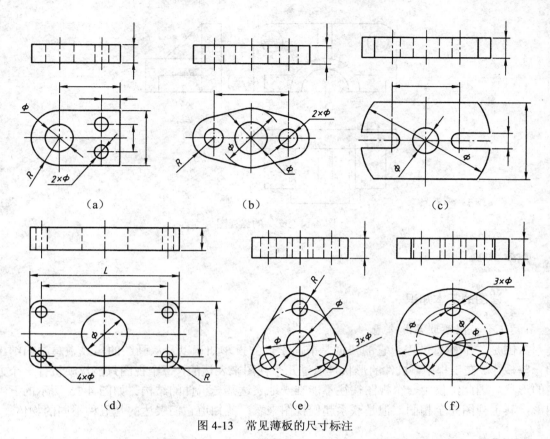

图 4-13 常见薄板的尺寸标注

课题三 读组合体的三视图

 学习目标

1. 掌握读叠加类、切割类组合体三视图的方法。
2. 掌握补画三视图上缺线的方法。

案例1 读轴承座的三视图

案例出示

根据图 4-14 所示支架的三视图，想象出它的立体形状。

案例分析

读图是画图的逆过程，画图是运用正投影法把空间的物体表达在平面上，而读图同样是运用正投影原理，根据视图想象出空间物体的结构形状。读图常用的方法有形体分析法和线面分析法。

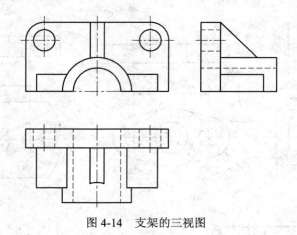

图 4-14　支架的三视图

相关知识

一、读图的基本知识

1. 几个视图要联系起来看

看图是一个构思过程，它的依据是前面学过的投影知识以及从画图的实践中总结归纳出的一些规律。在工程中，机件的形状是通过几个视图来表达的，每个视图只能反映机件一个方向的形状。因此，仅由一个视图往往不能唯一地表达某一机件的结构。如图 4-15 所示的五组图形，其主视图完全相同，但是联系起俯视图来看，就知道它们表达的是五种不同的物体。

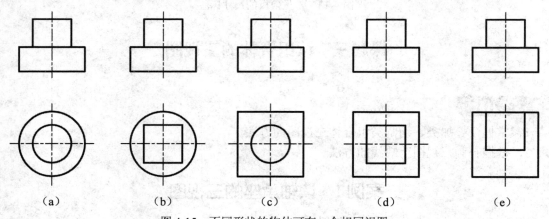

（a）　　　（b）　　　（c）　　　（d）　　　（e）

图 4-15　不同形状的物体可有一个相同视图

有时立体的两个视图也不能确定立体的形状。如图 4-16 所示的三组视图，它们有相同的主视图和俯视图，但左视图不同，因此是三种不同形状的物体。

2. 抓特征视图，想象物体形状

抓特征视图，就是抓物体的形状特征视图和位置特征视图。

（1）形状特征视图。

形状特征视图就是最能表达物体形状的那个视图，如图 4-16 所示的左视图。

（2）位置特征视图。

位置特征视图就是反映组合体的各组成部分相对位置关系最明显的视图。读图时应以位置特征视图为基础，想象各组成部分的相对位置，如图 4-17 所示的左视图。

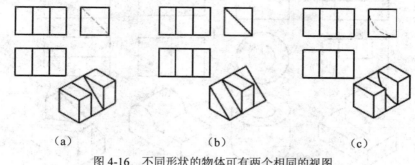

（a）　　　　　　　　　　（b）　　　　　　　　　　（c）

图 4-16　不同形状的物体可有两个相同的视图

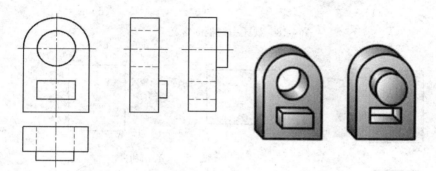

图 4-17　位置特征视图

特征视图是表达形体的关键视图，读图时应注意找出形体的位置特征视图和形状特征视图，再联系其他视图，就能很容易地读懂视图，想象出形体的空间形状了。

3. 明确视图中线框和图线的含义

视图中每个封闭线框通常表示物体上的一个表面（平面或曲面）或孔的投影。视图中的每条图线则可能是平面或曲面的积聚性投影，也可能是线的投影。因此，必须将几个视图联系起来对照分析，才能明确视图中的线框和图线的含义。

（1）线框的含义。

①一个封闭线框表示物体上的一个表面（平面或曲面或平面和曲面的组合面）的投影，如图 4-18 所示。

②大封闭线框内套小封闭线框，可以表示凸起或凹进，如图 4-18（a）的俯视图及图 4-18（b）的主视图。

③两个相邻的封闭线框，表示物体不同位置的表面的投影，如图 4-18（c）、（d）中的俯视图。

（2）图线的含义。

视图中的每条图线，可能表示三种情况（如图 4-19 所示）：

①垂直于投影面的平面或曲面的投影。

②两个面交线的投影。

③回转体转向轮廓线的投影。

4. 利用线段及线框的可见性，判断形体的形状

（1）利用交线的性质确定物体的形状，如图 4-20 所示的两组图形。

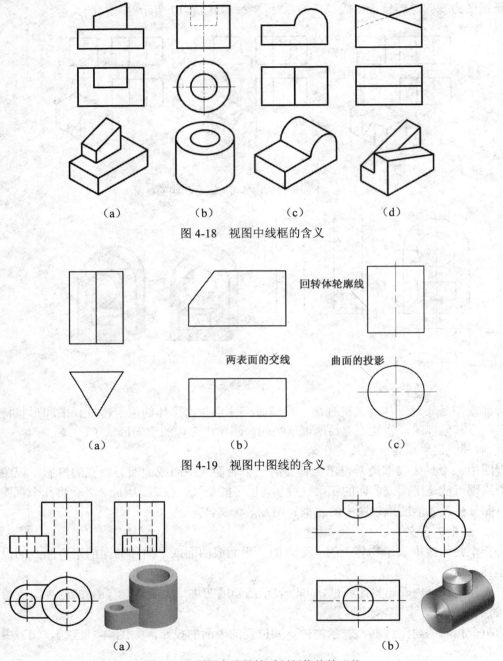

图 4-18　视图中线框的含义

图 4-19　视图中图线的含义

图 4-20　利用交线的性质判断物体的形状

（2）利用线的虚实变化判断物体的形状，如图 4-21 所示的两组图形。

二、形体分析法

形体分析法是指从最能反映物体形状和位置形状特征的视图入手，将复杂的视图按线框分成几个部分，然后运用三视图的投影规律，找出各线框在其他视图上的投影，从而分析各组成部分的形状和它们之间的相对位置，最后综合起来，想象组合体的整体形状。

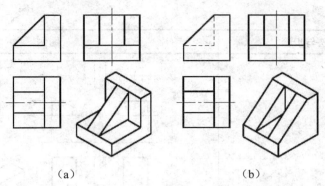

（a）　　　　　　　　　　　（b）

图 4-21　利用虚实线的变化判断物体的形状

读轴承座三视图的方法与步骤见表 4-4。

表 4-4　读轴承座三视图的方法与步骤

读图的方法与步骤	图例
1. 分线框，对投影	
2. 想形体 I	
3. 想形体 II	

读图的方法与步骤	图例
4. 想形体Ⅲ、Ⅴ	
5. 想形体Ⅳ	
6. 综合想象	

案例2　读压块的三视图

案例出示

用线面分析法读压块的三视图，如图 4-22 所示。

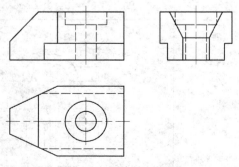

图 4-22　压块的三视图

案例分析

压块是在基本形体的基础上，被截割而形成的形体，属于切割类组合体，对于这类组合体的读图，可以采用"线面分析法"。

相关知识

线面分析法

有许多切割式组合体，有时无法运用形体分析法将其分解成若干个组成部分，这时看图需要采用线面分析法。所谓线面分析法，就是运用投影规律把物体的表面分解为线、面等几何要素，通过分析这些要素的空间形状和位置，来想象物体各表面形状和相对位置，并借助立体概念想象物体形状，达到看懂视图的目的。

案例绘制

用线面分析法读压块三视图的方法与步骤见表4-5。

表4-5 读压块三视图的步骤

读图的方法与步骤	图例
1. 由压块的三视图看出该压块的基本轮廓是长方体 读图时抓住线段对应投影。所谓抓住线段，是指抓住平面投影成积聚性的线段，按投影对应关系，对应找出其他两投影面上的投影，从而判断出该截切面的形状和位置	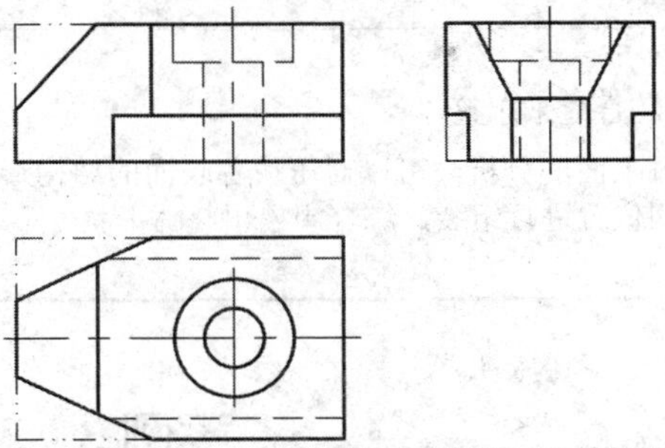
2. 分析平面 P 从主视图中的斜线 p' 出发，按长对正、高平齐的对应关系，找出 p 及 p''，可知 P 面为正垂面，即长方体形体被一正垂面切去左上角	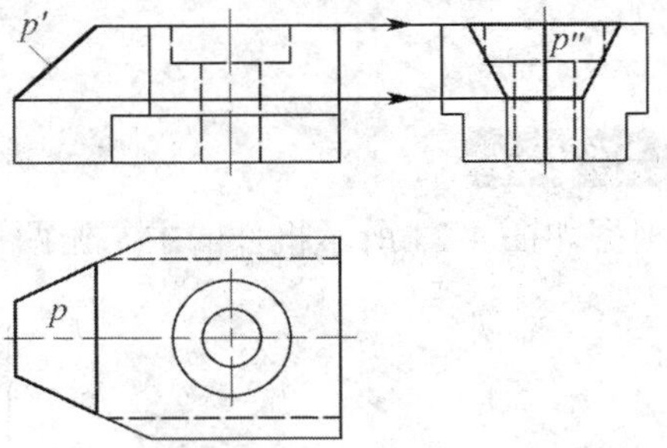
3. 分析平面 Q 从俯视图中的斜线 q 出发，按长对正、宽相等的对应关系，找出 q'' 及 q'，可知 Q 面为铅垂面，即将形体的前（后）角切去	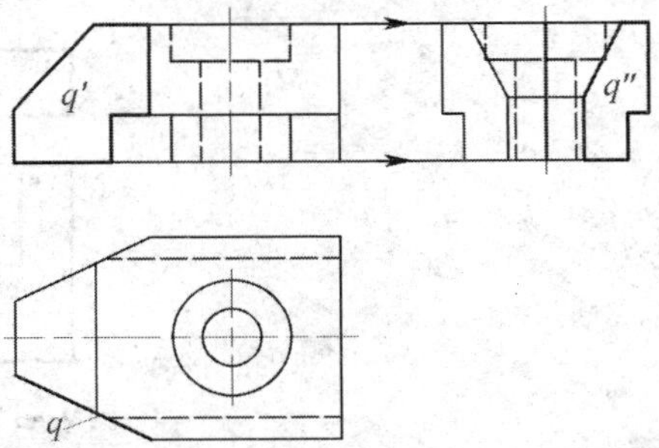

续表

读图的方法与步骤	图例
4．分析平面 R 从左视图中的直线 r''出发，按高平齐、宽相等的对应关系，对应出一直线 r 及线框 r'，可知 R 面为正平面	
5．分析平面 S 从主视图中的直线 s'出发，按长对正、高平齐的对应关系，对应出一线框 s 及左视图中直线 s''，可知 S 面为水平面，由正平面 R 和水平面 S 结合将形体前（后）下部各切去一块长方体	
6．综合起来想整体 通过上面的分析，可以对压块各表面的结构形状与空间位置进行组装，综合想象出整体形状	

案例 3　补画机件的左视图

 案例出示

根据如图 4-23 所示机件的主、俯两视图，补画其左视图。

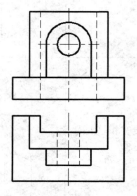

图 4-23　补画机件的左视图

案例分析

补画视图就是根据已知的两视图，运用形体分析法和线面分析法，想象出形体的结构形状，然后按照画组合体视图的步骤和方法，画出第三个视图。

案例绘制

补画机件左视图的方法与步骤见表 4-6。

表 4-6　补画机件左视图的方法与步骤

绘图的方法与步骤	图例
1．分视图 按线框分成三个组成部分 2．想形体Ⅰ 形体Ⅰ的主、俯视图分别为矩形线框（近似），想象出形体为长方体，补画出左视图	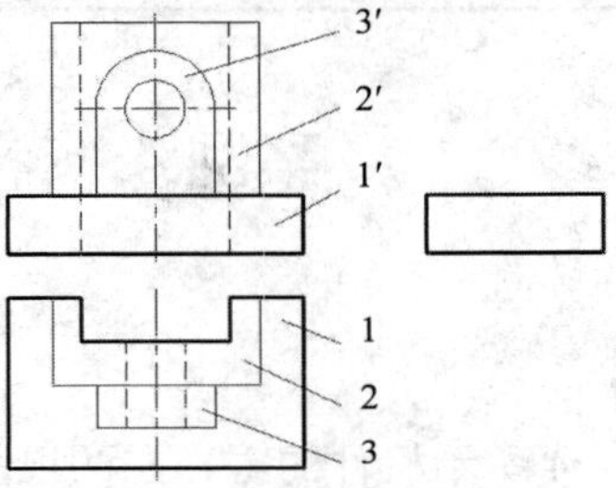
3．想形体Ⅱ 形体Ⅱ的主、俯视图分别为矩形线框（近似），想象出形体为长方体，并立在形体Ⅰ的上后方，补画出左视图	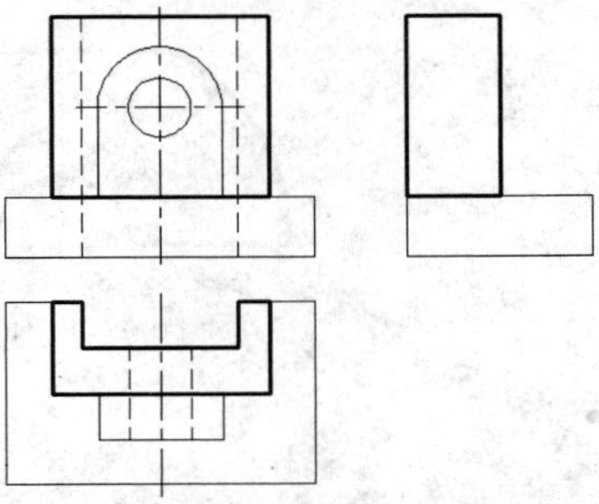
4．想形体Ⅲ 形体Ⅲ的主视图为上圆下方，俯视图为矩形，可想象为半圆柱与长方体的圆滑接合体，并紧靠形体Ⅱ，补画出左视图	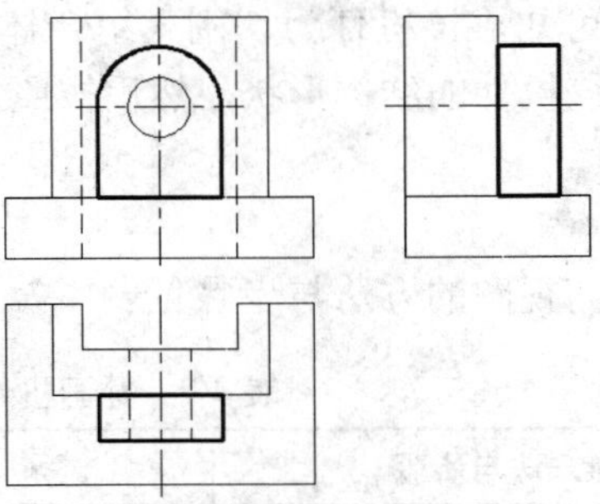
5．开槽、开孔 由形体Ⅱ、Ⅲ可知，上面有一通孔，由形体Ⅰ、Ⅱ可知，在后面有一凹形槽，补画出左视图中孔、槽的细虚线	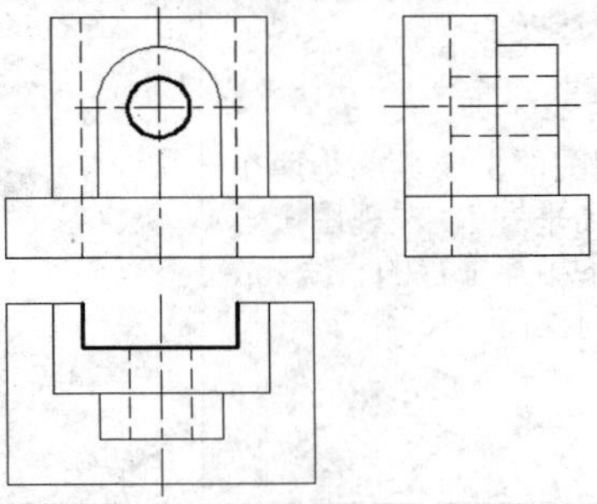

续表

绘图的方法与步骤	图例
6. 综合想象，检查 根据想象出的各形体的形状，综合想象出组合体的整体形状，检查所画视图无误后，按规定线型加深图线	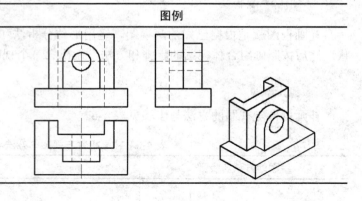

案例 4　补画机件的俯视图

根据如图 4-24 所示机件的主、左两视图，补画其俯视图。

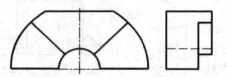

图 4-24　补画机件的俯视图

案例分析

根据视图可知，该机件为切割式组合体，补画其俯视图时，可运用线面分析法和形体分析法，想象出该机件的结构形状，然后按照切割式组合体的绘图步骤和方法，画出第三视图。

案例绘制

补画机件俯视图的方法与步骤见表 4-7。

表 4-7　补画机件俯视图的方法与步骤

绘图的方法与步骤	图例
1. 组合体主视图的主要轮廓为两个半圆，根据"高平齐"，左视图上与之对应的是两条相互平行的直线，故其原形是半个圆柱筒	

绘图的方法与步骤	图例
2．由主视图可见，形体上部被切掉，其俯视图中的投影必定为直线	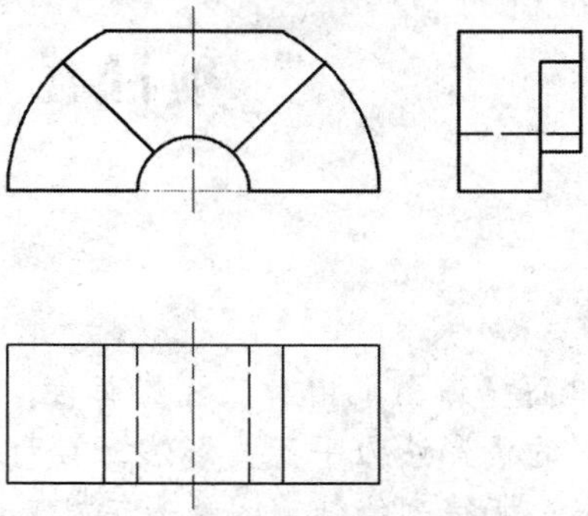
3．从主视图三个线框的空间位置可知，该半圆柱筒的左右两边各切掉一扇形块，深度从左视图上确定	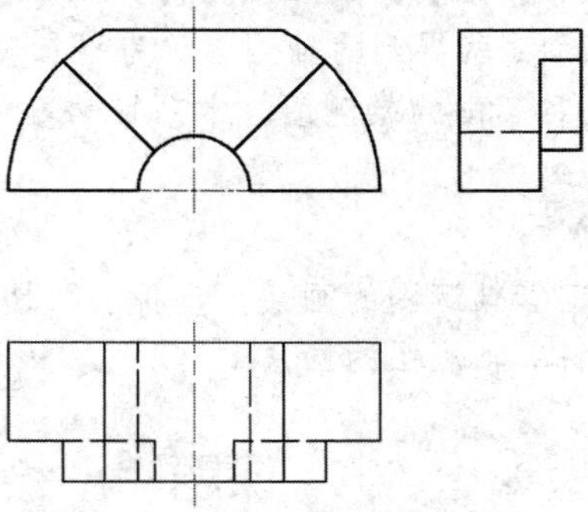
4．通过形体和线面分析后，综合想象出物体的整体形状，检查所画视图无误后，按规定线型加深图线	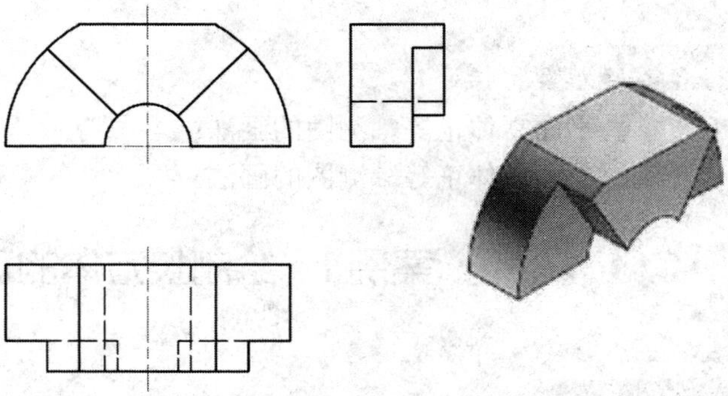

项目五　轴测图

**学习导读**

　　轴测图是单面投影图，相对三视图而言，轴测图更能直观地反映形体的空间结构特征。绘制轴测图采用的投影法为平行投影法，有两种基本思路:保持正投影法不变，使被投影形体相对投影面倾斜，所得到的轴测图称为正轴测图；保持形体摆放位置为"正放"，使投射光线相对投影面倾斜，所得到的轴测图称为斜轴测图。每一类轴测图根据轴向伸缩系数的不同，又可分别分为三种不同的轴测图。本项目学习常用的正等轴测图与斜二轴测图。

**主要内容**

1．掌握正等轴测图的画法：坐标法、切割法、组合法。
2．掌握斜二轴测图的画法。

课题一　绘制正等轴测图

**学习目标**

1．掌握平面立体正等轴测图的画法；
2．掌握曲面立体正等轴测图的画法。

案例1　绘制长方体的正等轴测图

**案例出示**

根据如图 5-1（a）所示长方体的三视图，绘制其正等轴测图，如图 5-1（b）所示。

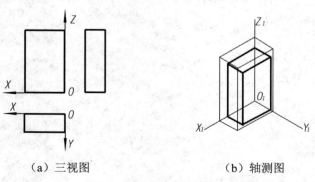

　　（a）三视图　　　　　　　　（b）轴测图

图 5-1　长方体的三视图与轴测图

用正投影法绘制的三视图（见图 5-1（a）），可以准确地表达物体的结构形状和大小，画图方便，但缺乏立体感，直观性差，没经过专门训练的人很难看懂其形状。而用正投影法绘制的轴测图，能同时反映物体的长、宽、高三个方向的形状（见图 5-1（b）），虽然它在表达物体时，某些结构的形状发生了变形（矩形被表达为平行四边形），但它具有较强的立体感和较好的直观性。因此，轴测图被广泛地应用于设计构思、产品介绍和帮助读图及进行外观设计等。绘制和识读轴测图也是工程技术人员必备的能力之一。

相关知识

1. 正等轴测图的形成

使描述物体的三直角坐标轴与轴测投影面具有相同的倾角，用正投影法在轴测投影面所得的图形称为正等轴测图（简称正等测）。图 5-2 演示了正等轴测图的形成过程。

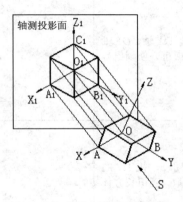

图 5-2　正等轴测图的形成过程

2. 正等轴测图的轴测轴、轴间角和轴向伸缩系数

正等轴测图的轴间角均为 120°，如图 5-3 所示。由于物体的三坐标轴与轴测投影面的倾角均相同，因此，正等轴测图的轴向伸缩系数也相同，$p=q=r=0.82$。为了作图、测量和计算都方便，常把正等轴测图的轴向伸缩系数简化成 1，这样在作图时，凡是与轴测轴平行的线段，可按实际长度量取，不必进行换算。这样画出的图形，其轴向尺寸均为原来的 1.22 倍（1:0.82 ≈1.22），但形状没有改变。

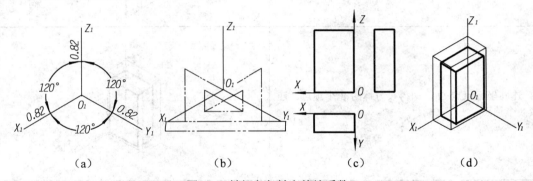

（a）　　　　　　　　（b）　　　　　　　　（c）　　　　　　　　（d）

图 5-3　轴间角与轴向伸缩系数

案例绘制

长方体正等轴测图的绘图步骤见表 5-1。

表 5-1　长方体正等轴测图的绘图步骤

步骤与方法	图例
1. 在三视图中选取坐标原点（O）确定空间坐标轴（OX、OY、OZ）的投影，本例选取长方形的右、后、下角、顶点为坐标原点	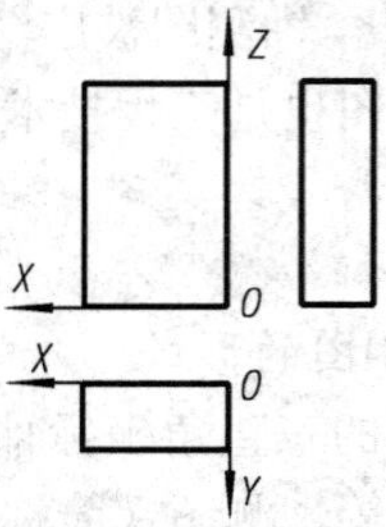
2. 画轴测图。将 OZ 轴画成铅垂线，OX 轴、OY 轴画成与水平成 30°（用 30° 角三角板可方便画出），X_1、Y_1、Z_1 轴交点为原点 O_1	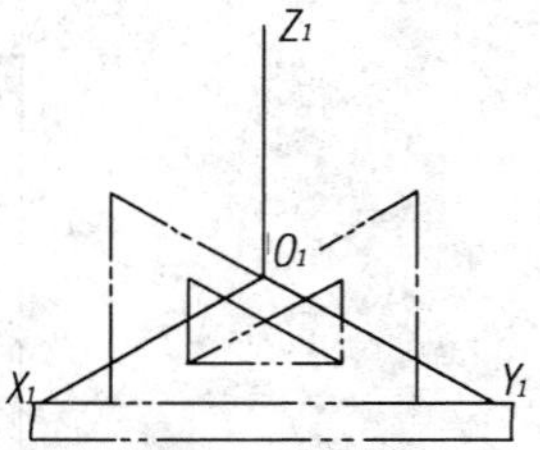
3. 取长方体的长度尺寸 a、宽度尺寸 b，按 1:1 的比例分别在 O_1X_1、O_1Y_1 轴测图上截取，画出长方体的底面	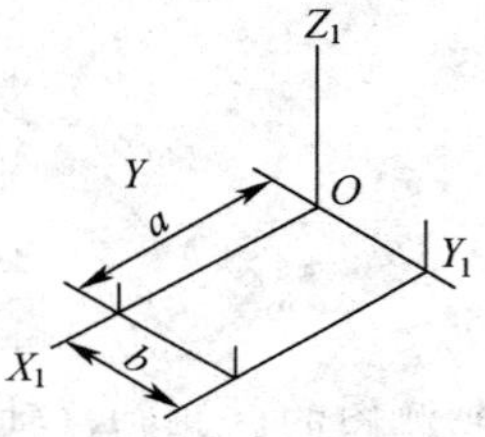
4. 从底面四个顶点做平行于 O_1Z_1 轴的四条平行线，并按 1:1 的比例取其高度 h	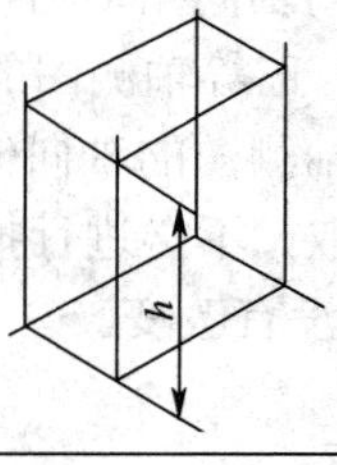
5. 连同坐标原点 O_1，即得长方体的 8 个顶点。连接 8 个顶点	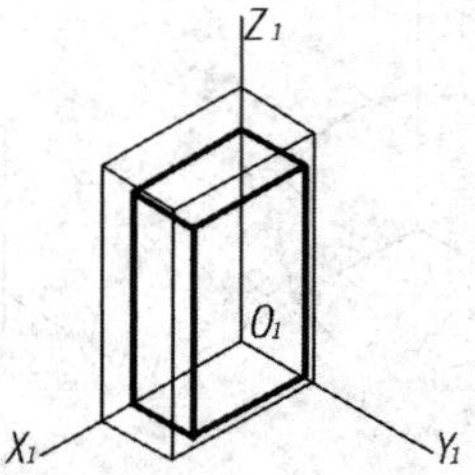

续表

步骤与方法	图例
6. 擦去不必要的图线，加深可见轮廓线（一般只画可见部分），即得长方体的正等轴测图	

案例 2　绘制正六棱柱的正等轴测图

 案例出示

根据如图 5-4（a）所示正六棱柱的三视图，绘制其正等轴测图，如图 5-4（b）所示。

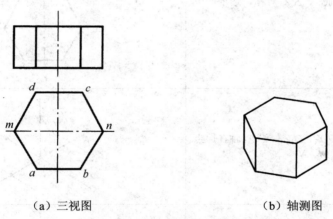

（a）三视图　　　　　　　　　（b）轴测图

图 5-4　正六棱柱的三视图与轴测图

案例分析

画正六棱柱的轴测图时，只要画出其一顶面（或底面）的轴测投影，再过顶面（或底面）上各顶点，沿其高度方向做平行线，按高度截取得各点再先后顺序连线（细虚线不画），即得正六棱柱的轴测图，画图的关键是准确地绘制顶面的轴测投影。

画正六棱柱顶面的轴测图时，由于其六边形顶面上的 ma、bn、cn、dm 四条边与轴测轴不平行，因此，这些边不能直接测量画出。如果能通过坐标定位，求出 m、a、b、n、c、d 各点在轴测图中的位置，并连线各点，即可求得六棱柱端面的轴测投影，进而完成此任务。

相关知识

因为正等轴测图也是正投影图，因此，它具有正投影的一般性质。

1. 平行性

物体上相互平行的直线，在轴测图上仍然平行；凡与坐标轴平行的直线，在轴测图上必与相应的轴测轴平行。

2. 等比性

沿着轴线方向的线段可根据轴向伸缩系数直接测量画出（"轴测"之名由此而来）。

画轴测图时，应利用这两个投影特性作图，但对物体上那些与坐标轴不平行的线段，就不能应用等比性量取长度，而应用坐标定位的方法求出直线两端点，然后连成直线。

案例绘制

正六棱柱正等轴测图的绘图步骤见表 5-2。

表 5-2　正六棱柱正等轴测图的绘图步骤

步骤与方法	图例
1. 在主、俯视图中确定空间坐标轴（OX、OY、OZ）的投影，六棱柱前后、左右对称，选顶面中心为坐标原点	
2. 画出轴测轴 O_1X_1、O_1Y_1、O_1Z_1，沿 X_1 轴在原点 O_1 两侧分别取 $a/2$ 得到 M、N	
3. 按 1:1 的比例分别在 O_1X_1、O_1Y_1 轴测轴上截取，画出六棱柱的顶面	
4. 沿六棱柱顶面各顶点垂直向下量取 h，得到六棱柱底面的各端点。用直线连接各点并加深轮廓线，将前面遮住的线条擦去。即得到六棱柱的正等轴测图	

知识拓展

绘制切割体的正等轴测图

如图 5-5 所示大多数的平面立体，可以看成由长方体切割而成。先画出长方体的正等轴测图，然后进行轴测切割，从而完成物体的轴测图的画图方法称为方箱切割法。

作图步骤：

1．首先设置主、俯视图的直角坐标轴。由于物体对称，为作图方便，选择直角坐标系如图 5-5（a）所示。

2．按主、俯视图的总长、总宽、总高作出辅助长方体的轴测图，如图 5-5（b）所示。

3．在平行轴测轴方向上按题意进行比例切割，如图 5-5（c）所示。

4．擦去多余的线，整理描深完成轴测图，如图 5-5（d）所示。

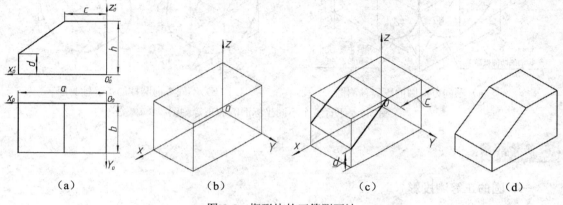

（a） （b） （c） （d）

图 5-5 楔形块的正等测画法

案例 3 绘制圆柱的正等轴测图

案例出示

根据如图 5-6（b）所示圆柱的三视图，绘制其正等轴测图。

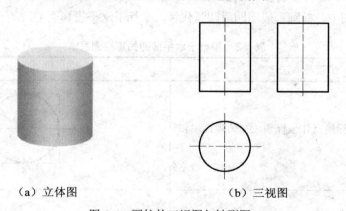

（a）立体图 （b）三视图

图 5-6 圆柱的三视图与轴测图

案例分析

圆柱是组成机件的常见形体，掌握圆柱正等轴测图的画法，是绘制回转体轴测图的基础。由图 5-7 可知，圆柱的轴线垂直于 XOY 坐标轴，即圆柱的上下底圆平行于坐标面 XOY。

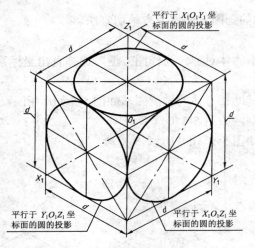

（a）不同方向圆的正等轴测图

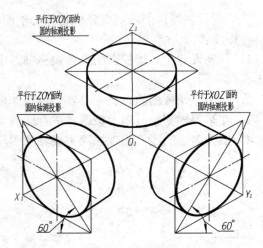

（b）不同方向圆柱的正等轴测图

图 5-7 平行三个不同坐标面圆的正等测图

 相关知识

一、圆的正等测投影

在平面立体的正等轴测图中，平行于坐标面的正方形变为菱形，如果在正方形内有一个圆与其相切，显然圆随正方形四条边的变形变成内切于菱形的椭圆，如图 5-7 所示。

二、圆的正等测画法

由上面分析知，平行于坐标面的圆的正等轴测图都是椭圆，虽然椭圆的方向不同，但画法相同。各椭圆的长轴都在外切菱形的长对角线上，短轴在短对角线上。

1. 平行于水平面的圆的正等测画法

在正等轴测图中，椭圆一般用四段圆弧代替，平行于水平投影面的圆的正等测画法见表 5-3。

表 5-3 平行于水平面圆的正等测画法

步骤与方法	图例
1. 选取圆心为坐标原点作坐标轴，在俯视图中作圆的外切正方形	
2. 按圆的外切正方形画出菱形	

步骤与方法	图例
3. 以 *A*、*B* 为圆心，*AC* 为半径画两个大圆弧	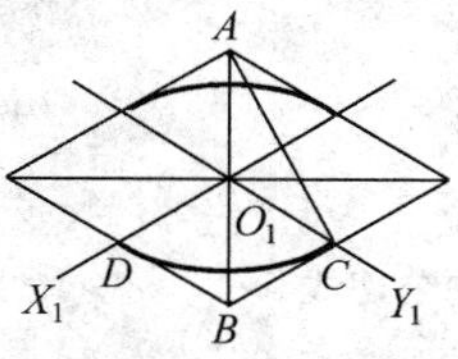
4. 连 *AD* 和 *AC* 分别交长轴于 *M*、*N* 两点	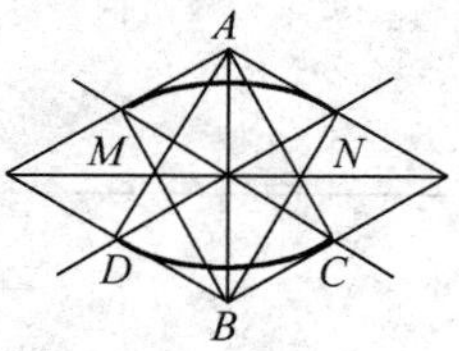
5. 分别以 *M*、*N* 为圆心，*MD* 为半径画两小弧；在 *C*、*D*、*E*、*F* 处与大弧连接。四个圆弧连成近似椭圆，即为所求	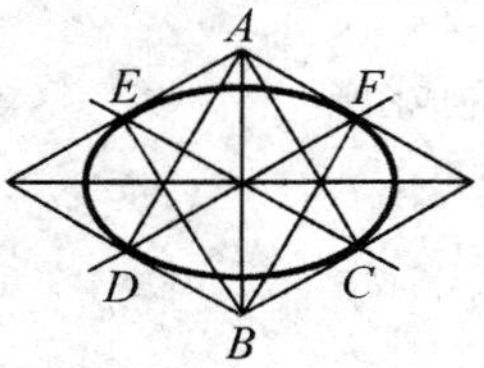

案例绘制

圆柱正等轴测图的作图步骤见表 5-4。

表 5-4　圆柱正等轴测图的作图步骤

步骤与方法	图例
1. 在空间坐标系中，作圆柱的两个投影	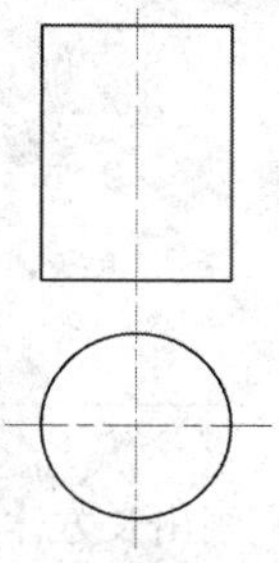
2. 画出轴测轴，定上下椭圆中心，画上下椭圆	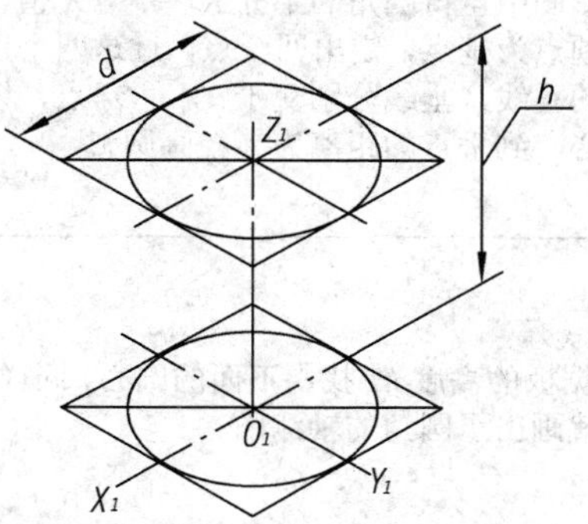

步骤与方法	图例
3．作两椭圆的公切线	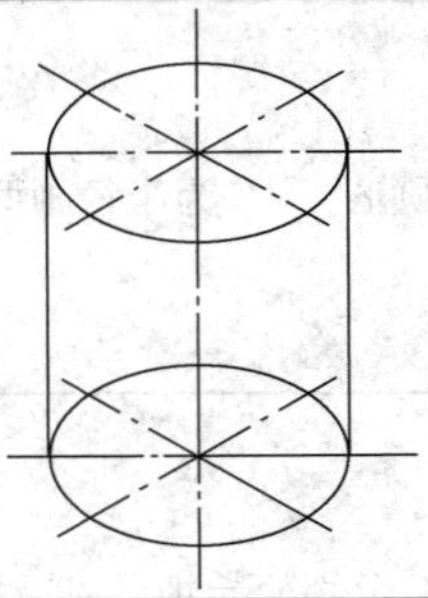
4．加深图线完成图形	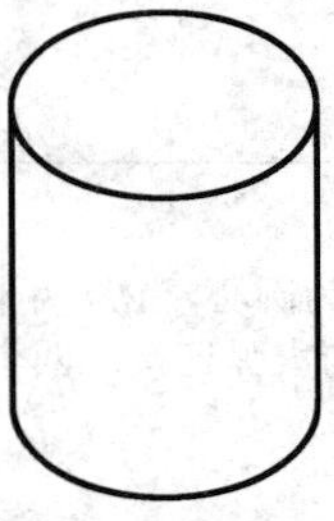

知识拓展

一、带圆角平板的正等轴测图的简化画法（见表 5-5）

表 5-5　带圆角平板的正等轴测图的画图方法与步骤

步骤与方法	图例
1．作平板的两视图	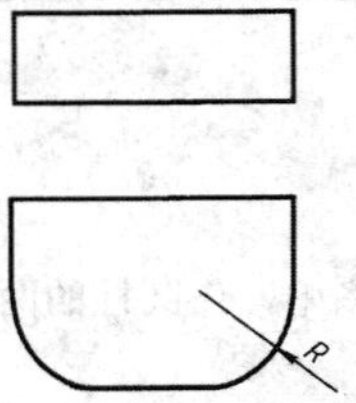
2．根据长、宽、高画出长方体的正等轴测图。从正投影图中量得圆角的半径 R，并用 R 值，以长方体两顶点为基点，定出四个点，过这四个点作相应棱线的垂线，垂线分别交于 O_1、O_2 点，以这两点为圆心，到垂点的距离为半径画圆弧	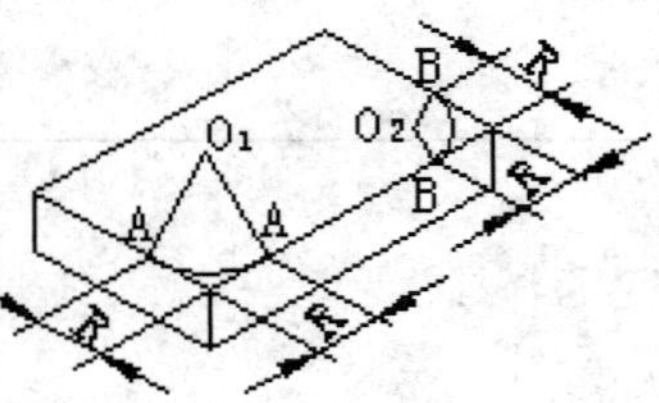
3．根据板的高度 h，找出下面的圆心，同样画圆弧。这样就画出了圆角的轴测图	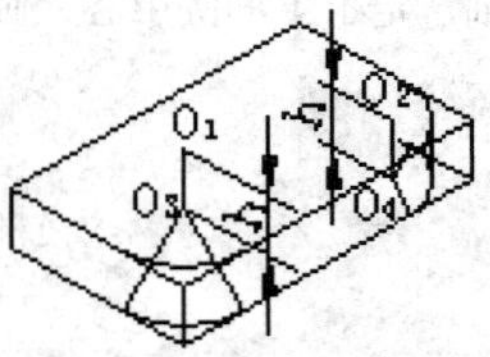

步骤与方法	图例
4．作右端两段圆弧的公切线，擦去不必要的线条，加深轮廓线，完成图形	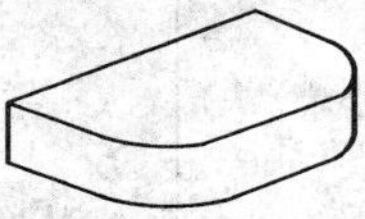

二、常见回转体的正等轴测图的画法（见表5-6）

表5-6 常见回转体正等轴测图的画图方法与步骤

名称	步骤与方法	图例
圆锥台	1．作圆锥台的两视图	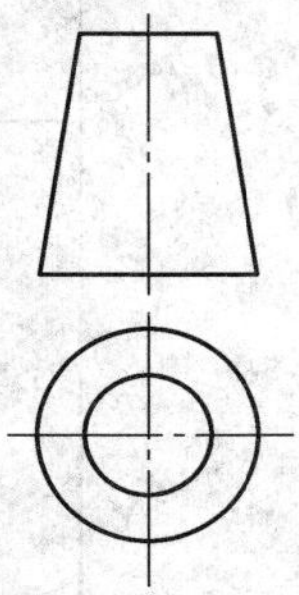
	2．作出上、下端面的轴测轴	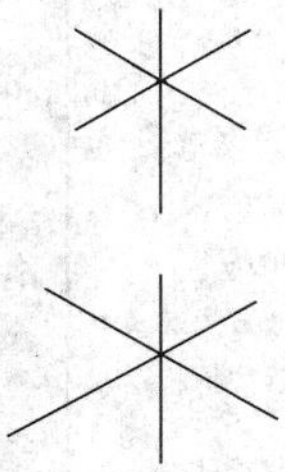
	3．画出上、下端面圆的轴测图	
	4．作两椭圆的公切线（圆锥两侧轮廓线）	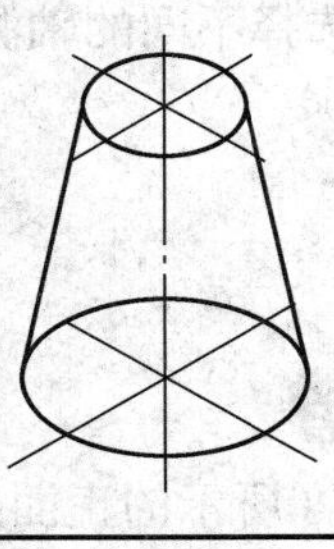

续表

名称	步骤与方法	图例
圆球	1. 作圆球的主视图	
	2. 作轴测轴	
	3. 画出球的轴测图	
	4. 再作切割,完成作图	

课题二　绘制斜二轴测图

1. 熟练绘制斜二轴测图;
2. 灵活选择不同的轴测方法绘制组合体。

案例　绘制斜二轴测图

根据图 5-8 所示的正面形状复杂形体,绘制斜二轴测图。

案例分析

根据视图可以看出，此形体平行于正面（*XOZ* 面）的方向上具有较多的圆或圆弧。如果画正等轴测图，就要画很多椭圆，作图繁琐。如果使用斜二轴测图来表达，就会大大简化作图。

 相关知识

一、斜二轴测图的形成过程

按照图 5-9 所示，如果将物体的 *XOZ* 坐标面对轴测投影面处于平行的位置，采用平行斜投影法也能得到具有立体感的轴测图，这样所得到的轴测投影就是斜二等测轴测图，简称斜二测图。

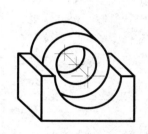

图 5-8　正面形状复杂形体

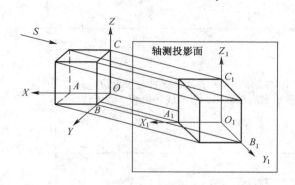

图 5-9　斜二轴测图的形成

二、斜二轴测图的参数设置

如图 5-10 所示为斜二测图的轴测轴画法及轴间角和轴向伸缩系数等。从图中可以看出，在斜二测图中，$O_1X_1 \perp O_1Z_1$ 轴，O_1Y_1 与 O_1X_1、O_1Z_1 的夹角均为 135°，三个轴向伸缩系数分别为 $p_1=r_1=1$，$q_1=0.5$。

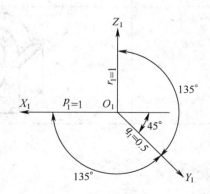

图 5-10　斜二轴测图的参数

 案例绘制

绘制图 5-8 所示形体的斜二轴测图的步骤见表 5-7。

表 5-7 斜二轴测图的绘图步骤

步骤与方法	图例
1. 确定坐标轴	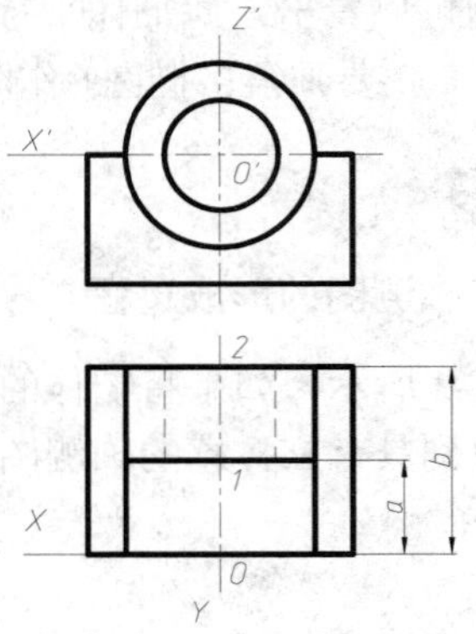
2. 作轴测轴，将形体上各平面分层定位，并画出各平面的对称线、中心线，再画下面形体	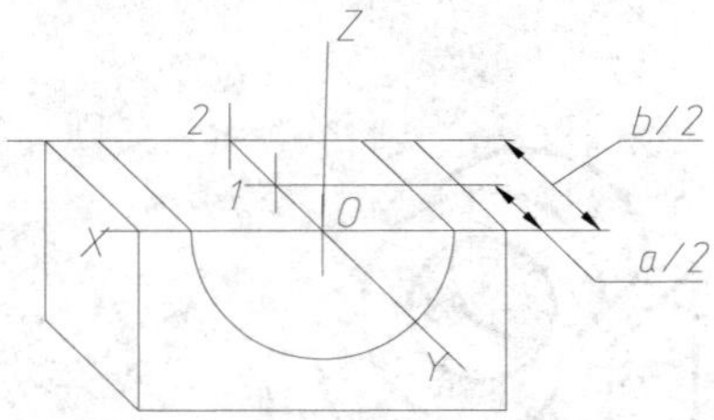
3. 画各层主要部分形状和各细节及孔洞的可见部分的形状	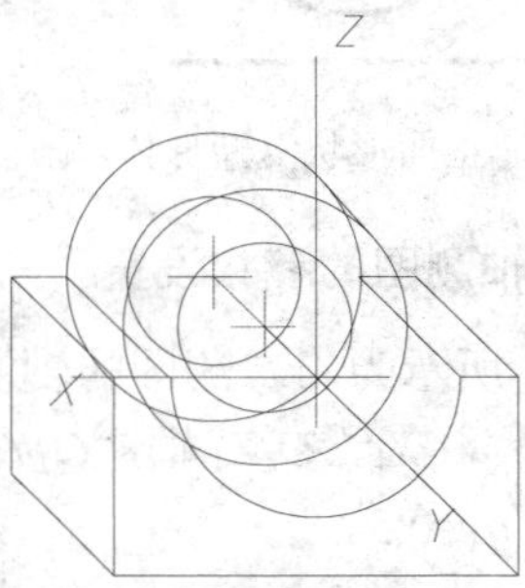
4. 擦去多余图线，加深轮廓线	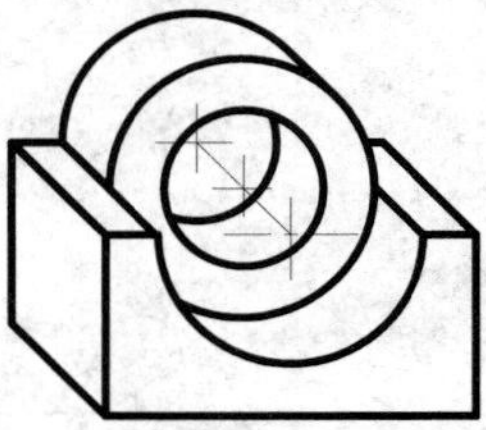

项目六　机械图样的表达方法

学习导读

在实际生产中，有些简单的机件用一个或两个视图并配合尺寸标注就可以表达清楚，而有些复杂的机件用三个视图也难以表达清楚。要想把机件的结构形状表达正确、完整、清晰、简练，必须根据机件的结构特点以及复杂程度，采用适当的表达方法。国家标准《技术制图》和《机械制图》（GB/T 17451－1998、GB/T 17452－1998、GB/T 17453－2005、GB/T 4458.1－2002、GB/T 4458.6－2002）中规定了视图、剖视图、断面图等表达方法，供绘图时选用。

主要内容

掌握视图、剖视图、断面图等的表达方法，绘图时能够根据机件的结构特点以及复杂程度，采用适当的表达方法，从而正确、完整、清晰地把机件的内、外结构表达清楚。

课题一　视图

学习目标

1．了解六面基本视图的名称、配置关系和三等关系；
2．掌握向视图的画法；
3．掌握局部视图和斜视图的画法和标注方法。

案例1　绘制组合体的基本视图

案例出示

图 6-1 为一组合体的轴测图，试绘制其六个基本视图。

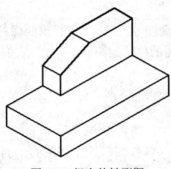

图 6-1　组合体轴测图

当机件的外部结构形状在各个方向（上下、左右、前后）都不相同时，三视图往往不能清晰地把它表达出来。因此，必须加上更多的投影面，以得到更多的视图。

一、基本视图的形成

根据国家标准规定，在原有三个投影面的基础上，再增设三个投影面，组成一个正六面体，这六个投影面称为基本投影面。机件向基本投影面投射所得到的视图称为基本视图，在这六个视图中，除前面学过的主视图、俯视图和左视图之外，还有右视图、仰视图和后视图，如图 6-2 所示。

主视图——机件从前向后投射所得的视图；
俯视图——机件从上向下投射所得的视图；
左视图——机件从左向右投射所得的视图；
右视图——机件从右向左投射所得的视图；
仰视图——机件从下向上投射所得的视图；
后视图——机件从后向前投射所得的视图。

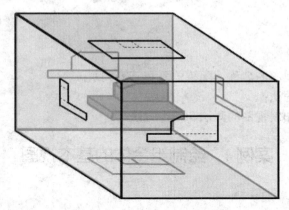

图 6-2　六个基本视图的形成

二、基本视图的配置和投影规律

六个基本投影面的展开方法如图 6-3 所示。正投影面保持不动，其余各投影面按如图所示方向展开。经展开后，各基本视图的位置如图 6-4 所示，它们之间仍然符合"长对正、高平齐、宽相等"的投影规律，即：

主视图、俯视图、仰视图、后视图长对正；
主视图、左视图、右视图、后视图高平齐；
俯视图、仰视图、左视图、右视图宽相等。

其方位关系，除后视图之外，各视图靠近主视图的一侧，均表示机件的后面，各视图中远离主视图的一侧表示机件的前面。后视图的右侧表示机件的左面，左侧表示机件的右面。

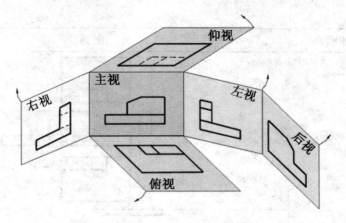

图 6-3　基本视图的展开

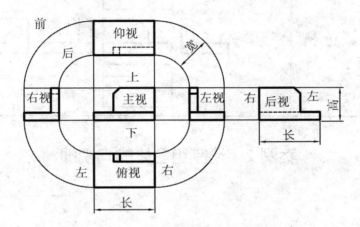

图 6-4　六个基本视图的位置

注意：基本视图主要用于表达零件在基本投射方向上的外部形状。在绘制零件图样时，应根据零件的结构特点，按实际需要选用视图。一般应优先考虑选用主、俯、左三个基本视图，然后再考虑其他基本视图。

　案例绘制

绘制基本视图的步骤见表 6-1。

表 6-1　基本视图的绘图步骤

绘图的方法和步骤	图例
1．绘制三视图 2．绘制右视图 注意：右视图与主视图要高平齐，与俯视图要宽相等	

续表

绘图的方法和步骤	图例
3. 绘制仰视图 注意：仰视图与主视图要长对正，与左视图要宽相等	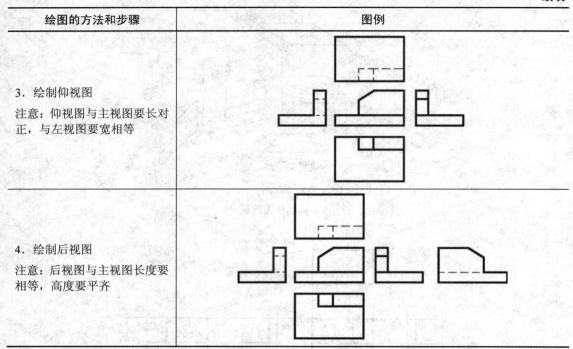
4. 绘制后视图 注意：后视图与主视图长度要相等，高度要平齐	

案例 2　绘制组合体的向视图

案例出示

　　根据图 6-5（b）所示组合体的三视图，参照如图 6-5（a）所示的轴测图，绘制 *A*、*B*、*C* 三个方向的向视图。

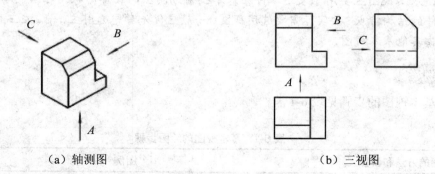

（a）轴测图　　　　　　　　　　　　　　（b）三视图

图 6-5　机座的三视图与轴测图

案例分析

　　为了便于读图，应在向视图的上方用大写拉丁字母标出该向视图的名称（如"*A*"、"*B*"等），且在相应的视图附近用箭头指明投射方向，并注上相同的字母。可以将图 6-4 所示的基本视图按图 6-6 所示位置配置。

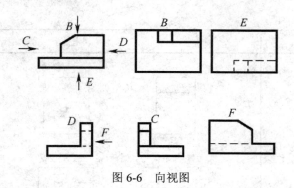

图 6-6 向视图

向视图是可以自由配置的基本视图，是基本视图的另一种表达形式。

注意：

向视图的画法是建立在基本视图的基础上的。画向视图时，应注意以下几点：

（1）向视图可以自由配置，但只能平移，不能旋转配置。

（2）表示投影方向的箭头，应尽可能配置在主视图上，以使所获视图与基本视图一致。表示后视图投射方向的箭头，应配置在左视图或右视图上。

绘制向视图的步骤见表 6-2。

表 6-2　向视图的绘图步骤

绘图的方法和步骤	图例
1. 绘制 A 向视图	
2. 绘制 B 向视图	

续表

绘图的方法和步骤	图例
3．绘制 C 向视图	

案例 3　绘制接头的局部视图

案例出示

根据如图 6-7 所示接头的轴测图，选择适当的表达方法，正确的反映各面的形状。

案例分析

在如图 6-7 所示接头的轴测图中，其左右两边凸台和底部的局部形状可用三个局部视图来表达，而没有必要用左、右视图来表达，这种表达方式既简练又能突出重点。

图 6-7　接头的轴测图

相关知识

一、概念

将机件的某一部分（即局部）向基本投影面投射所得的视图称为局部视图。局部视图是不完整的基本视图，利用局部视图可以减少基本视图的数量，使表达简洁、重点突出。

二、局部视图的配置与标注

局部视图的配置与标注原则是：

（1）局部视图可以按基本视图的配置形式配置，如图 6-8 中的 A 向视图，也可以按向视图的配置形式自由配置，如图 6-8 中的 B 向视图。

（2）在绘制局部视图时，应在局部视图的上方标注"×"（×为大写拉丁字母），在相应视图的附近用箭头指明投射方向，并注明相同的字母，如图 6-8 所示。当局部视图按投影关系配置，中间又无其它视图隔开时，允许省略标注，如图 6-8 中的 A 向局部视图的箭头、字母均可省略。

（3）局部视图的断裂边界线用波浪线或双折线表示，但当所表示的局部结构是完整的，其外轮廓线又是封闭的，这时波浪线可省略不画，如图 6-8 中的 B 向视图。波浪线不能超出轮廓线，不能与其他图线重合。

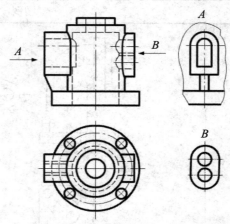

图 6-8 支座的局部视图

（4）在不致引起误解的前提下，对称机件的视图可只画一半或 1/4，但需在对称中心线的两端分别画出两条与之垂直的平行短细实线，如图 6-9 所示。

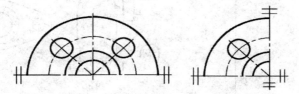

图 6-9 对称机件的局部视图

绘制局部视图的步骤见表 6-3。

表 6-3 局部视图的绘图步骤

绘图的方法和步骤	图例
1. 绘制 *A* 向局部视图	

续表

绘图的方法和步骤	图例
2．绘制 B 向局部视图	
3．绘制 C 向局部视图	

案例 4　用斜视图表达弯板

 案例出示

用适当的视图形式合理地表达如图 6-10 所示的弯板。

图 6-10　弯板的轴测图

**案例分析**

弯板上具有倾斜结构，当采用基本视图表达时，其俯视图和左视图均不能反映它的真实形状。这样，既不便于标注其倾斜结构的尺寸，也不方便画图和读图。为此，可采用斜视图来表达倾斜部分的结构形状。

**相关知识**

一、斜视图的形成

当机件上有倾斜于基本投影面的结构时，为了表达倾斜部分的实形，可设置一个与倾斜结构平行且垂直于一个基本投影面的辅助投影面，然后将该倾斜结构向辅助投影面投射并展平，所得的视图称为斜视图，如图 6-11 所示。

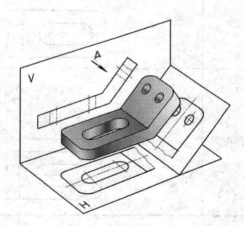

图 6-11　斜视图的形成

二、注意事项

（1）斜视图的断裂边界可用波浪线或双折线表示。

（2）画斜视图时，必须在视图的上方标出视图的名称"×"，在相应的视图附近用箭头指明投射方向，并注上同样的大写拉丁字母"×"。

（3）斜视图一般按投影关系配置，必要时也可配置在其他适当的位置。

（4）在不致引起误解时，允许将斜视图旋转配置，一般以不大于 90°旋转放正为宜，旋转箭头的方向应该与图形的旋转方向一致，标注形式为字母加旋转箭头，表示该斜视图名称的大写拉丁字母应靠近旋转符号的箭头端，必要时也允许将旋转角度标注在字母之后。

**案例绘制**

弯板斜视图的绘图步骤见表 6-4。

表 6-4　斜视图的绘图步骤

绘图的方法和步骤	图例
1．绘制作图基准线	
2．绘制斜视图	
3．如果必要可以将斜视图旋转配置	

课题二　绘制剖视图

**学习目标**

1．掌握剖视图的概念以及全剖视图、半剖视图、局部剖视图的画法；
2．了解剖视图的标注方法；
3．了解剖切面的种类。

案例 1　绘制剖视图

案例出示

看懂如图 6-12 所示机件的轴测图及两视图，将主视图绘制成剖视图。

（a）轴测图

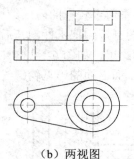
（b）两视图

图 6-12 机件的轴测图及视图

案例分析

　　用视图表达机件形状时，机件上不可见的内部结构（如孔、槽等）要用细虚线表示，如图 6-12（b）所示机件的主视图。如果机件的内部结构比较复杂，图上会出现较多的细虚线，既不便于画图和读图，也不便于标注尺寸。为此，可按国家标准规定采用剖视图来表达机件的内部形状。

相关知识

一、剖视图的概念

　　假想用剖切面（平面或曲面）剖开物体，将处在观察者与剖切面之间的部分移去，而将其余部分向投影面投射所得图形称为剖视图，简称剖视，剖切面与物体的接触部分称为剖面区域。剖视图的形成过程如图 6-13 所示。

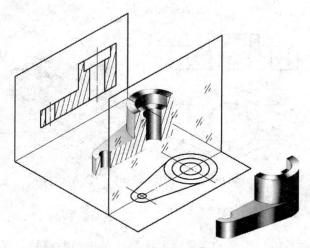

图 6-13 剖视图的形成

二、画剖视图时应注意的问题

画剖视图时应注意的问题有：

（1）画剖视图的目的在于清楚地、真实地表达机件的内部结构，因此，应使剖切平面平行于投影面且尽量通过较多的内部结构的轴线或对称面。

（2）剖视图是假想把机件剖开后再投影的，而实际上机件是完整的，因此其它图形的画法应按完整机件画出，如图 6-14（a）所示。

（3）剖切平面后面的可见轮廓线都应画出，不得遗漏，如图 6-14（b）所示。

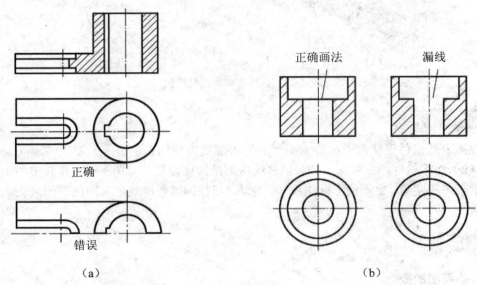

图 6-14　剖视图的常见错误

（4）为使图形清晰，剖视图中的不可见结构在其他视图中已表达清楚时，剖视图中的细虚线一般省略不画；对尚未表达清楚的结构，细虚线不可省略，如图 6-15 所示。

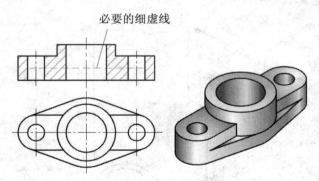

图 6-15　剖视图中细虚线的画法

三、剖面符号

剖视图中，剖切面与机件相交的实体剖面区域应画出剖面符号。因机件材料的不同，剖面符号也不相同。画机械图样时应采用国家标准（GB/T 4457.5－1984）所规定的剖面符号，机械图样中常见材料的剖面符号见表 6-5。

在机械图样中，使用最多的金属材料的剖面符号用互相平行的细实线表示，这种剖面符号通常称为剖面线。剖面线应以适当角度绘制，一般与主要轮廓或剖面区域的对称线成 45°角，如图 6-16 所示。对于同一零件来说，在同一张图样的各剖视图和断面图中，剖面线的画法应保持一致，即倾斜方向一致、间隔相同。不同物体的剖面区域，其剖面线应加以区分。

表 6-5　剖面符号（GB/T 4457.5－1984）

材料名称	剖面符号	材料名称	剖面符号
金属材料（已有规定剖面符号者除外）		木质胶合板（不分层数）	
线圈绕组元件		基础周围的泥土	
转子、电枢、变压器和电抗器等的叠钢片		混凝土	
非金属材料（已有规定剖面符号者除外）		钢筋混凝土	
型砂、填砂、粉末冶金、砂轮、陶瓷刀片、硬质合金刀片等		砖	
玻璃及供观赏用的其他透明材料		格网（筛网、过滤网等）	
木材　纵断面		液体	
木材　横断面			

注：1. 剖面符号仅表示材料的类别，材料的代号和名称必须另行注明。
　　2. 叠钢片的剖面线方向，应与束装中叠钢片的方向一致。
　　3. 液面用细实线绘制。

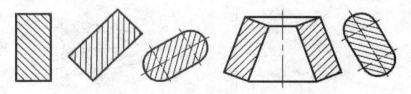

图 6-16　剖面线的画法

四、剖视图的配置与标注

基本视图和向视图的配置规定同样适用于剖视图。剖视图可按投影关系配置，如图 6-17 中的 $A-A$ 剖视图。必要时，也可根据图面布局将剖视图配置在其他适当的位置，如图 6-17 中的 $B-B$ 剖视图。

为了便于读图时查找投影关系，一般应在剖视图的上方标注其名称"×—×"（×代表大写拉丁字母），在相应的视图上用剖切符号（粗实线）表示剖切位置，用箭头表示投影方向，并注上同样的字母，如图 6-17 的 $B-B$ 剖视图。

当剖视图按投影关系配置，中间又没有其他图形时，可省略箭头，如图 6-17 中的 *A—A*
剖视图。当单一剖切面通过机件的对称面，同时剖视图按投影关系配置，中间又没有图形时，
可省略标注，如表 6-6 中的主视图。

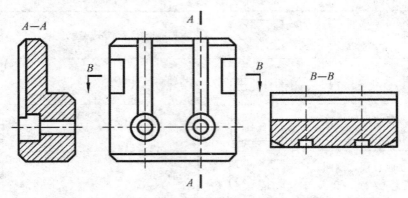

图 6-17　剖视图的配置和标注

绘制剖视图的步骤见表 6-6。

表 6-6　机件剖视图的绘图步骤

绘图的方法和步骤	图例
1. 确定剖切面的位置	
2. 绘制剖面区域	

续表

绘图的方法和步骤	图例
3. 绘制剖切面之后的可见部分（注意不要漏掉图线也不要多画图线）	
4. 在剖面区域内绘制剖面符号	

案例 2 绘制机件的全剖视图

案例出示

看懂如图 6-18 所示的两视图，将主视图绘制成全剖视图。

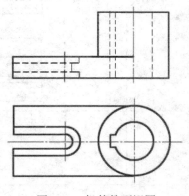

图 6-18 机件的两视图

案例分析

该机件的内部结构比较复杂，主体圆柱筒上有一个较大的孔，底板上有两个小沉孔，而外部结构比较简单，因此，可以采用全剖视图进行表达。

 相关知识

　　用剖切面将机件完全剖开所得的剖视图称为全剖视图，如图 6-19 所示。当机件外形比较简单或外形已在其他视图上表达清楚，内部形状比较复杂时，常用全剖视图表达机件的内部形状。

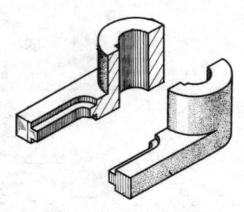

图 6-19　全剖视图

 **案例绘制**

　　绘制机件全剖视图的步骤见表 6-7。

表 6-7　机件全剖视图的绘图步骤

绘图的方法和步骤	图例
1．确定剖切面的位置	
2．绘制剖面区域	

续表

绘图的方法和步骤	图例
3．绘制剖切面之后的可见部分（注意不要漏掉图线也不要多画图线）	
4．在剖面区域内绘制剖面符号	

案例 3　绘制机件的半剖视图

案例出示

看懂如图 6-20 所示机件的两视图，将主、俯视图绘制成半剖视图。

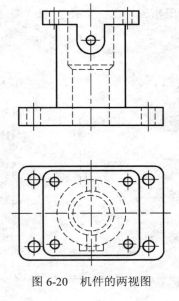

图 6-20　机件的两视图

案例分析

　　该机件的主体部分是一个圆柱筒，上、下底板上分别有四个小圆柱孔，圆筒的上方有小凸台。如果采用全剖视图，则无法表达小凸台的形状。怎样剖切才能既表达机件的内部形状又保留外部形状呢？可以采用半剖视图进行表达。

相关知识

一、半剖视图的概念

　　将具有对称平面的机件，向垂直于对称平面的投影面上投射，所得的图形以对称中心为界，将图形一半画成剖视图，另一半画成视图，这种组合的图形称为半剖视图，如图 6-21 所示。半剖视图能在一个图形中同时反映机件的内部形状和外部形状，故主要用于内、外结构形状都需要表达的对称机件。

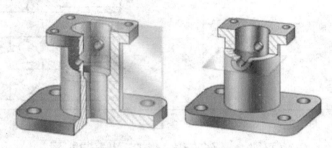

图 6-21　半剖视图

二、注意事项

绘制半剖视图时应注意以下问题：

　　（1）半剖视图中，因机件的内部形状已由半个剖视图表达清楚，所以在不剖的半个外形视图中，表达内部形状的虚线，应省去不画，如图 6-22（a）中的主视图所示。

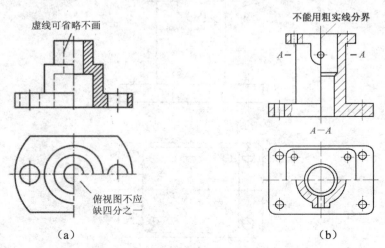

（a）　　　　　　　　　　　　　　　（b）

图 6-22　绘制半剖视图的注意事项

（2）画半剖视视图，不影响其他视图的完整性。所以，如图 6-22（a）中主视图采用半剖，俯视图不应缺少四分之一图形。

（3）半剖视图中间应画点画线，不应画成粗实线，如图 6-22（b）所示。

三、半剖视图在基本对称结构中的应用

当机件的形状接近于对称，且不对称部分已另有图形表达清楚时，也可以画成半剖视图，如图 6-23 所示。

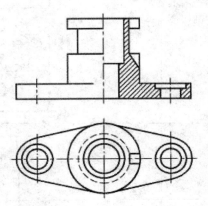

图 6-23 基本对称机件的半剖视图

案例绘制

机件半剖视图的绘图步骤见表 6-8。

表 6-8 机件半剖视图的绘图步骤

绘图的方法和步骤	图例
1. 先将主视图的右半部分绘制成剖视图	
2. 将主视图的左半部分绘制成外形图	

续表

绘图的方法和步骤	图例
3. 将俯视图改画成半剖视图（主视图的半剖可完全省略标注，俯视图的半剖不能省略剖切符号和字母，以表示剖切位置和剖视图名称）	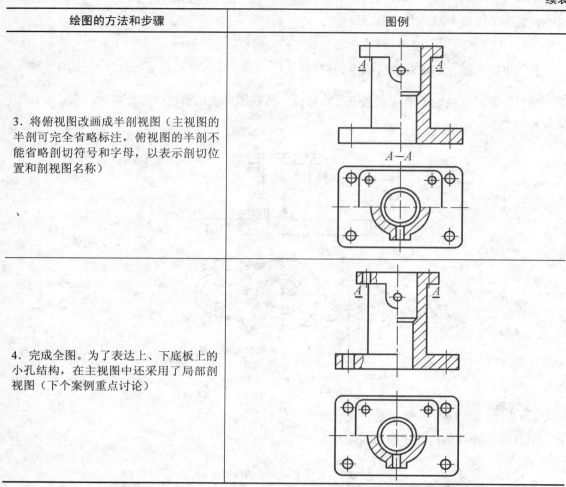
4. 完成全图。为了表达上、下底板上的小孔结构，在主视图中还采用了局部剖视图（下个案例重点讨论）	

案例 4   绘制机件的局部剖视图

 案例出示

看懂图 6-24 所示机件的两视图，用恰当的方法表达机件的内外结构。

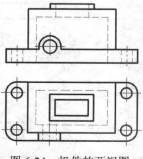

图 6-24   机件的两视图

案例分析

机件主视图若采用全剖视图，虽然凹槽可得到充分表达，但小凸台被剖掉，底板上的小孔没有表达。另外由于结构不对称，也不适合采用半剖视表达。这时，可采用局部剖视图。

相关知识

一、局部剖视图的概念

用剖切面局部地剖开机件所得的剖视图，称为局部剖视图，如图 6-25 所示。

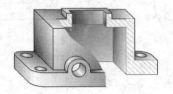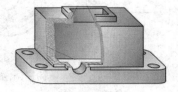

图 6-25　局部剖视图

二、注意事项

绘制局部剖视图应注意的事项是：

（1）一个视图中，局部剖视的数量不宜过多，如图 6-26（a）中底板上的两组小孔则不宜一孔一剖。在不影响外形表达的情况下，应尽可能用大面积的局部剖视，以减少局部剖视的数量。

（2）局部剖视图用波浪线分界，波浪线应画在机件的实体上，不能超出实体轮廓线，也不能画在机件的中空处，如图 6-26（b）所示。

（3）波浪线不应画在轮廓的延长线上，也不能用轮廓线代替，或与图样上其它图像重合，如图 6-26（c）所示。

（4）对称机件的内部或外形的轮廓线正好与图形对称中心线重合，不宜采用半剖视时，可采用局部剖视的表达方法，如图 6-26（d）所示。

（5）当被剖物体是回转体时，允许将该结构的轴线作为局部剖视图中剖与不剖的分界线，如图 6-26（e）所示。

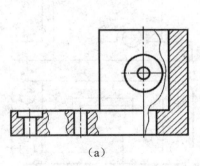

（a）

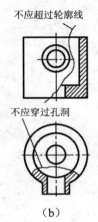

不应超过轮廓线

不应穿过孔洞

（b）

图 6-26　局部剖视图的注意事项

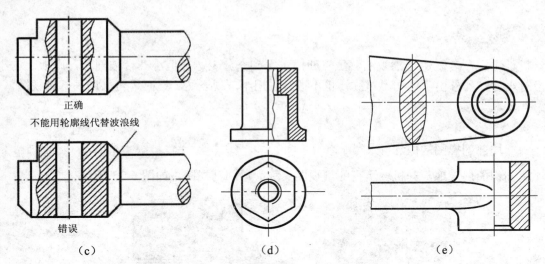

正确

不能用轮廓线代替波浪线

错误

（c）　　　　　（d）　　　　　（e）

图 6-26　局部剖视图的注意事项（续图）

案例绘制

图 6-24 所示机件的局部剖视图的绘图步骤见表 6-9。

表 6-9　机件局部剖视图的绘图步骤

绘图的方法和步骤	图例
1．先绘制壳体部分的局部剖视图，在剖切分界处绘制波浪线	
2．再绘制底板部分的局部剖视图	
3．最后绘制俯视图的局部剖视图	

案例5　绘制不平行于基本投影面的剖切面的剖视图

案例出示

看懂如图 6-27 所示弯管的立体图及视图，绘制用不平行于基本投影面的单一斜剖切面剖切的全剖视图。

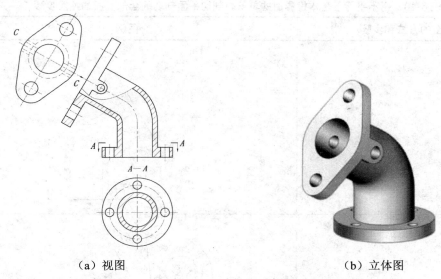

（a）视图　　　　　　　　　　　（b）立体图

图 6-27　弯管的视图与立体图

案例分析

该机件上有倾斜结构，当采用水平面进行剖切时，没办法表达出倾斜结构的孔的内部形状，这时，可采用与倾斜结构平行的剖切平面进行剖切。这种剖切面称为不平行于基本投影面的剖切面。

相关知识

一、剖切面的种类

由于机件的内部结构多种多样，因此画剖视图时，应根据机件的结构特点，选用不同的剖切面，以便使机件的内部形状得到充分的反映。

根据国家标准（GB/T 17452－1998）的规定可选择以下剖切面剖切物体：单一剖切面、几个平行的剖切面、几个相交的剖切面（交线垂直于某一基本投影面）。

二、单一剖切面

单一剖切面包括两种，分别介绍如下。

1. 平行于基本投影面的单一剖切平面

如前所述的全剖视图、半剖视图和局部剖视图都是用平行于基本投影面的单一剖切平面剖开机件而得到的剖视图。

2. 不平行于基本投影面的单一剖切平面

这种剖视图一般应与倾斜部分保持投影关系，但也可以配置其他位置。

案例绘制

用不平行于基本投影面的单一斜剖切平面剖切的全剖视图的绘图步骤见表 6-10。

表 6-10　用不平行于基本投影面的单一斜剖切平面剖切的全剖视图的绘图步骤

绘图的方法和步骤	图例
1. 画基准线	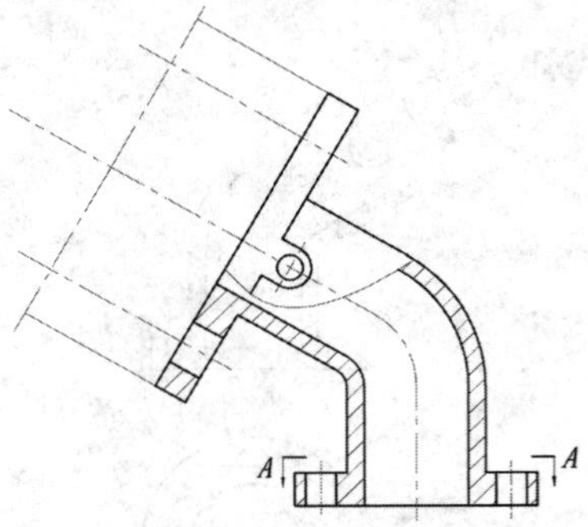
2. 根据斜视图画剖视图的断面形状及其他轮廓线	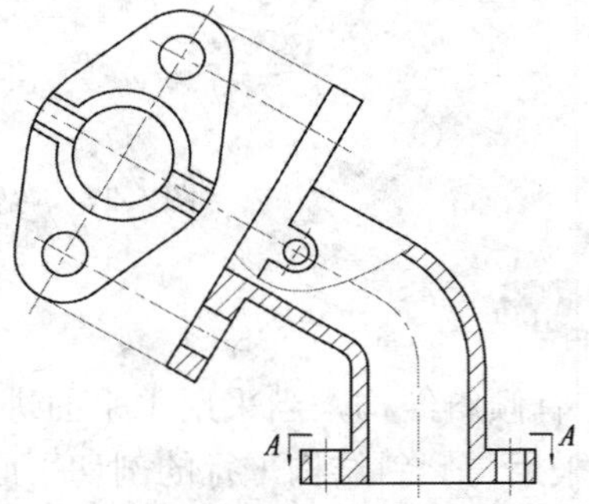
3. 检查，去掉绘图辅助线，加深轮廓线，画上剖面线，对剖视图进行标注完成全图。为了画图方便，可把剖视图转正，标注如右图所示。 注意：字母应标注在箭头端	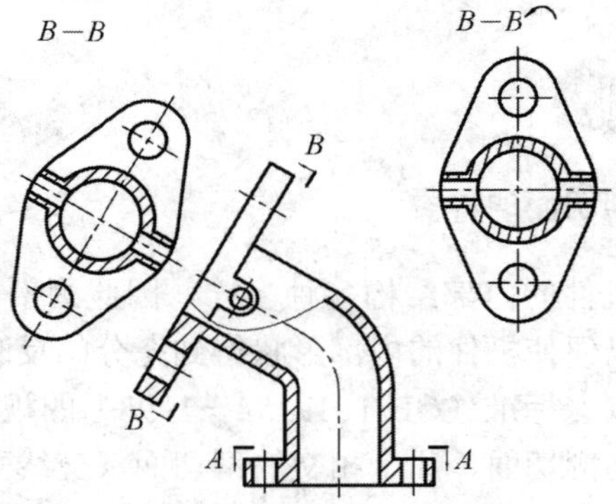

案例6 绘制几个平行的剖切平面的全剖视图

案例出示

看懂图 6-28 机件的视图及立体图，用几个平行的剖切平面剖切的全剖视图来表达机件的内部结构。

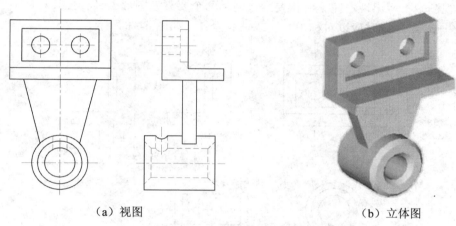

（a）视图 （b）立体图

图 6-28 机件的视图及立体图

案例分析

由图 6-28 可知，该机件的内部结构有两组：一个大孔和一对较小的孔，但轴线不在同一个侧平面上，如果用最为单一的侧平面作为剖切面在机件的左右对称平面处剖开，则左、右两个小孔不能剖到，这时，可采用两个平行的剖切平面将机件剖开，如图 6-29 所示，则可同时将机件的大孔及左右两个小孔中的一个的内部结构表达清楚。

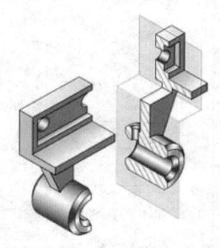

图 6-29 用几个平行的剖切平面将机件剖开

相关知识

绘制几个平行剖切平面的剖视图的注意事项

绘制几个平行剖切平面的剖视图的注意事项如下：

（1）必须在相应的视图上用剖切符号表示剖切位置，在剖切平面的起讫和转折处注写相同字母，如图 6-30 所示。

（2）因为剖切平面是假想的，所以不应画出剖切转折处的投影，如图 6-30 所示。

（3）剖视图中不应出现不完整结构要素。但当两个要素在图形上具有公共对称中心线或轴线时，可各画一半，此时应以对称中心线或轴线为界，如图 6-31 所示。

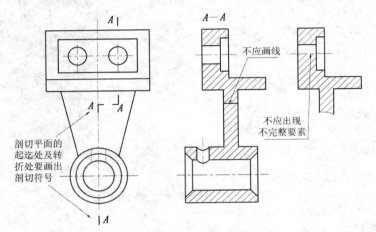

图 6-30　几个平行的剖切平面剖切时的常见错误

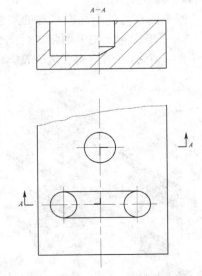

图 6-31　具有公共对称中心线的剖视图

案例绘制

几个平行剖切平面的剖视图的绘图步骤见表 6-11。

表 6-11　几个平行剖切平面的剖视图的绘图步骤

绘图的方法和步骤	图例
1. 绘制剖切符号	
2. 绘制剖视图 注意：转折处不要画图线	

案例 7　绘制两个相交剖切平面的全剖视图

 案例出示

根据如图 6-32 所示的立体图，用合理的剖切形式表达该机件的内部结构。

案例分析

由图 6-32 可知，该机件的内部结构分布在两个相交的平面上，不能用单一的水平面进行剖切。可考虑采用两相交剖切面进行剖切，这样就可以在俯视图上同时表达机件的三个孔的内部结构，如图 6-33 所示。

图 6-32　连杆的立体图

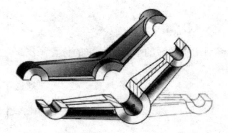

图 6-33　两相交剖切平面剖切机件

 相关知识

绘制几个相交剖切面的剖视图的注意事项

绘制几个相交剖切面的剖视图的注意事项如下：

（1）用几个相交的剖切面剖开机件绘图时，应先剖切后旋转再投射，要将倾斜剖切平面所剖到的结构旋转至与某一选定的投影面平行后再投射。此时，旋转部分的某些结构与原图形不再保持投影关系，但是，位于剖切平面后的其它结构一般仍应按原来的位置进行投影。

（2）采用这种剖切平面剖切后，应对剖视图加以标注，剖切符号的起讫及转折处用相同的字母标出。

 案例绘制

两个相交剖切面的剖视图的绘图步骤见表 6-12。

表 6-12　两个相交剖切面的剖视图的绘图步骤

绘图的方法和步骤	图例
1．标注出剖切面的位置 注意：相交的剖切面必须完整标注	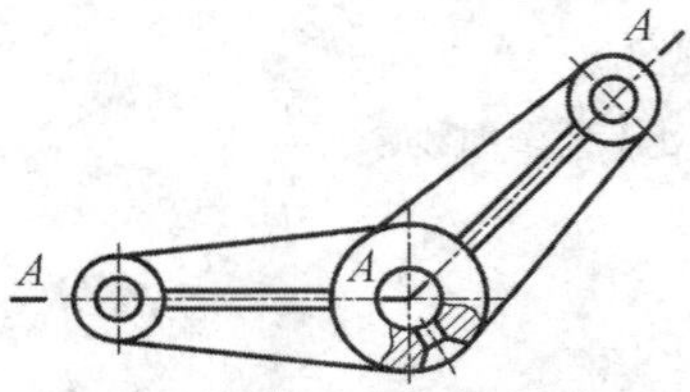
2．绘制俯视图 注意：要将倾斜剖切面剖到的断面及有关部分旋转到与水平面平行后再进行投影	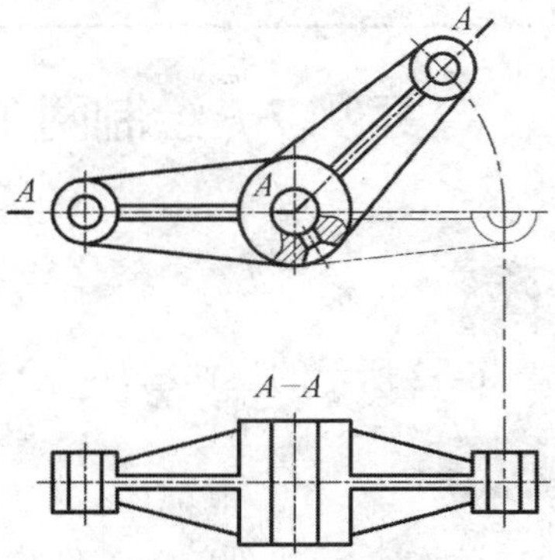
3．将剖切平面后的小孔按原来的位置画出	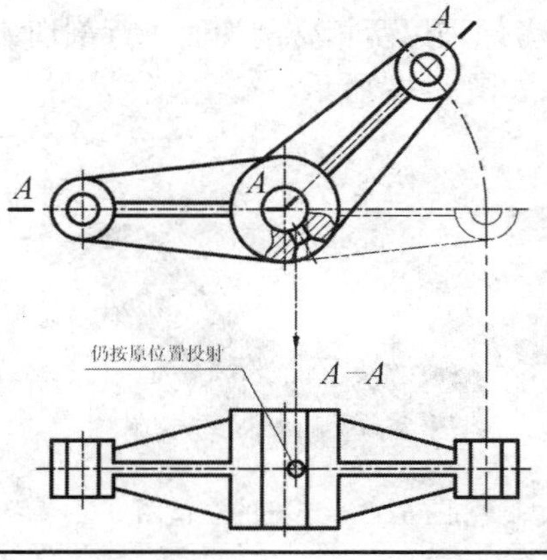 仍按原位置投射

续表

绘图的方法和步骤	图例
4. 画上剖面线，完成全图	

课题三　绘制断面图

 **学习目标**

1. 了解断面图的种类；
2. 掌握移出断面图和重合断面图的画法；
3. 了解移出断面图和重合断面图的标注方法。

案例1　绘制移出断面图

 **案例出示**

看懂如图 6-34 所示轴的主视图，用移出断面图表达该轴的键槽和孔。

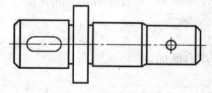

图 6-34　轴的主视图

案例分析

如果采用左视图表达轴的键槽和小孔是否贯通的话，既不清晰，也不便于标注尺寸。所以采用断面图来表达。

相关知识

一、断面图的概念

如图 6-35 所示，假想用剖切面将机件的某处切断，仅画出该剖切面与物体接触部分的图形，称为断面图，简称断面。

二、断面图与剖视图的区别

断面图与剖视图的区别在于：断面图是零件上剖切处断面的投影，而剖视图则是剖切后零件的投影，如图 6-36 所示。

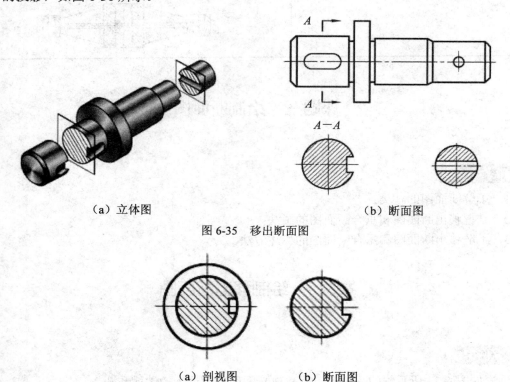

（a）立体图

（b）断面图

图 6-35　移出断面图

（a）剖视图　　（b）断面图

图 6-36　断面图与剖视图的区别

三、断面图的种类

断面图可分为移出断面和重合断面两种。

1. 移出断面图

画在视图之外的断面图，称为移出断面图，如图 6-35 所示。

2. 重合断面图

剖切后将断面图形重叠在视图上，这样得到的断面图称为重合断面图。

四、移出断面图的画法

画移出断面图时，应注意以下几点：

（1）移出断面的轮廓线用粗实线绘制。

（2）为了看图方便，移出断面应尽量画在剖切位置线的延长线上，如图 6-37（a）所示。必要时，也可配置在其他适当位置，如图 6-37（b）所示。

（3）如果机件的断面形状一致或按一定规律变化时，移出断面图可画在视图的中断处，如图 6-37（c）所示。

（4）当剖切平面通过回转面形成的孔、凹坑，或当剖切平面通过非圆孔，会导致出现完全分离的几部分时，这些结构应按剖视绘制，如图 6-37（d）、（e）所示。

（5）剖切平面一般应垂直于被剖切部分的主要轮廓线。当遇到如图 6-37（f）所示的肋板结构时，可用两个相交的剖切面，分别垂直于左、右肋板进行剖切，这样画出的断面图，中间应用波浪线断开。

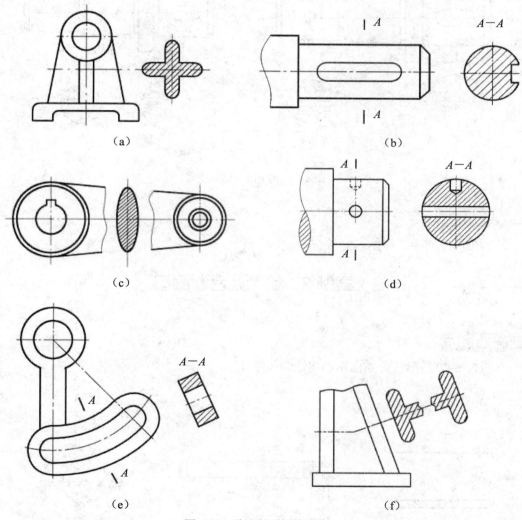

图 6-37　移出断面图的画法

五、移出断面图的标注

移出断面图的标注，应掌握以下要点：

　　（1）当断面图配置在剖切线的延长线上时，如果断面图是对称图形，则不必标注剖切符号和字母；若断面图图形不对称，则需用剖切符号表示剖切位置和投射方向，不标字母，如图6-38（a）所示。

　　（2）当断面图按投影关系配置时，无论断面图对称与否，均不必标注箭头，如图6-37（a）、（d）所示。

　　（3）当断面图配置在其他位置时，若断面图形对称，则不必标注箭头；若断面图形不对称时，应画出剖切符号（包括箭头），并用大写字母标注断面图名称，如图6-38（b）所示。

　　（4）配置在视图中断处的对称断面图，不必标注，如图6-37（c）所示。

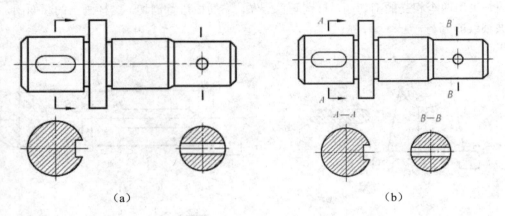

（a）　　　　　　　　　　　　　　　　（b）

图6-38　移出断面图的标注

案例绘制

　　绘制轴的断面图，如图6-35所示。

案例2　绘制重合断面图

案例出示

　　分析图6-39所示重合断面图的用途和画法。

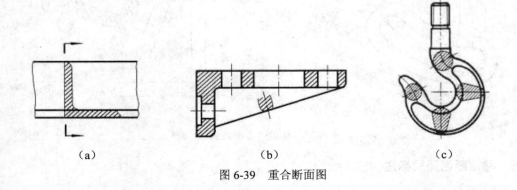

（a）　　　　　　　　　（b）　　　　　　　　　（c）

图6-39　重合断面图

 **案例分析**

绘制在视图轮廓线之内的断面图称为重合断面图。通过分析图 6-39，思考问题：重合断面图的轮廓线用什么线绘制？重合断面图需要标注吗？

案例绘制

一、分析重合断面图的位置

分析图 6-39 中的重合断面图可知，重合断面图绘制在视图轮廓线之内。

二、分析重合断面图的作用

图 6-39（a）表达了角钢的断面形状，图 6-39（b）表达了肋板的形状，图 6-39（c）表达了吊钩各个位置的断面形状。

三、分析重合断面图的轮廓线

重合断面图的轮廓线不是用粗实线绘制的，而是用细实线绘制的。当视图中的轮廓线与重合断面图的轮廓线重叠时，视图的轮廓线完整画出，不能间断。

四、分析重合断面图的标注

国家标准规定，对称的重合断面图不必标注，如图 6-39（b）、（c）所示；国家标准还规定，不对称的重合断面图可以省略标注，所以图 6-39（a）中的断面图也可以不标注。

课题四 其他表达方法

案例1 识读局部放大图

案例出示

识读 6-40 所示的轴上细小结构的局部放大图。

案例分析

如图 6-40 所示的轴上有细小结构，用原比例画图时很难将其表达清楚，又不便于标注尺寸，可将该部分结构用局部放大图表达。

案例绘制

一、局部放大图

将机件的部分结构用大于原图形所采用的比例画出的图形，称为局部放大图。

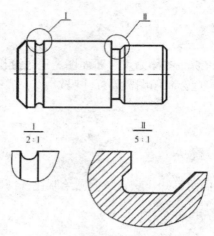

图 6-40　局部放大图（一）

二、局部放大图的画法

（1）局部放大图可以画成视图、剖视图和断面图，与被放大部分的表达无关。

如图 6-40 中，Ⅰ部分的放大图为视图，Ⅱ部分的放大图为断面图，但原图形中Ⅰ、Ⅱ部分均为外形图。

（2）绘制局部放大图时，应在视图上用细实线圈出被放大部位（螺纹牙型和齿轮的齿形除外），并将局部放大图配置在被放大部位的附近，如图 6-40 所示。

（3）当同一机件上有几个被放大的部分时，应用罗马数字编号，并在局部放大图上方注出相应的罗马数字和所采用的比例。

三、注意事项

（1）仅有一处局部放大图时，只需标注比例即可，如图 6-41 所示。

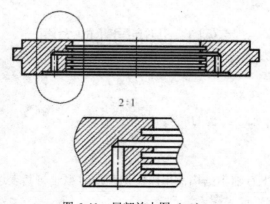

图 6-41　局部放大图（二）

（2）必要时可用几个局部放大图表达同一个被放大部位的结构，如图 6-42 所示。

（3）同一机件上不同部位的局部放大图，当图形相同或对称时只需画出一个，如图 6-43 所示。

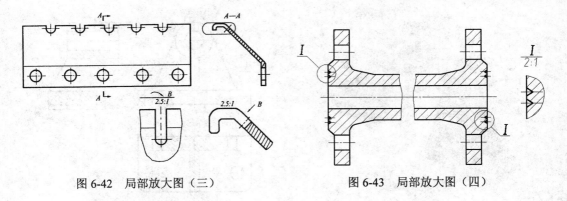

图 6-42　局部放大图（三）　　　　　　　图 6-43　局部放大图（四）

案例 2　用规定画法和简化画法绘制剖视图

 案例出示

根据如图 6-44 所示的机件立体图，用规定画法和简化画法绘制机件的两视图。

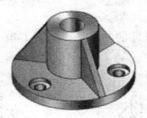

图 6-44　机件的立体图

案例分析

对于这种结构的表达，可以采用国家标准中规定的一些规定画法和简化画法。

相关知识

一、肋板剖切的画法

对于机件上的肋、轮辐和薄壁等结构，当剖切面沿纵向（通过轮辐、肋等的轴线或对称平面）剖切时，规定在这些结构的截断面上不画剖面符号，但必须用粗实线将它与邻接部分分开，如图 6-45（b）中的左视图。但当剖切平面沿横向（垂直于结构轴线或对称面）剖切时，仍需画出剖面符号，如图 6-45（b）中的俯视图。

二、均布肋、孔剖切的画法

当回转体机件上均匀分布的肋、轮辐、孔等结构不处于剖切平面时，可将这些结构假想旋转到剖切平面上画出，如图 6-46 所示。

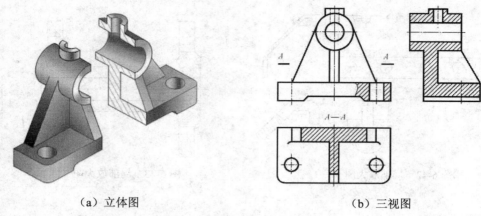

（a）立体图　　　　　　　　　　　　（b）三视图

图 6-45　肋板剖切的画法

三、均布孔的简化画法

国家标准规定，按一定规律分布的相同结构，可只画一个，其余的只表示其中心位置。如图 6-46 所示的俯视图。

案例绘制

用规定画法和简化画法绘制机件的两视图，如图 6-46（b）所示。

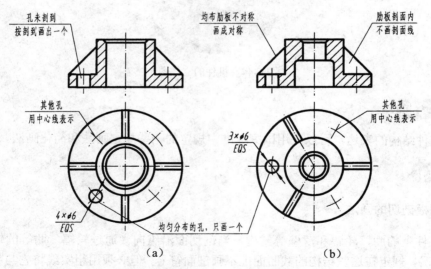

图 6-46　均布肋、孔剖切的画法

**知识拓展**

一、机件上某些交线和投影的简化画法

（1）在不致引起误解时，图形中的过渡线、相贯线可以简化。例如用圆弧或直线代替非圆曲线，如图 6-47、图 6-48 所示。

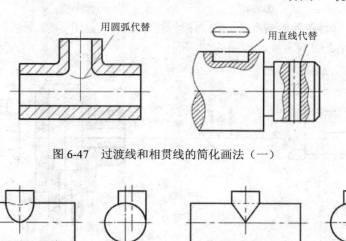

图 6-47　过渡线和相贯线的简化画法（一）

（a）简化前　　　　　　　　　（b）简化后

图 6-48　过渡线和相贯线的简化画法（二）

也可以采用模糊画法表示相贯线，如图 6-49 所示。

（2）与投影面倾斜角度小于或等于 30° 的圆或圆弧，其投影可以用圆或圆弧代替真实投影的椭圆，如图 6-50 所示。

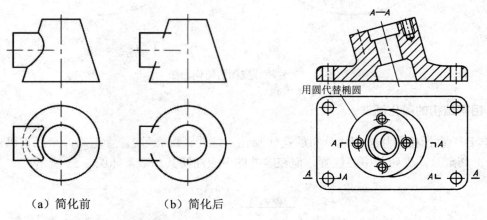

（a）简化前　　　（b）简化后

图 6-49　过渡线和相贯线的简化画法（三）

图 6-50　倾斜投影的简化画法

（3）当回转体零件上的平面在视图中不能充分表达时，可采用平面符号（两条相交的细实线）表示这些平面，如图 6-51 所示。

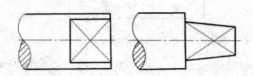

图 6-51　回转体上平面的简化画法

（4）在不致引起误解的情况下，剖面符号可以省略，如图 6-52 所示。允许在剖面区域内用点阵或涂色代替通用剖面线，如图 6-53 所示。

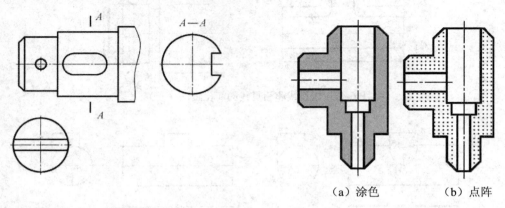

图 6-52　剖面符号的省略

（a）涂色　　（b）点阵

图 6-53　剖面符号的简化

（5）在不致引起误解时，对于对称机件的视图可只画一半或四分之一，并在对称中心线的两端画出两条与其垂直的平行细实线，如图 6-54 所示。

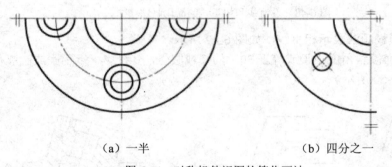

（a）一半　　　　　　　　　（b）四分之一

图 6-54　对称机件视图的简化画法

二、相同结构的简化画法

（1）若干直径相同且按规律分布的孔（圆孔、螺孔、沉孔等）、管道等，可以仅画出一个或几个，其余只需表明其中心位置，但在零件图中应注明其总数，如图 6-55 所示。

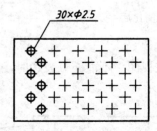

30×φ2.5

图 6-55　相同结构的简化画法（一）

（2）当机件具有若干相同结构（齿、槽等），并按一定规律分布时，只需画出几个完整的结构，其余用细实线连接，但必须在图中注明该结构的总数，如图 6-56 所示。

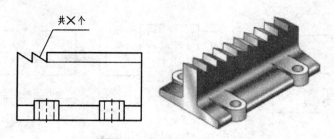

图 6-56 相同结构的简化画法（二）

（3）圆盘形法兰和类似结构上按圆周均匀分布的孔，可按如图 6-57 所示的方式表示。

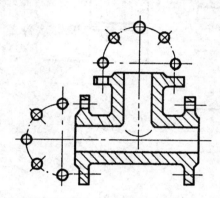

图 6-57 圆盘形法兰均布孔的简化画法

（4）网状物、编织物或机件上的滚花部分，可在轮廓线之内示意地画出一部分细实线，并加旁注或在技术要求中注明这些结构的具体要求，如图 6-58 所示。

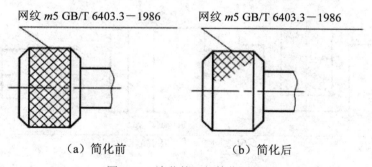

网纹 $m5$ GB/T 6403.3－1986　　网纹 $m5$ GB/T 6403.3－1986

（a）简化前　　　　　　　（b）简化后

图 6-58 滚花的局部简化画法

（5）较长的机件（轴、型材、连杆等）沿其长度方向的形状一致或按一定规律变化时，可断开后缩短绘制，如图 6-59 所示。折断线一般采用波浪线或双折线（均为细实线）。断裂画法尺寸注实长。

三、机件上较小结构的简化画法

（1）机件上的较小结构及斜度等，若已在一个图形中表示清楚，在其他图形中可简化或省略，如图 6-60 所示。

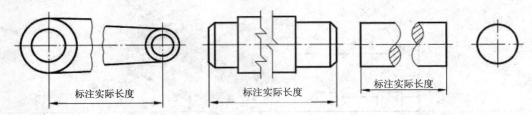

图 6-59　较长机件的简化画法

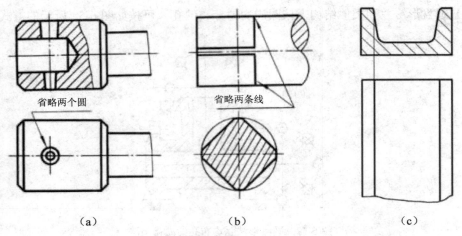

（a）　　　　　　　　　（b）　　　　　　　　　（c）

图 6-60　较小结构的简化画法

（2）在不致引起误解时，机件上的小圆角、小倒圆，在图上允许省略不画，但必须注明其尺寸或在技术要求中加以说明，如图 6-61 所示。

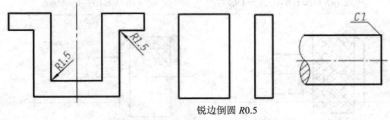

锐边倒圆 $R0.5$

图 6-61　圆角、倒角的简化画法

项目七　标准件与常用件

 学习导读

在机械设备和仪器仪表中，广泛使用螺栓、螺钉、螺母、垫圈、键、销、轴承等零件，由于这些零件应用广、用量大，国家标准对这些零件的结构、规格尺寸和技术要求作了统一规定，实行了标准化，所以统称为标准件。此外，还有些零件的结构和参数实行了部分标准化，这些零件称为常用件，如齿轮、蜗轮、蜗杆、弹簧等。

使用标准件和常用件的优点有：①提高零部件的互换性，利于装配和维修；②便于大批量生产，降低成本；③便于设计选用，以避免设计人员的重复劳动和提高绘图效率。

由于标准件和常用件在机器中应用广泛，一般由专门工厂成批或大量生产。为便于绘图和读图，对形状比较复杂的结构要素，如螺纹、齿轮轮齿等，不必按其真实投影绘制，而要按照国家标准规定的画法和标记方法进行绘图和标注。

主要内容

1. 掌握螺纹的规定画法和标注方法；
2. 掌握常用螺纹紧固件的画法及装配画法；
3. 掌握直齿圆柱齿轮及其啮合的规定画法；
4. 掌握键、销、滚动轴承、弹簧的画法。

课题一　绘制螺纹紧固件的连接视图

 学习目标

1. 掌握螺纹的标注方法；
2. 掌握常用螺纹紧固件的规定标记，熟悉它们的查表方法；
3. 熟练掌握常用螺纹紧固件的连接画法。

案例1　绘制螺栓连接图

案例出示

螺栓连接是工程上经常使用的一种连接方式，一般是两个不太厚的零件用螺栓连接在一起，两个零件都钻成通孔。试根据如图 7-1 所示螺栓连接的结构示意图绘制螺栓连接图。

案例分析

螺栓连接由螺栓、螺母、垫圈等标准件组成，其连接特点是：两个连接件上加工出通孔，

其直径略大于螺纹外径，装配后通孔与螺杆之间有间隙。在画图时要充分注意并合理表达。

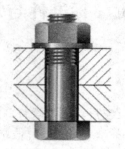

图 7-1　螺栓连接示意图

 相关知识

螺纹的基本知识

一、螺纹的形成

螺纹是在圆柱或圆锥表面上，沿螺旋线所形成的具有规定牙型的连续凸起和沟槽。在圆柱或圆锥外表面上形成的螺纹称为外螺纹，如图 7-2（a）所示；在圆柱或圆锥内表面上形成的螺纹称为内螺纹，如图 7-2（b）所示。

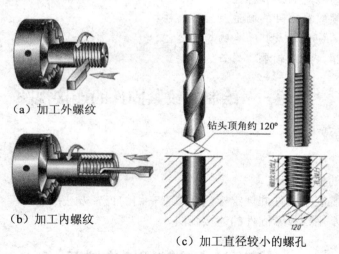

（a）加工外螺纹

（b）加工内螺纹

钻头顶角约 120°

（c）加工直径较小的螺孔

图 7-2　螺纹的加工

螺纹的加工方法很多。图 7-2 为在车床上加工内、外螺纹的示意图。在车削螺纹时，零件在车床上绕轴线等速旋转，刀具沿轴线方向作等速直线运动即形成螺旋线运动。只要刀具切入零件一定深度，就车削成螺纹。加工直径较小的螺孔，可先用钻头钻出光孔，再用丝锥攻丝得到螺纹。

二、螺纹的结构要素

1. **螺纹牙型**

在通过螺纹轴线的剖面上，螺纹的轮廓形状称为螺纹牙型。它由牙顶、牙底和两牙侧构成，并形成一定的牙型角。常见的螺纹牙型有三角形、梯形、锯齿形和矩形等多种。其中，矩形螺纹尚未标准化，其余牙型的螺纹均为标准螺纹，如图 7-3 所示。

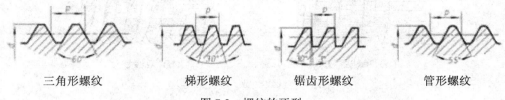

| 三角形螺纹 | 梯形螺纹 | 锯齿形螺纹 | 管形螺纹 |

图 7-3　螺纹的牙型

2. 螺纹直径

直径有大径（d、D）、中径（d_2、D_2）和小径（d_1、D_1）之分，如图 7-4 所示。小写字母表示外螺纹直径，大写字母表示内螺纹直径。

（1）大径是指与外螺纹牙顶或内螺纹牙底相重合的假想圆柱面或圆锥面的直径，即螺纹的最大直径。

（2）小径是指与外螺纹牙底或内螺纹牙顶相重合的假想圆柱面或圆锥面的直径。

（3）中径是指一个假想圆柱面或圆锥面的直径，该圆柱面或圆锥面的母线通过牙型上沟槽和凸起宽度相等的地方。中径是控制螺纹精度的主要参数之一。

（4）公称直径是代表螺纹尺寸的直径，一般指螺纹大径（管螺纹用尺寸代号表示）。

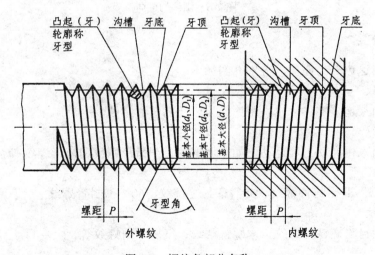

图 7-4　螺纹各部分名称

3. 线数

螺纹分为单线螺纹和多线螺纹，沿一条螺旋线形成的螺纹为单线螺纹，沿两条或两条以上沿轴向等距分布的螺旋线形成的螺纹为多线螺纹。最常用的是单线螺纹，如图 7-5 所示。

4. 螺距和导程

相邻两牙在中径线上对应两点间的轴向距离称为螺距，用 P 表示；同一螺旋线上相邻两牙在中径线上对应两点间的轴向距离称为导程，用 Ph 表示。单线螺纹的导程等于螺距，即 $Ph=P$（图 7-5（a））；多线螺纹的导程等于线数乘以螺距，即 $Ph=nP$，对于图 7-5（b）所示的双线螺纹，$Ph=2P$。

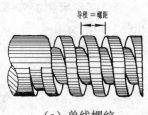 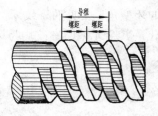

（a）单线螺纹　　　　　　　　　（b）双线螺纹

图 7-5　螺纹线数、螺距和导程

5. 旋向

螺纹分左旋和右旋两种，如图 7-6 所示。当内外螺纹旋合时，顺时针方向旋入者为右旋，逆时针方向旋入者为左旋。常用的是右旋螺纹。

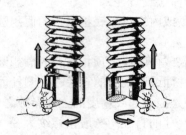

图 7-6　螺纹的旋向

三、螺纹分类

螺纹按照用途可分为四类，分别介绍如下。

1. 紧固螺纹

紧固螺纹用来连接零件，也是用途最为广泛的普通螺纹。

2. 传动螺纹

传动螺纹用来传递动力和运动，如梯形螺纹、锯齿形螺纹和矩形螺纹等。

3. 管螺纹

管螺纹如 55°非密封管螺纹、55°密封管螺纹、60°密封管螺纹等。

4. 专用螺纹

专用螺纹如自攻螺钉用螺纹、木螺钉螺纹、气瓶专用螺纹等。

四、螺纹的画法规定

根据国家标准规定，在图样上应按规定画法绘制螺纹，而不必画出螺纹的真实投影。国家标准 GB/T 4459.1—1995《机械制图　螺纹及螺纹紧固件表示法》规定了螺纹的画法。

1. 外螺纹的规定画法

（1）平行于螺纹轴线的视图，螺纹的大径（牙顶圆直径）用粗实线绘制，小径（牙底圆直径）用细实线绘制，并应画入倒角区。通常小径按大径的 0.85 倍绘制，但当大径较大或画细牙螺纹时，小径数值应查国家标准；螺纹终止线用粗实线绘制。

（2）垂直于螺纹轴线的视图，螺纹的大径用粗实线画整圆，小径用细实线画约 3/4 圆，轴端的倒角圆省略不画，如图 7-7（a）所示。

（3）当要表示螺纹收尾时，螺尾处用与轴线成 30° 角的细实线绘制，如图 7-7（b）所示。

（4）在水管、油管、煤气管等管道中，常使用管螺纹连接，管螺纹的画法如图 7-7（c）所示。

2．内螺纹的规定画法

（1）平行于螺纹轴线的视图，一般画成全剖视图，螺纹的大径（牙底圆直径）用细实线绘制，小径（牙顶圆直径）用粗实线绘制，且不画入倒角区，小径尺寸计算同外螺纹。在绘制不通孔时，应画出螺纹终止线和钻孔深度线。钻孔深度=螺孔深度+0.5×螺纹大径；钻孔直径=螺纹小径；钻孔顶角=120°；剖面线画到粗实线处。

（2）垂直于螺纹轴线的视图，螺纹的小径用粗实线画整圆，大径用细实线画约 3/4 圆。倒角圆省略不画，如图 7-8（a）所示。

（3）当螺纹不可见时，除螺纹轴线、圆中心线外，所有的图线均用虚线绘制，如图 7-8（b）所示。

（4）当内螺纹为通孔时，其画法如图 7-8（c）所示。

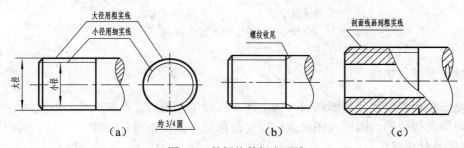

图 7-7　外螺纹的规定画法

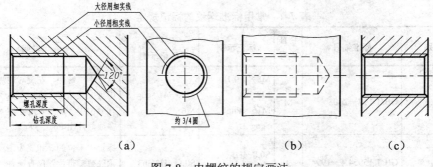

图 7-8　内螺纹的规定画法

3．内外螺纹连接的规定画法

内外螺纹连接时，常采用全剖视图画出，其旋合部分按外螺纹绘制，其余部分按各自的规定画法绘制。标准规定，当沿外螺纹的轴线剖开时，螺杆作为实心零件按不剖绘制。表示螺纹大、小径的粗、细实线应分别对齐。当垂直于螺纹轴线剖开时，螺杆处应画剖面线，如图 7-9 所示。

4．螺纹牙型的规定画法

当需要表示螺纹牙型时，可采用剖视或局部放大图画出几个牙型，如图 7-10 所示。

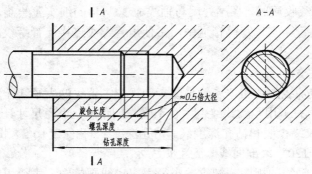

图 7-9　螺纹连接的规定画法

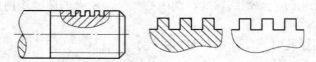

（a）局部剖视表示法　　　　（b）局部放大表示法

图 7-10　螺纹牙型的规定画法

五、螺纹的图样标注

　　无论是三角形螺纹还是梯形螺纹，按上述画法规定画出后，在图上均不能反映它的螺距、线数和旋向等结构要素，因此，还必须按规定的标记在图样中进行标注。

　　1. 螺纹的标记规定

　　常用标准螺纹的标记规定见表 7-1。

表 7-1　常用标准螺纹的标记规定

序号	螺纹类别	标准编号	特征代号	标记示例	螺纹副标记示例	说明
1	普通螺纹	GB/T 197—2003	M	M8×1-LH M8 M16×Ph6P2-5g6g-L	M20-6H/5g6g M6	粗牙不注螺距，左旋时尾加"-LH"中等公差精度（如 6H、6g）不注公差带代号；中等旋合长度不注 N（不同）多线时注出 Ph（导程）、P（螺距）
2	小螺纹	GB/T 15054.4—1994	S	S0.8-4H5 S1.2LH-5h3	S0.9-4H5/5h3	标记中末位的 5 和 3 为顶径公差等级。顶径公差带位置仅有一种，故只注等级，不注位置
3	梯形螺纹	GB/T 3796.4—2005	Tr	Tr40×7-7H Tr40×14(P7) LH-7e	Tr36×6-7H/7c	公称直径一律用外螺纹的基本大径表示；仅需给出中径公差带代号；无短旋合长度
4	锯齿形螺纹	GB/T 13576—1992	B	B40×7-7a B40×14(P7) LH-8c-L	B40×7-7A/7c	
5	55º 非密封管螺纹	GB/T 7307—2001	G	G1 ½ A G1/2-LH	G1 ½ A	外螺纹需注出公差等级 A 或 B；内螺纹公差等级只有一种，故不注；表示螺纹副时，仅需标注外螺纹的标记

续表

序号	螺纹类别		标准编号	特征代号	标记示例	螺纹副标记示例	说明
6	55°密封管螺纹	圆锥外螺纹	GB/T 7306.1—2000	R_1	$R_1$3/4	Rp/$R_1$3/4	内、外螺纹均只有一种公差带，故不注；表示螺纹副时，尺寸代号只注写一次
		圆柱内螺纹		Rp	Rp1/2		
		圆锥外螺纹	GB/T 7306.2—2000	R_2	$R_2$3/4	Rc/$R_2$3/4	
		圆锥内螺纹		Rc	Rc1 $\frac{1}{2}$ -LH		

（1）普通螺纹的标记。

普通螺纹标记的规定格式如下：

| 螺纹特征代号 | 公称直径 | ×螺距 | −中径公差带代号 | 顶径公差带代号 | −旋合长度代号 | −旋向代号 |

普通螺纹特征代号为 M。粗牙螺纹不标注螺距，细牙螺纹标注螺距。

公差带代号由中径公差带代号和顶径公差带代号组成。大写字母表内螺纹，小写字母代表外螺纹，若两组公差带相同，则只写一组。

旋合长度分为短旋合长度（S）、中旋合长度（N）和长旋合长度（L）三种。一般采用中旋合长度（此时 N 省略不标）。左旋螺纹以 LH 表示，右旋螺纹不标注旋向。

普通螺纹标记示例：

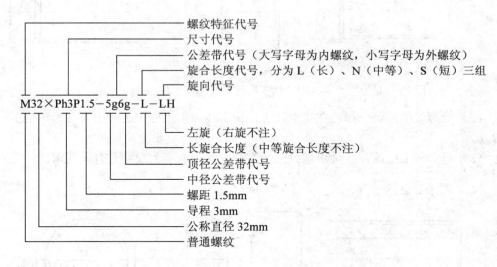

（2）管螺纹的标记。

①55°密封管螺纹。

密封管螺纹标记的规定格式如下：

| 螺纹特征代号 | 尺寸代号 | 旋向代号 |

螺纹特征代号：Rc 表示圆锥内螺纹，Rp 表示圆柱内螺纹，R_1 和 R_2 表示圆锥外螺纹。

尺寸代号用 1/2、3/4、1、1 $\frac{1}{2}$ ……表示。

②55°非密封管螺纹。

55°非密封管螺纹标记的规定格式如下：

| 螺纹特征代号 | 尺寸代号 | 公差等级代号 | −旋向代号 |

螺纹特征代号用 G 表示。

尺寸代号用 1/2、3/4、1、$1\frac{1}{2}$……表示。

螺纹公差等级代号：对外螺纹分 A、B 两级；内螺纹公差带只有一种，不加标记。

（3）梯形和锯齿形螺纹的标记。

梯形和锯齿形螺纹标记的规定格式如下：

单线螺纹：

| 螺纹特征代号 | 公称直径×螺距 | 旋向代号–中径公差带代号–旋合长度代号 |

多线螺纹：

| 螺纹特征代号 | 公称直径×导程（P 螺距） | 旋向代号–中径公差带代号–旋合长度代号 |

梯形螺纹的特征代号用 Tr 表示，锯齿形螺纹特征代号用 B 表示。

旋合长度分为中等旋合长度（N）和长旋合长度（L）两种，若为中等旋合长度则不标注。

2. 螺纹标记的图样标注

（1）对标准螺纹，应注出相应标准所规定的螺纹标记，普通螺纹、梯形螺纹和锯齿形螺纹，其标记应直接注在大径的尺寸线上或其指引线上，如图 7-11 所示。

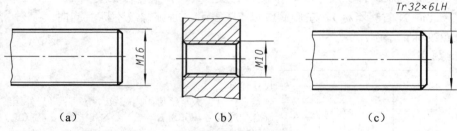

图 7-11 螺纹标记的图样标注（一）

（2）管螺纹的标记一律注在指引线上，指引线应由大径引出或由中心对称处引出，如图 7-12 所示。

（3）对非标准螺纹，应画出螺纹的牙型，并注出所需的尺寸及有关要求。

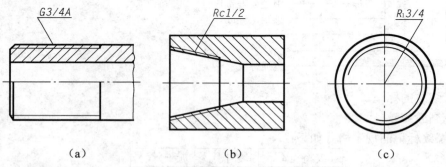

图 7-12 螺纹标记的图样标注（二）

3. 螺纹长度的图样标注

图样中标注的螺纹长度，均指不包括螺尾在内的螺纹长度，如图 7-13 所示。

螺纹紧固件

常用的螺纹紧固件有螺栓、螺柱、螺钉、螺母、垫圈等，如图 7-14 所示，它们的种类很多，在结构形状和尺寸方面都已标准化，并由专门工厂进行批量生产，根据规定标记就可在国家标准中查到有关的形状和尺寸。

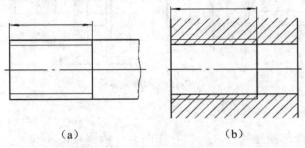

（a）　　　　　　　　　（b）

图 7-13　螺纹长度的图样标注

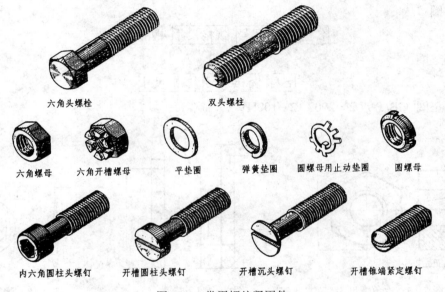

六角头螺栓　　　　　　　　双头螺柱

六角螺母　　六角开槽螺母　　平垫圈　　弹簧垫圈　圆螺母用止动垫圈　圆螺母

内六角圆柱头螺钉　　开槽圆柱头螺钉　　开槽沉头螺钉　　开槽锥端紧定螺钉

图 7-14　常用螺纹紧固件

一、螺纹紧固件的标记

1. 螺栓
螺栓由头部和杆身组成，常用的为六角头螺栓，如图 7-15 所示。螺栓的规格尺寸是螺纹大径（d）和螺栓公称长度（l），其规定标记为：

名称 标准代号 螺纹代号×公称长度

如：螺栓 GB/T 5782－2000 M24×100

2. 螺母
螺母有六角螺母、方螺母和圆螺母等，常用的为六角螺母，如图 7-16 所示。螺母的规格尺寸是螺纹大径（D），其规定标记为：

名称 标准代号 螺纹代号

如：螺母 GB/T 6170－2000 M12

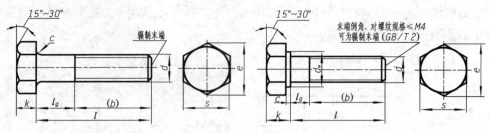

图 7-15   六角头螺栓

3. 垫圈

垫圈一般置于螺母与被连接件之间。常用的有平垫圈（图 7-17）和弹簧垫圈（图 7-18）。平垫圈有 A 级和 C 级标准系列。在 A 级标准系列平垫圈中，分带倒角和不带倒角两类结构，如图 7-17 所示。垫圈的规格尺寸为螺栓直径 d，其规定标记为：

平垫圈：

$$\boxed{名称}\ \boxed{标准代号}\ \boxed{规格尺寸}-\boxed{性能等级}$$

弹簧垫圈：

$$\boxed{名称}\ \boxed{标准代号}\ \boxed{规格尺寸}$$

如：垫圈 GB/T 97.2－2002 12－100HV

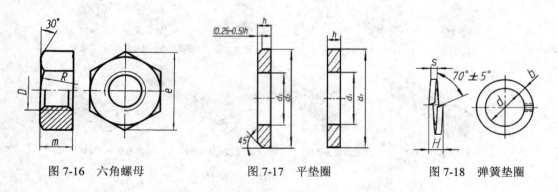

| 图 7-16   六角螺母 | 图 7-17   平垫圈 | 图 7-18   弹簧垫圈 |

4. 双头螺柱

双头螺柱两端均制有螺纹，旋入螺孔的一端称旋入端（b_m），另一端称紧固端（b）。b_m 的长度与被旋入零件的材料有关：

$b_m =1d$（用于钢和青铜）GB/T 897－1988

$b_m =1.25d$（用于铸铁）GB/T 898－1988

$b_m =1.5d$（用于铸铁）GB/T 899－1988

$b_m =2d$（用于铝合金）GB/T 900－1988

双头螺柱的结构型式有 A 型、B 型两种，如图 7-19 所示。A 型是车制，B 型是辗制。双头螺柱的规格尺寸是螺纹大径（d）和双头螺柱公称长度长（l），其规定标记为：

$$\boxed{名称}\ \boxed{标准代号}\ \boxed{类型}\ \boxed{螺纹代号}\times\boxed{公称长度}$$

如：螺柱 GB/T 897－1998 A M10×50

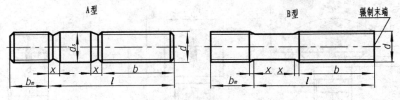

图 7-19　双头螺柱

5. 螺钉

螺钉按其作用可分为连接螺钉和紧定螺钉。常用的连接螺钉有开槽圆柱头螺钉（图 7-20）、盘头螺钉、沉头螺钉、半沉头螺钉等。常用的紧定螺钉按其末端型式不同有锥端紧定螺钉、平端紧定螺钉、长圆柱端紧定螺钉等。螺钉的规格尺寸是螺纹大径（d）和螺钉公称长度（l），其规定标记为：

| 名称 | 标准代号 | 螺纹代号×公称长度 |

如：螺钉　GB/T 67－2000 M5×20

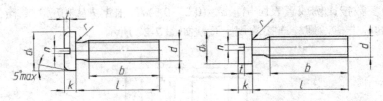

图 7-20　开槽圆柱头螺钉的结构

二、螺纹紧固件的画法

已经标准化的螺纹紧固件，虽然一般不要求单独画出它们的零件图，但在装配图中要画出，螺纹紧固件的画法有比例画法和查表画法，下面介绍比例画法。

根据螺纹公称直径（D、d），按与其近似的比例关系，计算出各部分尺寸后作图。图 7-21 为螺纹紧固件的比例画法。

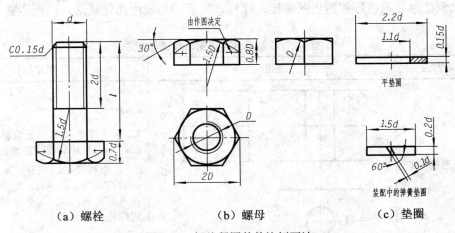

（a）螺栓　　　　　（b）螺母　　　　　（c）垫圈

图 7-21　螺纹紧固件的比例画法

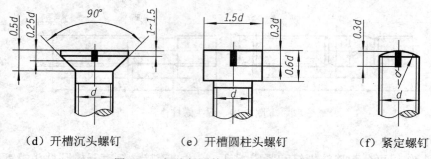

（d）开槽沉头螺钉　　　（e）开槽圆柱头螺钉　　　（f）紧定螺钉

图 7-21　螺纹紧固件的比例画法（续图）

案例绘制

为适应连接不同厚度的零件，螺栓有各种长度规格。螺栓公称长度可按下式估算：

$$l \geqslant \delta_1 + \delta_2 + h + m + a$$

式中 δ_1、δ_2 为被连接件的厚度，h 为垫圈厚度，m 为螺母厚度，a 为螺栓伸出螺母的长度，h、m 均以 d 为参数按比例或查表画出，$a \approx (0.2 \sim 0.3)d$。根据 l 从相应的螺栓公称长度系列中选取与它相近的标准值，螺栓连接的规定画法如图 7-22 所示。

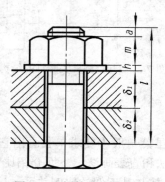

图 7-22　螺栓连接比例画法

按比例法绘制螺栓连接图里的螺栓、螺母、垫圈，并采用简化画法，绘图步骤见表 7-2。

表 7-2　绘制螺栓连接图的步骤与方法

步骤与方法	图例	画图规则
1．画被连接零件的视图		1．两个零件接触面处只画一条粗实线，不得将轮廓线特意加粗 2．在剖视图中，相互接触的两个零件其剖面线方向相反。而同一个零件在各剖视中，剖面线的倾斜方向和间隔应相同

续表

步骤与方法	图例	画图规则
2．采用简化画法画螺栓视图		凡不接触的表面，不论间隙多小，在图中都应画出轮廓线
3．画螺母、垫圈的视图 4．整理图形，图线加粗		通孔内的螺栓杆上应画出牙底线和螺纹终止线，表示拧紧螺母时有足够的螺纹长度 1．当剖切平面通过螺栓、螺柱、螺钉、螺母及垫圈等紧固件的轴线时，应按未剖切绘制，即只画外形 2．螺纹紧固件上的工艺结构，如倒角、退刀槽、缩颈、凸肩等均可省略不画

案例 2　绘制双头螺柱连接图

案例出示

当被连接的两零件之一较厚，或不允许钻成通孔而不易采用螺栓连接；或因拆装频繁，又不宜采用螺钉连接时，可采用双头螺柱连接。双头螺柱连接如图 7-23 所示，下面绘制其连接图。

案例分析

双头螺柱连接一般由双头螺柱、螺母和弹簧垫圈组成。双头螺柱没有头部，两端均加工有外螺纹。连接时，它的一端旋入带有螺纹孔的零件中，另一端穿过带有通孔的零件，套上弹簧垫图、旋上螺母。

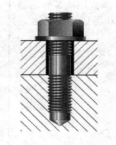

图 7-23　双头螺柱连接

 案例绘制

图 7-24 为螺柱连接的绘图比例，图中螺柱的公称长度可用下式求出：

$$l \geqslant \delta + h + m + a$$

式中各参数含义与螺栓连接相同。计算出的 l 值应在相应的螺柱公称长度系列中选取与其相近的标准值。

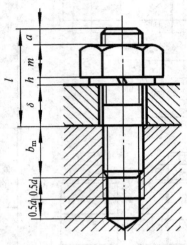

图 7-24　双头螺柱连接比例画法

绘制螺柱连接时，螺柱、螺母、垫圈的结构尺寸均采用比例法确定，并采用简化画法，绘图步骤见表 7-3。

表 7-3　绘制双头螺柱连接图的步骤与方法

步骤与方法	图例	步骤与方法	图例
1. 画被连接零件的通孔和不穿通螺纹孔		2. 画螺母、弹簧垫圈 注意：弹簧垫圈用作防松，外径比垫圈小，弹簧垫圈开槽方向应是阻止螺母松动方向，在图中应画成与水平线成 60° 角，上向左、下向右的两条线（或一条加粗线）	

续表

步骤与方法	图例	步骤与方法	图例
3．画双头螺柱 注意：螺柱旋入端的螺纹终止线应与结合面平齐，表示旋入端全部旋入，足够拧紧		4．整理图形，加粗图线	

案例 3　绘制螺钉连接图

 **案例出示**

　　连接螺钉一般用于受力不大而又不需经常拆装的零件连接中。它的两个被连接件，较厚的零件加工出螺纹孔，较薄的零件加工出带沉孔（或埋头孔）的通孔，沉孔（或埋头孔）直径稍大于螺钉头直径，如图 7-25 所示，下面绘制螺钉连接的视图。

案例分析

　　螺钉由头部和螺杆两部分构成，连接时，将螺钉直接拧入零件的螺纹孔，依靠螺钉头部压紧另一被连接件。

案例绘制

　　图 7-26 为螺钉连接的绘图比例，螺钉的公称长度 l 可用下式计算：

图 7-25　螺钉连接

$$l \geqslant \delta + b_\mathrm{m}\text{（没有沉孔）}$$
$$l \geqslant \delta + b_\mathrm{m} - t\text{（有沉孔）}$$

式中：δ 为通孔零件厚度，b_m 为螺纹旋入深度，可根据被旋入零件的材料决定（同双头螺柱），t 为沉孔深度。计算出的 l 值应从相应的螺钉公称长度系列中选取与它相近的标准值。

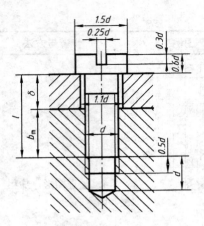

图 7-26　螺钉连接比例画法

绘图步骤见表 7-4。

表 7-4　绘制螺钉连接图的步骤与方法

步骤与方法	图例	画图规则
1. 画被连接零件的通孔和不通螺纹孔		
2. 画螺钉		1. 在近似画法中螺纹终止线应高于两零件的接触面，螺钉上螺纹部分的长度约为 $2d$ 2. 螺钉头部的一字槽，平行于轴线的视图放正，画在中间位置，垂直于轴线的视图，规定画成与中心线成 $45°$

续表

步骤与方法	图例	画图规则
3.整理图形，加粗图线	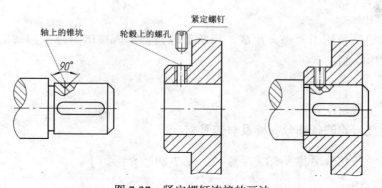	将螺钉的一字槽按两倍的粗实线宽度加粗

 知识拓展

紧定螺钉

　　紧定螺钉用来固定两个零件的相对位置，使它们不发生相对运动，图 7-27 为紧定螺钉连接的规定画法。

图 7-27　紧定螺钉连接的画法

课题二　绘制齿轮的视图

　　齿轮是机械中广泛应用的传动件，必须成对使用，可用来传递动力，改变转速和旋转方向。齿轮的种类繁多，常用的有圆柱齿轮、锥齿轮、蜗杆蜗轮，如图 7-28 所示。

学习目标

　　1．了解齿轮的种类、用途；
　　2．掌握直齿圆柱齿轮的画法、尺寸标注和啮合画法；
　　3．掌握直齿圆柱齿轮的各部分的名称、定义和尺寸计算方法；

4. 了解直齿圆锥齿轮和蜗杆、蜗轮的画法。

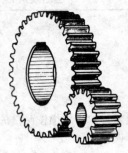
（a）圆柱齿轮

（b）锥齿轮

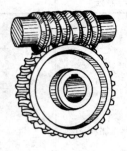
（c）蜗杆蜗轮

图 7-28　齿轮传动

案例 1　绘制圆柱齿轮的视图

案例出示

　　根据如图 7-28（a）所示直齿圆柱齿轮传动的示意图，绘制单个直齿圆柱齿轮及齿轮啮合的视图。

案例分析

　　齿轮一般由轮体和轮齿两部分组成，齿轮的轮齿部分应按国家标准的规定绘制，其余部分结构按真实投影绘制。

相关知识

一、直齿圆柱齿轮的各部分名称及有关参数

　　直齿圆柱齿轮各部分名称及有关参数（如图 7-29）介绍如下。

　　（1）齿顶圆（d_a）。

　　齿顶圆是指通过圆柱齿轮齿顶部的圆。

　　（2）齿根圆（d_f）。

　　齿根圆是指通过圆柱齿轮齿根部的圆。

　　（3）分度圆（d）。

　　齿轮设计和加工时，计算尺寸的基准圆称为分度圆，它位于齿顶圆和齿根圆之间，是一个约定的假想圆。

　　（4）节圆（d'）。

　　两齿轮啮合时，位于连心线 O_1O_2 上两齿廓的接触点 C，称为节点。分别以 O_1、O_2 为圆心，O_1C、O_2C 为半径作两个相切的圆为节圆。标准齿轮中，分度圆和节圆是一个圆，即 $d=d'$。

　　（5）齿高（h）。

　　齿高是指齿顶圆与齿根圆之间的径向距离。

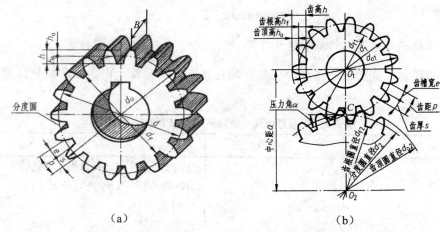

（a）　　　　　　　　　　　　　　（b）

图 7-29　直齿圆柱齿轮各部位的名称及代号

（6）齿顶高（h_a）。

齿顶高是指齿顶圆与分度圆之间的径向距离。

（7）齿根高（h_f）。

齿根高是指齿根圆与分度圆之间的径向距离。

（8）齿距（p）。

齿距是指相邻两齿的同侧齿廓之间的分度圆弧长。

（9）齿厚（s）。

齿厚是指一个轮齿的两侧齿廓之间的分度圆弧长。

（10）槽宽（e）。

槽宽是指一个齿槽的两侧齿廓之间的分度圆弧长。$p=s+e$，对于标准齿轮 $s=e$。

（11）齿宽（b）。

齿宽是指齿轮轮齿的轴向宽度。

（12）齿数（z）。

齿数是指一个齿轮的轮齿的总数。

（13）模数（m）。

以 z 表示齿轮的齿数，则分度圆周长为 $\pi d = pz$；因此，分度圆直径为 $d = zp/\pi$；齿距 p 与 π 的比值称为齿轮的模数，用 m 表示（单位为 mm），即 $m = p/\pi$，所以 $d = mz$。为了便于设计和制造，模数的数值已经标准化，见表 7-5。

表 7-5　标准模数系列（摘自 GB/T 1357－1987）mm

第一系列	1　1.25　1.5　2　2.5　3　4　5　6　8　10　12　16　20　25　32　40　50
第二系列	1.75　2.25　2.75　（3.25）　3.5　（3.75）　4.5　5.5　（6.5）　7　9　（11）　14　18　22　28　36　45

注：①选用模数应优先选用第一系列，其次选用第二系列，括号内的模数尽可能不用；

　　②本表未摘录小于 1 的模数。

（14）中心距（a）。

两圆柱齿轮轴线之间的距离称为中心距。装配准确的标准齿轮，其中心距为：

$$a=(d_1+d_2)/2=m(z_1+z_2)/2$$

二、标准直齿圆柱齿轮各基本尺寸计算

在设计齿轮时，先要确定齿数和模数，其他各部位尺寸都可由齿数和模数计算出来，见表 7-6。

表 7-6 标准直齿圆柱齿轮各部分尺寸的计算公式

各部分名称	代号	公式
模数	m	由强度计算决定，并选用标准模数
齿数	z	由传动比 $i_{12}=\omega_1/\omega_2=z_2/z_1$ 决定
分度圆直径	d	$d=mz$
齿顶高	h_a	$h_a=m$
齿根高	h_f	$h_f=1.25m$
齿顶圆直径	d_a	$d_a=m(z+2)$
齿根圆直径	d_f	$d_f=m(z-2.5)$
齿距	p	$p=s+e$
齿高	s	$h=h_a+h_f=2.25m$
中心距	a	$a=(d_1+d_2)/2=m(z_1+z_2)/2$

案例绘制

一、绘制单个齿轮的视图

1．计算齿轮各部分尺寸

已知齿轮为标准直齿圆柱齿轮，$m=4$，$z_1=30$，齿宽 $B=40$mm，由表 7-6 可计算出各部分尺寸：$d_1=120$mm，$d_{a1}=128$mm，$d_{f1}=110$mm。

2．绘图

绘图步骤见表 7-7。

表 7-7 绘制直齿圆柱齿轮视图的步骤与方法

步骤与方法	图例
1．画齿轮中心线、定位辅助线 2．画分度圆、分度线 注意：分度圆、分度线都画细点画线	
3．画齿顶圆、齿顶线 注意：齿顶圆、齿顶线画粗实线	

续图

步骤与方法	图例
4. 画齿根圆、齿根线 注意：齿根圆用细实线也可以不画（如图），齿根线在剖视图中用粗实线绘制	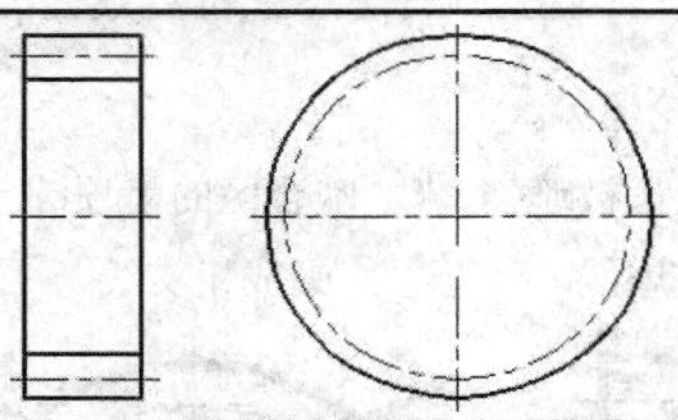
5. 画孔、键槽 6. 检查整理、描深、画剖面线	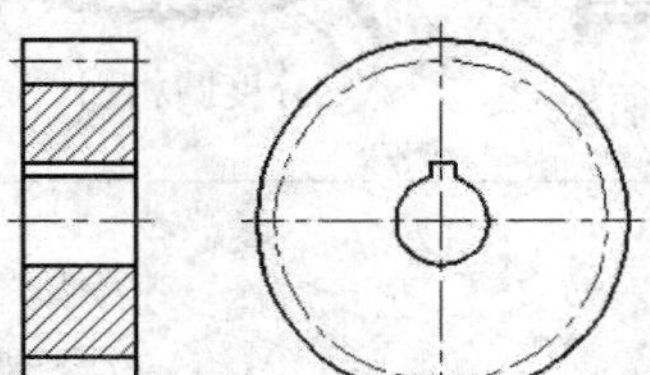
7. 非圆的视图如画外观，齿根线不画	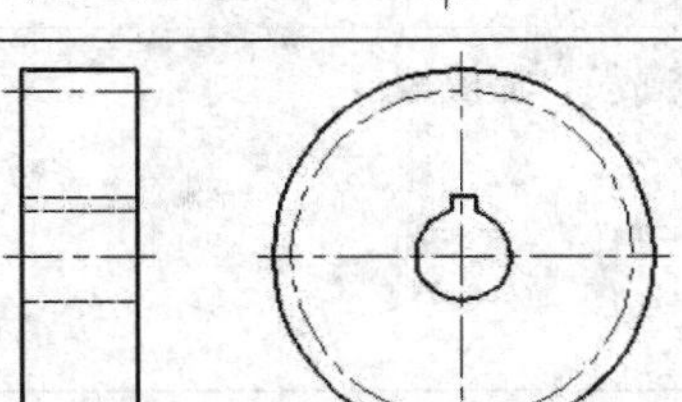

二、绘制圆柱齿轮啮合图

1. 计算啮合齿轮各部分尺寸

已知 m=4，z_1=30，z_2=60，b_1=40mm，b_2=38mm，由表7-6公式计算大齿轮的有关尺寸为：

$$d_2=mz_2=4\times60=240\text{mm}$$
$$d_{a2}=m(z_2+2)=4\times(60+2)=248\text{mm}$$
$$d_{f2}=m(z_2-2.5)=4\times(60-2.5)=230\text{mm}$$
$$a=m(z_1+z_2)/2=4\times(30+60)/2=180\text{mm}$$

2. 绘图

绘图步骤见表7-8。

表7-8　绘制标准直齿圆柱齿轮啮合视图的步骤与方法

步骤与方法	图例
1. 画圆柱齿轮中心线、轴线	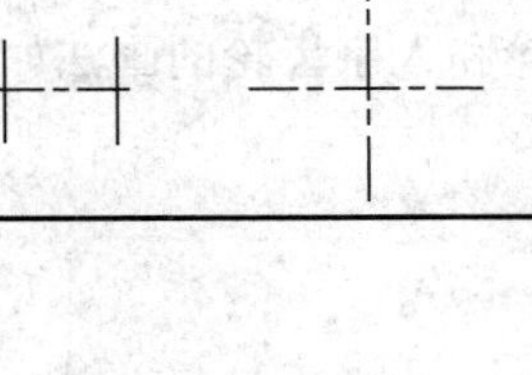

续表

步骤与方法	图例
2．画齿轮轮齿 大齿轮轮齿被遮挡　　啮合区的齿顶圆 部分画成虚线　　　　画成粗实线  分度线重合　　　　　分度圆相切	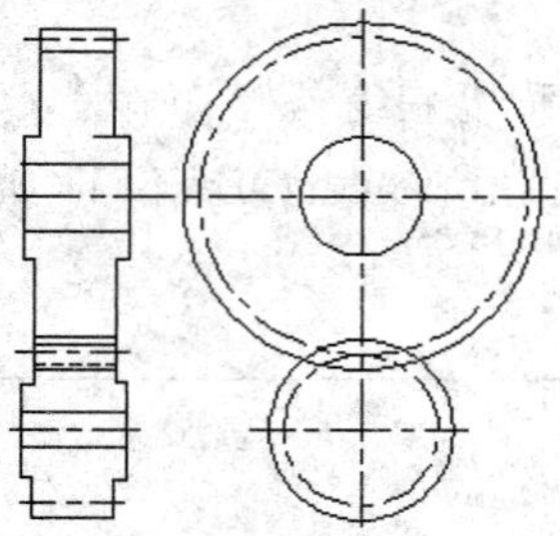
3．画轮廓毂、辐板等	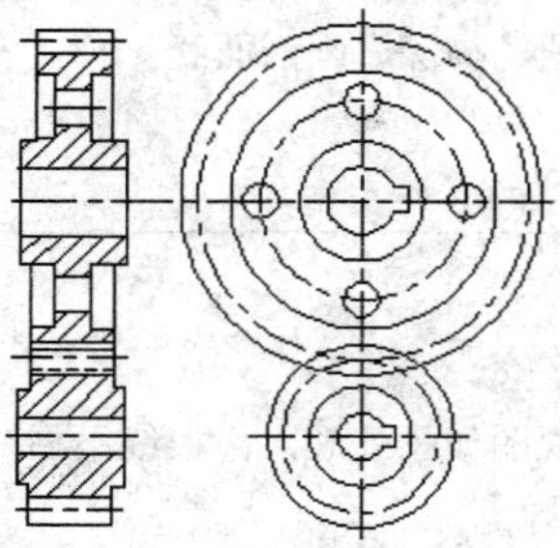
4．整理图形，加粗图线	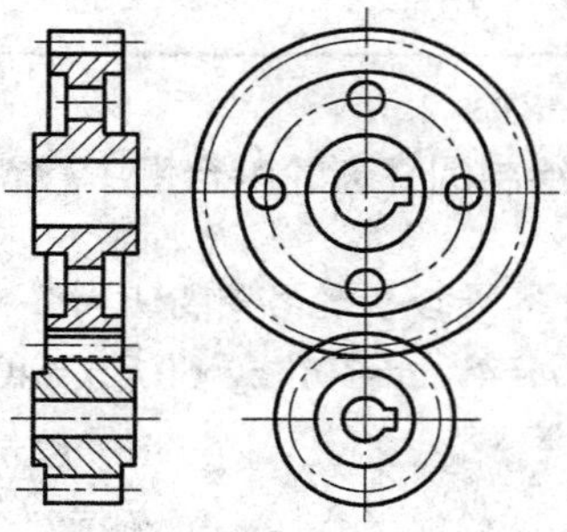
5．外观视图的画法 在主视图上重合分度线画成粗实线，左视图上啮合区内的齿顶圆可以不画	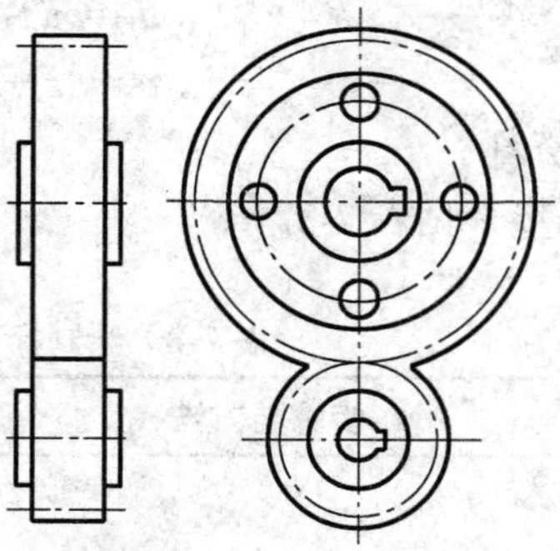

 知识拓展

　　斜齿轮和人字齿轮的画法如图 7-30 所示。

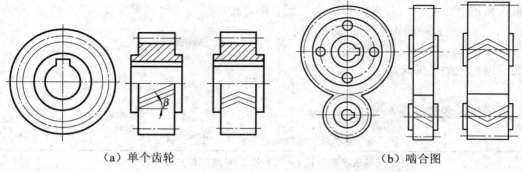

（a）单个齿轮　　　　　　　（b）啮合图

图 7-30　斜齿轮和人字齿轮的画法

案例 2　绘制锥齿轮的视图

 案例出示

根据如图 7-27（b）所示直齿圆锥齿轮传动的示意图，绘制单个锥齿轮及锥齿轮啮合的视图。

案例分析

锥齿轮的齿形是在圆锥体上加工出来的，所以齿轮的形状是一端大，一端小，两齿轮的轴线垂直相交，其画图的方法与直齿圆柱齿轮基本相同。

相关知识

一、锥齿轮的结构

锥齿轮齿厚是逐渐变化的，为了计算和制造方便，规定根据大端模数 m 来计算其他各基本尺寸。圆锥齿轮的各部分名称和代号如图 7-31 所示。

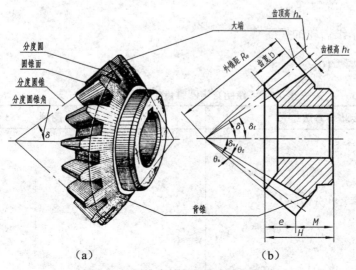

（a）　　　　　　　　（b）

图 7-31　圆锥齿轮各部分名称、代号

　　锥齿轮的背锥素线与分度圆锥素线垂直。锥齿轮轴线与分度圆锥素线间的夹角称为分度圆锥角 δ，当相啮合的两锥齿轮轴线垂直时，$\delta_1+\delta_2=90°$。

二、锥齿轮的几何尺寸

标准锥齿轮各部分基本尺寸计算公式见表 7-9。

表 7-9　标准直齿圆锥齿轮各基本尺寸的计算公式

基本参数：模 m、齿数 z、分度圆锥角 δ

名称	符号	计算公式
齿顶高	h_a	$h_a=m$
齿根高	h_f	$h_f=1.2m$
齿高	h	$h=2.2m$
分度圆直径	d	$d=mz$
齿顶圆直径	d_a	$d_a=m(z+2\cos\delta)$
齿根圆直径	d_f	$d_f=m(z-2.4\cos\delta)$
锥距	R	$R=mz/2\sin\delta$
齿顶角	θ_a	$\tan\theta_a=2\sin\delta/z$
齿根角	θ_f	$\tan\theta_f=2.4\sin\delta/z$
分度圆锥角	δ	当 $\delta_1+\delta_2=90°$ 时，$\tan\delta_1=z_1/z_2$
顶锥角	δ_a	$\delta_a=\delta+\theta_a$
根锥角	δ_f	$\delta_f=\delta-\theta_f$
背锥角	δ_v	$\delta_v=90°-\delta$
齿宽	b	$b\leqslant R/3$

🔍 **案例绘制**

一、绘制单个锥齿轮的视图

绘图步骤见表 7-10。

表 7-10　绘制直齿圆锥齿轮视图的步骤与方法

步骤与方法	图例
1. 定出分度圆的直径和分锥角	

步骤与方法	图例
2. 画出齿顶线和齿根线，定出齿宽	
3. 画出锥齿轮投影的轮廓线	
4. 去掉作图线，加深轮廓线，画出剖面线 ①主视图常取剖视，轮齿按不剖处理，齿顶线和齿根线用粗实线绘制，分度线用细点画线绘制 ②端视图中，大端分度圆用细点画线绘制，大小两端齿顶圆用粗实线绘制，大小端齿根圆及小端分度圆不必画出图	

二、绘制锥齿轮啮合图

锥齿轮啮合的规定画法如图 7-32 所示。齿轮轮齿部分和啮合区的画法与直齿圆柱齿轮的啮合画法相同。

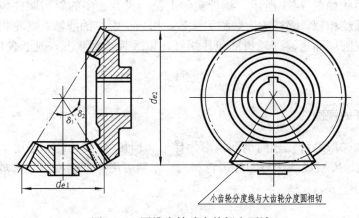

图 7-32 圆锥齿轮啮合的规定画法

画法规定：

（1）主视图啮合区内的分度线重合；

（2）主视图啮合区内，一个齿轮的齿顶线画粗实线，另一个齿轮的齿顶线画细虚线或不画；

（3）左视图一般只画外形，被遮挡部分的轮廓不画。

案例3　识读蜗轮蜗杆的视图

如图 7-33 所示，蜗轮蜗杆传动主要用于垂直交叉两轴之间的传动，一般情况下蜗杆为主动件、蜗轮为从动件。蜗杆和蜗轮的齿向是螺旋形，蜗轮的轮齿顶面制成凹弧面，本案例主要学习蜗轮蜗杆及其啮合图的画法。

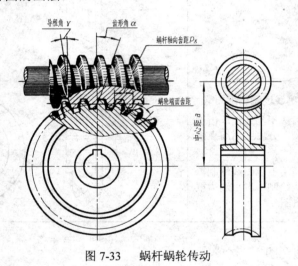

图 7-33　蜗杆蜗轮传动

案例分析

蜗轮蜗杆的形状如图 7-33 所示，蜗杆实际上是一齿数不多的斜齿圆柱齿轮，常用蜗杆的轴向剖面与梯形螺纹相似，蜗杆的齿数称为头数，相当于螺纹的线数。蜗轮相当于斜齿圆柱齿轮，其轮齿分布在圆环面上，使轮齿能包住蜗杆，以改善接触状况，延长使用寿命。

一、识读蜗杆的视图

蜗杆的形状如梯形螺杆，轴向剖面齿形为梯形，顶角为 40°，一般用一个视图表达。它的齿顶线、分度线、齿根线画法与圆柱齿轮相同，牙型可用局部剖视或局部放大图画出。具体画法见图 7-34 所示。

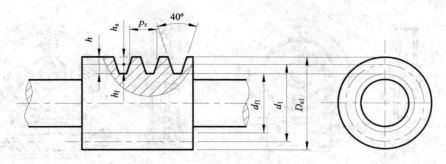

图 7-34　蜗杆的规定画法

二、蜗轮的识读

蜗轮的画法与圆柱齿轮基本相同，如图 7-35 所示。在投影为圆的视图中，轮齿部分只需画出分度圆和齿顶圆，其它圆可省略不画，其它结构形状按投影绘制。

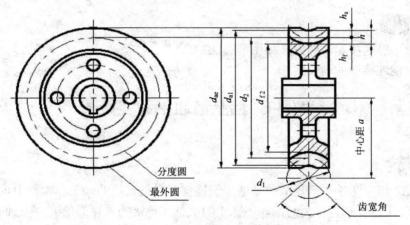

图 7-35　蜗轮的规定画法

三、识读蜗轮蜗杆啮合图

蜗杆和蜗轮一般用于垂直交错两轴之间的传动。一般情况下，蜗杆是主动的，蜗轮是从动的。蜗杆的画法规定与圆柱齿轮的画法规定基本相同。蜗轮类似斜齿圆柱齿轮，蜗轮轮齿部分的主要尺寸以垂直于轴线的中间平面为准。在蜗杆为圆的视图上，蜗轮与蜗杆投影重合部分，只画蜗杆投影；在蜗轮为圆的视图上，啮合区内蜗杆的节线与蜗轮的节圆相切。在蜗轮与蜗杆啮合的外形图中，啮合区内蜗杆的齿顶线与蜗轮的外圆均用粗实线绘制，如图 7-36（a）所示。在蜗轮与蜗杆啮合的剖视图中，主视图一般采用全剖，左视图采用局部剖视，如图 7-36（b）所示。

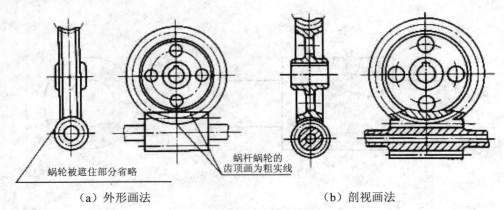

蜗轮被遮住部分省略

蜗杆蜗轮的
齿顶画为粗实线

（a）外形画法　　　　　　　　　　　　　　（b）剖视画法

图 7-36　蜗轮蜗杆的啮合画法

课题三　绘制键、销连接图

 学习目标

1. 了解平键连接和半圆键连接图的画法；
2. 了解销连接图的画法。

案例 1　绘制普通平键连接图

案例出示

如图 7-37 所示为轴与齿轮间的普通平键连接，在被连接的轴上和轮毂中也加工了键槽，先将键嵌入轴上的键槽内，再对准轮毂孔中的键槽（该键槽是穿通的），将它们装配在一起，便可达到连接的目的。下面认识普通平键的形状和标记，绘制连接图。

案例分析

键是用来连接轴及轴上零件（如齿轮、带轮等）的标准件，起传递扭矩的作用。可根据轴的直径查键的标准得出它的尺寸，同时也可查得键槽的宽度和深度。键的长度 L 则应根据轮毂宽度及工作要求选取相应的系列值。

图 7-37　普通平键连接

相关知识

一、键的种类和形状

键是标准件，常用的键有普通平键、半圆键和钩头楔键等，如图 7-38 所示。普通平键有 A 型（圆头）、B 型（平头）和 C 型（单圆头）三种，如图 7-39 所示。

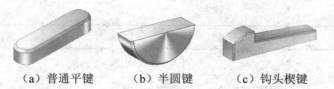

（a）普通平键　　　（b）半圆键　　　（c）钩头楔键

图 7-38　常用的几种键

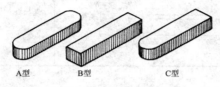

A型　　　B型　　　C型

图 7-39　普通平键

二、键的标记

键的型式和标记示例见表 7-11。

表 7-11　键的型式和标记示例

名称		图例	规定标记及示例
普通平键	A 型		$b=18mm$，$h=11mm$，$L=100mm$ 标记：GB/T 1096 键 18×11×100
	B 型		$b=18mm$，$h=11mm$，$L=100mm$ 标记：GB/T 1096 键 B 18×11×100 （B 不能省略）
	C 型		$b=18mm$，$h=11mm$，$L=100mm$ 标记：GB/T 1096 键 C 18×11×100 （C 不能省略）
半圆键			$b=6mm$，$h=10mm$，$R=25mm$ 标记：GB/T 1099 键 6×10×25

续表

名称	图例	规定标记及示例
钩头楔键	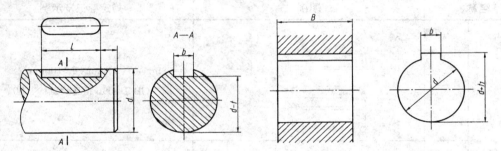	b=18mm，h=11mm，L=100mm 标记：GB/T 1565 键 18×100

 案例绘制

一、计算尺寸

轴和齿轮轮毂上键槽的视图如图 7-40 所示，图中轴径 d=18 mm，齿轮轮齿宽度 B=20mm，查表可得：选用 A 型普通平键，键的公称尺寸 $b×h$=6×6，长度 L=18mm；轴上键槽深度 t=3.5mm，轮毂上键槽深度 t_1=2.8mm，$d-t$=18−3.5=14.5mm，$d+t_1$=18+2.8=20.8mm。

图 7-40　轴和齿轮轮毂上键槽

二、绘制普通平键连接图

普通平键的两侧面为工作面，因此连接时，平键的两侧面与轴和轮毂键槽侧面之间相互接触，没有间隙，只画一条线。而键与轮毂的键槽顶面之间是非工作面，不接触，应留有间隙，画两条线。当剖切平面通过轴和键的轴线时，根据画装配图时的规定画法，轴和键均按不剖画出，此时，为了表示键在轴上的装配情况，轴采用局部剖视，键做不剖处理，横向剖切时，键应画出剖面线，如图 7-41 所示。

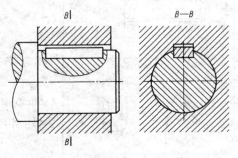

图 7-41　普通平键连接

三、绘制半圆键连接图

半圆键的两个侧面为工作面，连接方式和普通平键类似，如图 7-42 所示。

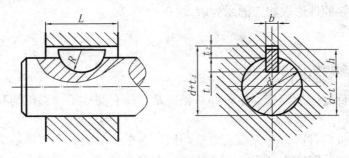

图 7-42　半圆键连接

钩头楔键及连接图的画法

钩头楔键上下两面是工作面，键的上表面和轮毂槽的底面各有 1:100 的斜度，装配时需打入，靠楔紧作用传递扭矩。因此，键的上表面和轮毂槽的底面在装配图中应画成一条线，这是与平键及半圆键画法的不同之处，如图 7-43 所示。

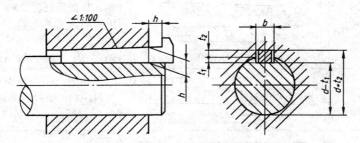

图 7-43　钩头楔键连接图

案例 2　识读销连接图

如图 7-44 所示为圆柱销和圆锥销连接图。

（a）圆柱销连接

（b）圆锥销连接

图 7-44　销连接

案例分析

销是标准件，在设计销的结构时，可根据销孔的直径查销的标准得出销的尺寸。销的长度 L 则应根据要连接的件选取相应的系列值。

案例绘制

一、销的形式和规定标记

销通常用于零件之间的连接、定位和防松，常见的有圆柱销、圆锥销和开口销等，它们都是标准件。

圆柱销用作定位零件时，为保证其定位精度，两零件的销孔应该用钻头同时钻出，然后用绞刀绞孔。圆锥销的锥度为 1:50，以小端直径为公称直径。圆锥销用作定位零件时，销孔的加工方法同圆柱销孔一样。开口销一般用于锁紧螺栓与螺母。它的公称直径 d 是指销穿过的孔的直径，它的实际直径小于 d。

圆柱销、圆锥销和开口销的画法及规定标记和尺寸见表 7-12。

表 7-12　销的型式、标准、画法及标记

名称	标准号	图例	标记示例
圆锥销	GB/T 117－2000	（图） $R_1 \approx d$　$R_2 \approx d+(L-2a)/50$	直径 d=10mm，长度 L=100mm，材料 35 钢，热处理硬度 28～38HRC，表面氧化处理的 A 型圆锥销。圆锥销的公称尺寸是指小端直径 销 GB/T 117－2000 A10×100
圆柱销	GB/T 119.1－2000	（图）	直径 d=10mm，公差为 m6，长度 L=80mm，材料为钢，不经表面处理 销 GB/T 119.1－2000 10m6×80
开口销	GB/T 91－2000	（图）	公称直径 d=4mm（指销孔直径），L=20mm，材料为低碳钢，不经表面处理 销 GB/T 91－2000 4×20

二、销连接的画法

圆柱销和圆锥销可以连接零件，也可以起定位作用（限定两零件间的相对位置），如图 7-45（a）、（b）所示。开口销常用在螺纹连接的装置中，以防止螺母的松动，如图 7-45（c）所示。

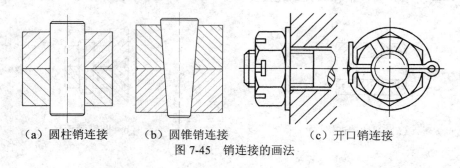

（a）圆柱销连接　　　（b）圆锥销连接　　　（c）开口销连接
图 7-45　销连接的画法

课题四 绘制滚动轴承的视图

 **学习目标**

掌握滚动轴承的种类、用途和规定画法。

案例 滚动轴承的画法

案例出示

滚动轴承是一种支撑轴的标准件,图 7-46 是几种常见的滚动轴承。

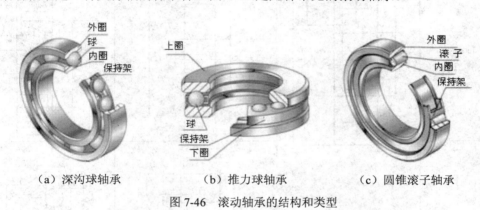

（a）深沟球轴承　　　　（b）推力球轴承　　　　（c）圆锥滚子轴承

图 7-46 滚动轴承的结构和类型

案例分析

由图 7-46 可知,滚动轴承由外圈、内圈、滚动体和保持架组成。国家标准规定了滚动轴承的表达方法有通用画法、规定画法和特征画法三种。

案例绘制

一、滚动轴承的结构及表示法

常用滚动轴承的表示法见表 7-13。

二、滚动轴承的标记

轴承的标记由三部分组成,即:

轴承名称　轴承代号　标准编号

例：滚动轴承 6204 GB/T 276－1994

按照 GB/T 272－1993 的规定,滚动轴承的代号由前置代号、基本代号和后置代号构成,前置、后置代号是在轴承结构形式、尺寸和技术要求等有所改变时,在其基本代号前后添加的补充代号。补充代号的规定可从 GB/T 272－1993 及 GB/T 2974－2004 中查得。

表 7-13　常用滚动轴承的表示法

轴承类型	通用画法	特征画法	规定画法
深沟球轴承 （GB/T 276－1994）			
圆锥滚子轴承 （GB/T 297－1994）			
推力球轴承 （GB/T 301－1995）			

　　轴承的基本代号由类型代号、尺寸系列代号和内径代号组成。基本代号最左边的一位数字（或字母）为类型代号（表 7-14）。尺寸系列代号由宽度和直径系列代号组成。内径代号的表示有两种情况：当内径不小于 20mm 时，则内径代号数字为轴承公称内径除以 5 的商数，当商数为一位数时，需在左边加"0"；当内径小于 20mm 时，则内径代号另有规定。

表 7-14　滚动轴承类型代号

代号	轴承类型	代号	轴承类型
0	双列角接触球轴承	6	深沟球轴承
1	调心球轴承	7	角接触球轴承
2	调心滚子轴承和推力调心滚子轴承	8	推力圆柱滚子轴承
3	圆锥滚子轴承	N	圆柱滚子轴承（双列或多列用字母 NN 表示）
4	双列深沟球轴承	U	外球面球轴承
5	推力球轴承	QJ	四点接触球轴承

轴承代号　6204

6——类型代号，表示深沟球轴承

2——尺寸系列代号"02"。其中"0"为宽度系列代号，按规定（参见 GB/T 272－1993）省略未写，"2"为直径系列代号。

04——内径代号，表示该轴承内径尺寸为 4×5=20mm。

课题五　绘制弹簧的视图

学习目标

了解弹簧的种类、用途和规定画法。

案例　绘制圆柱螺旋弹簧的视图

案例出示

弹簧是机械中常用的零件，具有功能转换特性，可用来减震、夹紧、测力、储存能量等。弹簧种类很多，应用很广，最常见的是圆柱螺旋弹簧。圆柱螺旋弹簧根据用途可分为：压缩弹簧、拉伸弹簧和扭转弹簧，如图 7-47 所示。试绘制如图 7-47（a）所示压缩弹簧的视图。

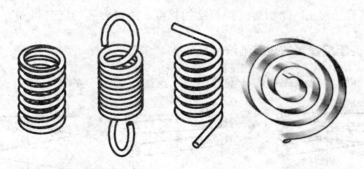

（a）压缩弹簧　（b）拉伸弹簧　（c）扭转弹簧　（d）平面涡卷弹簧

图 7-47　常用弹簧

案例分析

圆柱螺旋弹簧整体可分成两部分：两端支撑圈和中间有效圈，有效圈部分是有规律的重要结构，绘图时可以简化。

相关知识

一、圆柱螺旋弹簧的各部分名称及代号（图 7-48）

圆柱螺旋弹簧各部分的名称及代号简介如下：

（1）弹簧钢丝直径 d。

（2）弹簧直径。

弹簧外径 D，即弹簧的最大直径。

弹簧内径 D_1，即弹簧最小直径，$D_1=D-2d$。

弹簧中径 D_2，即弹簧内外径的平均值。

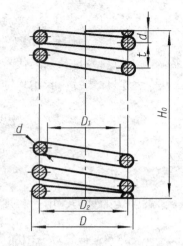

$$D_1 = D - 2d \ , \quad D_2 = \frac{D+D_1}{2} = D_1 + d = D - d$$

（3）节距 t，即相邻两圈间的轴向距离。

（4）有效圈数 n、支承圈数 n_2 和总圈数 n_1。为了使压缩弹簧工作时受力均匀，保证轴线垂直于支承端面，两端常并紧且磨平。这部分圈数起支承作用，故叫支承圈。支承圈数（n_2）有 1.5 圈、2 圈和 2.5 圈三种。2.5 圈用得较多，即两端各并紧 $1\frac{1}{4}$ 圈，其中包括磨平 3/4 圈。压缩弹簧除支承圈外，具有相等节距的圈数称为有效圈数，有效圈数 n 与支承圈数 n_2 之和称为总圈数 n_1，即 $n_1=n+n_2$。

图 7-48　弹簧各部分名称及代号

（5）自由高度（或长度）H_0，即弹簧在不受外力时的高度。

$H_0=nt+(n_2-0.5)d$

当 $n_2=1.5$ 时，$H_0=nt+d$

当 $n_2=2$ 时，$H_0=nt+1.5d$

当 $n_2=2.5$ 时，$H_0=nt+2d$

（6）弹簧展开长度 L，即制造时弹簧丝的长度。由螺旋线的展开可知 $L = n_1\sqrt{(\pi D_2)^2 + t^2}$。

二、圆柱螺旋压缩弹簧的规定画法

圆柱螺旋压缩弹簧可画成视图、剖视图或示意图，如图 7-49 所示。

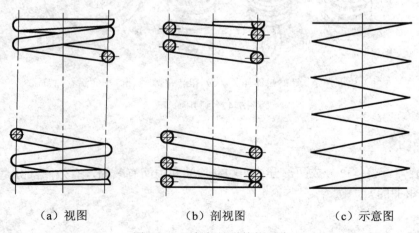

（a）视图　　　　　（b）剖视图　　　　　（c）示意图

图 7-49　圆柱螺旋弹簧的画法

 案例绘制

绘制圆柱螺旋压缩弹簧的全剖视图。已知弹簧中径为 50mm，簧丝直径为 7mm，节距为

12mm，弹簧自由高度为 100mm，支承圈数为 2.5，右旋，绘图步骤见表 7-15。

表 7-15 圆柱螺旋压缩弹簧全剖视图绘图步骤

具体步骤	图示
1. 根据弹簧的自由高度 $H_0=100$，弹簧中径 $D_2=50$，作出矩形	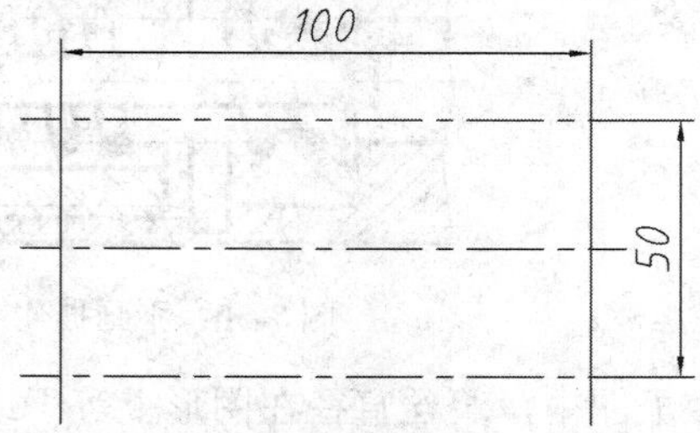
2. 根据 $d=7$mm 画出两端支承圈	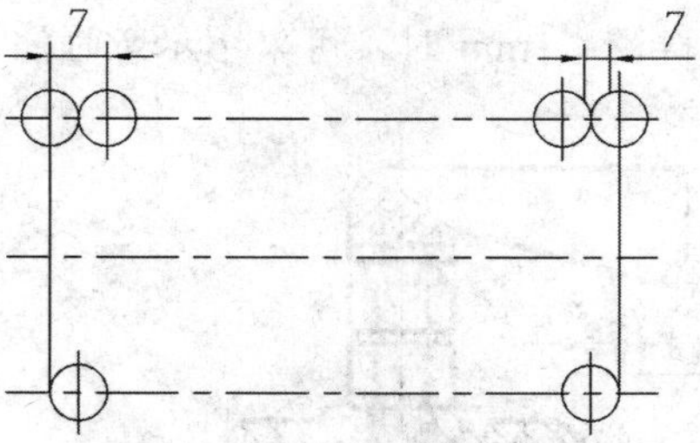
3. 根据节距 $t=12$mm 画出中间各圈	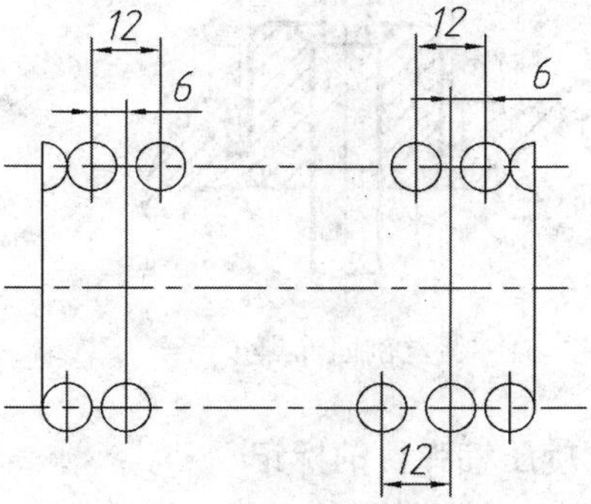
4. 按右旋方向作相应圆的公切线，再画上剖面符号，完成全图，描深	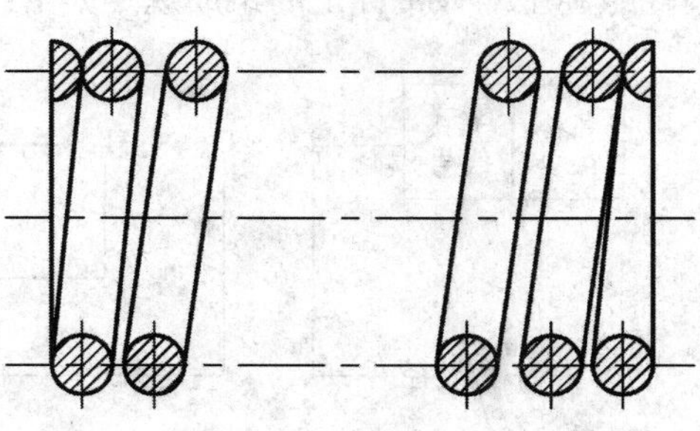

一、在装配图中弹簧的画法

在装配图中弹簧的画法介绍如下。

（1）在装配图中，中间各圈取省略画法后，后面被挡住的结构一般不画。可见部分只画到弹簧钢丝的剖面轮廓或中心线处，如图 7-50 所示。

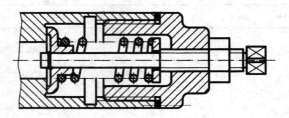

图 7-50　不画挡住部分的零件轮廓

（2）在装配图中，簧丝直径在图形上等于或小于 2mm 时弹簧的断面用涂黑表示，如图 7-51 所示。

（3）簧丝直径<1mm 时，可采用示意画法，如图 7-52 所示。

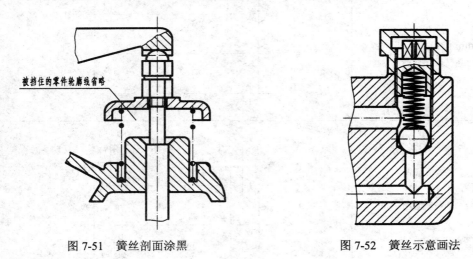

图 7-51　簧丝剖面涂黑　　　　　图 7-52　簧丝示意画法

二、圆柱螺旋压缩弹簧的标记

（1）圆柱螺旋压缩弹簧标记的组成规定如下：

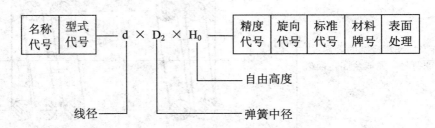

（2）圆柱螺旋压缩弹簧的名称代号为 Y，弹簧在端圈形式上分为 A 型（两端圈并紧磨平）和 B 型（两端圈并紧锻平）两种。

（3）圆柱螺旋压缩弹簧标记示例。

1）YB 型弹簧，线径ϕ30mm，弹簧中径ϕ150mm。自由高度 300mm，制造精度为 3 级，

材料为 60SiMnA，表面涂漆处理（可以是左旋或右旋，要求旋向时，需注出 LH 或 RH）。标
记为：

$$YB\ 30\times150\times300\ GB/T\ 2089-2003$$

　　2）YA 型弹簧，线径 $\phi1.2mm$，弹簧中径 $\phi8mm$，自由高度 40mm，制造精度为 2 级，材
料为 B 级碳素弹簧钢丝，表面镀锌处理。标记为：

$$YA\ 1.2\times8\times40\text{-}2\ GB/T\ 2089-2003\ B\ 级$$

项目八 零件图

 学习导读

零件图是对零件设计意图的表达形式，是对零件进行加工制造、检验的直接技术资料，零件图的学习是对前面几个模块知识点的综合运用和总结，一幅完整的零件图应包括一组视图、尺寸标注、技术要求和标题栏等内容。其中技术要求可分为符号技术要求（如尺寸公差、形位公差、表面粗糙度等）和文字性技术要求（用文字表达零件的表面处理、热处理等加工制造要求与检验要求等）。

零件的表达方式要根据零件的形体特征与用途进行选择，选择主视图的方向时要遵循一些基本原则。

零件图上的尺寸标注总体要求是清晰、正确、完整、合理。

零件的结构形状除了要满足功能要求外，还要考虑到方便零件的加工制造，同时还要满足零件的工艺要求，否则零件将无法加工或使用。

主要内容

1．零件图包含的内容。
2．零件图的视图表达，包括主视图的选择、其它视图的选择。
3．零件图的技术要求和尺寸标注。
4．零件结构工艺要求。
5．识读零件图。
6．零件测绘。

课题一　认识零件图

零件图是设计部门提交给生产部门的重要技术文件。它不仅反映了设计者的设计意图，而且表达了零件的的各种技术要求，如尺寸精度、表面粗糙度等。

学习目标

通过本课题的学习，掌握零件图的表达方式，一张完整的零件图所表达的内容。

案例1　初识零件图

 **案例出示**

认识如图 8-1 所示齿轮轴零件图。

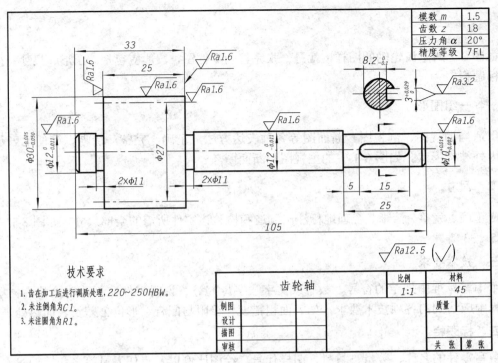

模数 m	1.5
齿数 z	18
压力角 α	20°
精度等级	7FL

技术要求

1. 齿在加工后进行调质处理，220~250HBW。
2. 未注倒角为C1。
3. 未注圆角为R1。

齿轮轴		比例		材料	
		1:1		45	
制图				质量	
设计					
描图					
审核				共 张	第 张

图 8-1　齿轮轴零件图

案例分析

任何机器或部件是由若干零件组成的。如图 8-2 所示的齿轮泵，是由泵体、泵盖、齿轮轴、从动齿轮、从动轴、压盖、螺母等零件以及一些标准件组成。用来表达零件结构、大小及技术要求的图样称为零件图。在零件的生产过程中，要根据零件图上注明的材料和数量进行备料；然后根据零件图表达的形状、大小和技术要求进行加工制造；最后还要根据零件图进行检验。因此，零件图在生产中有着重要的作用。

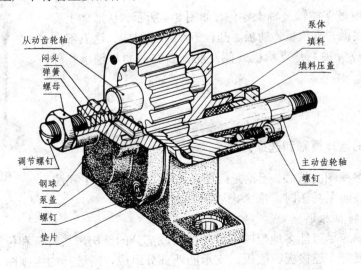

图 8-2　齿轮泵

图形解析

如图 8-1 所示齿轮轴的图样，就是一张完整的零件图，一般应包括：图形、尺寸、技术要求和标题栏。

一、一组图形

用适当的视图、剖视图、断面图等各种表达方法，正确、完整、清晰、简便地表示出零件的内外结构形状。如图 8-1 中的主视图和断面图。

二、尺寸

应正确、完整、清晰、合理地标注出制造和检验该零件所需的全部尺寸。如图 8-1 中的尺寸 105、33 等。

三、技术要求

用国家标准中规定的符号、数字或文字（字母）等，说明零件在制造、检验、材质处理等过程中应达到的各项技术要求，如表面粗糙度、极限与配合、形位公差及表面热处理等。

四、标题栏

填写零件的名称、数量、材料、图样代号、绘图比例以及责任人员签名和日期等。

案例 2　轴承座零件图的视图选择

案例出示

如图 8-3 所示为轴承座立体图，选择合适的表达方式。

案例分析

轴承座的功用是支撑轴及轴上零件，如图 8-4 所示。从形体上看它是由轴承孔、底板、支承板、肋板、凸台五个部分组成。这五部分主要形体的相对位置关系是支承板外侧及肋板左右两面与轴承孔外表面相交等。

图 8-3　轴承座

相关知识

一、主视图的选择原则和选择方法

主视图是一组视图的核心。无论是绘图还是识图，都应从主视图入手。在选择零件的主视图时，应考虑以下三个原则。

1. 结构形状特征原则

主视图的选择应尽可能多地反映零件的各组成部分的结构形状特征和位置特征。如图 8-5 所示的支座，由圆筒、连接板、底板、支承肋四部分组成，所选择的主视图方向 K 较其他方向（如 Q、R 向）更清楚地显示了该支座各部分形状、大小及层次位置关系。

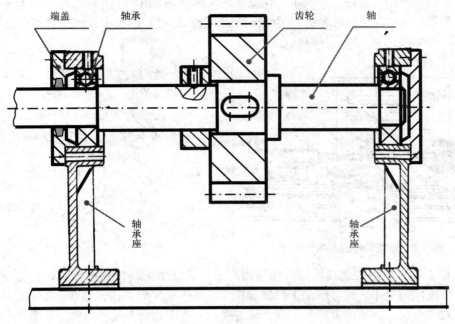

图 8-4　轴承座功用图

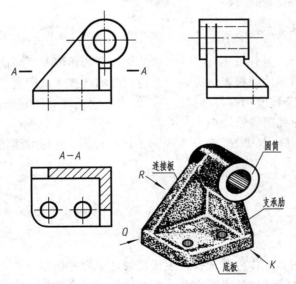

图 8-5　支座的主视图选择

2. 加工位置原则

主视图投射方向，应尽量与零件主要加工位置一致。如图 8-6 所示，轴类零件的加工主要在车床上完成，因此，零件主视图应选择其轴线水平放置，以便于看图加工。对轴、套、轮、盘类等回转体零件，选择主视图时，一般应遵循这一原则。

3. 工作位置原则

主视图的投射方向，应符合零件在机器中的工作位置。对支架、箱体等加工方法和加工位置多变的零件，主视图应选择工作位置，以便与装配图直接对照。如图 8-7 所示，吊钩主视图既显示了吊钩的形状特征，又反映了工作位置。又如图8-5所示的支座，K向和Q向都体现了它的工作位置，但K向又同时考虑到了结构特征，因此确定K向为主视图投射方向就更合理些。

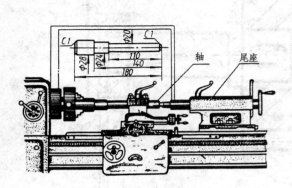

图 8-6　轴类零件的主视图选择

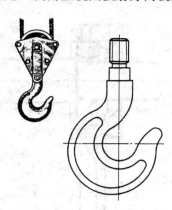

图 8-7　吊钩的工作位置

以上是零件主视图的选择原则，在运用时必须灵活掌握。三项原则中，在保证表达清楚结构形状特征的前提下，先考虑加工位置原则。但有些零件形状比较复杂，在加工过程中装卡位置经常发生变化，加工位置难分主次，则主视图应考虑选择其工作位置。还有一些零件无明显的主要加工位置，又无固定的工作位置，或者工作位置倾斜，则可将它们主要部分放正（水平或竖直），以利于布图和标注尺寸。

二、其他视图选择

零件主视图确定后，要分析还有哪些形状结构没有表达清楚，考虑选择适当的其他视图，将主视图未表达清楚的零件结构表达清楚。其他视图的选择一般应遵循以下原则：

（1）根据零件复杂程度和内外结构特点，综合考虑所需要的其他视图，使每一个视图都有表达的重点，从而使视图数量最少。

（2）优先考虑采用基本视图，在基本视图上作剖视图，并尽可能按投射方向配置各视图。

（3）尽量避免使用细虚线。

案例绘制

一、主视图的选择

如图 8-8 所示，按其工作位置选择，主视图表达了零件的主要部分：轴承孔的形状特征，各组成部分的相对位置，三个螺钉孔，凸台也得到了表达。

二、其他视图选择

方案一（如图 8-9 所示）：

（1）选全剖的左视图，表达轴承孔的内部结构及肋板形状。

（2）选择 D 向视图表达底板的形状。

（3）选择移出断面表达支承板断面及肋板断面的形状。

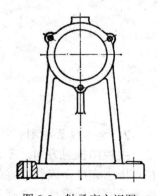

图 8-8　轴承座主视图

（4）C向局部视图表达上面凸台的形状。

方案二（如图 8-10 所示）：

（1）将方案一的主视图和左视图位置对调。

（2）俯视图选用 $B-B$ 剖视表达底板与支承板断面及肋板断面的形状。

（3）C向局部视图表达上面凸台的形状。

缺点：俯视图前后方向较长，图纸幅面安排欠佳。

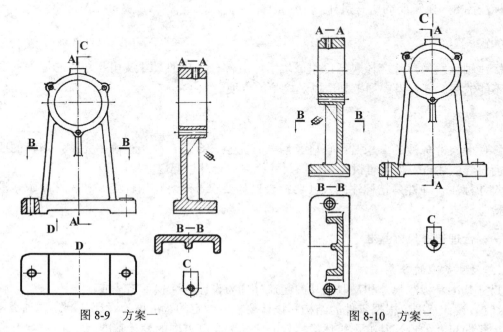

图 8-9　方案一　　　　　　　　图 8-10　方案二

方案三（如图 8-11 所示）：

俯视图采用 $B-B$ 剖视图，其余视图同方案一

比较分析三个方案，选第三方案较好。

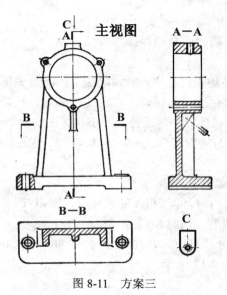

图 8-11　方案三

案例 3 轴承座零件图尺寸标注

案例出示

标注图 8-3 轴承座的所有尺寸。

案例分析

标注轴承座的尺寸应该包括：组成轴承座五部分各自的尺寸及相互之间的位置关系的尺寸，不能遗漏，还要考虑加工制造以及检验的方便。

相关知识

零件图尺寸标注的要求是：正确、清晰、完整、合理。关于正确、完整、清晰的要求，在前面已经叙述过，现着重讨论零件图尺寸标注的合理性问题。

尺寸标注合理性是指标注的尺寸要符合设计要求（满足使用性能）和工艺要求（满足加工和检验要求）。

一、合理选择尺寸基准

1. 尺寸基准的分类

尺寸基准是标注尺寸和量取尺寸的起点，分为设计基准和工艺基准。

（1）设计基准。根据零件的结构和设计要求而确定的基准称为设计基准。如轴类零件的轴线为径向尺寸的设计基准；箱体类零件的底面为高度方向的设计基准。

任何零件都有长、宽、高三个方向的尺寸，每个方向只能选择一个设计基准。常见的设计基准有：

①零件上主要回转结构的轴线；

②零件结构的对称面；

③零件的重要支承面、装配面及两零件重要结合面；

④零件主要加工面。

（2）工艺基准。在零件加工过程中，为满足加工和测量要求而确定的基准称为工艺基准。

为了减小误差，保证零件的设计要求，在选择基准时，最好使设计基准和工艺基准重合。当零件较复杂时，一个方向只选一个基准往往不够用，还要附加一些基准，其中起主要作用的是主要基准，起辅助作用的为辅助基准。主要基准与辅助基准之间及两辅助基准之间应有尺寸直接联系。

2. 选择尺寸基准的注意事项

（1）相互关联的零件，在标注其相关的尺寸时，应以同一个平面或直线（如结合面、对称面、轴线等）作为尺寸基准，如图 8-12 所示。

（2）以加工面作为尺寸基准时，在同一方向内，同一个加工表面不能作为两个或两个以上的非加工面的基准，如图 8-13 所示。

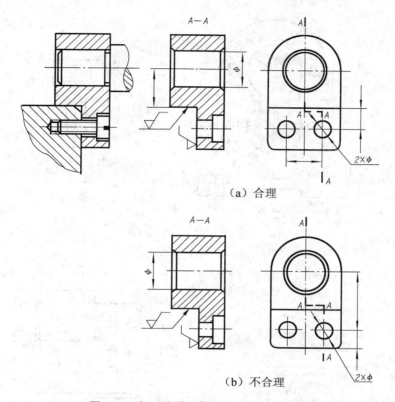

（a）合理

（b）不合理

图 8-12　相互关联零件的尺寸基准的选择

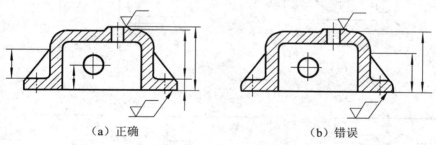

（a）正确　　　　　　　　　　　（b）错误

图 8-13　以加工面为基准

（3）要保证轴线之间的距离时，应以轴线为基准，注出轴线之间的距离。如图 8-14（a）所示，以零件底面为高度方向的主要尺寸基准注出尺寸 $87^{+0.1}_{0}$ 以后，又以上孔轴线为基准直接注出两孔中心距尺寸 $39^{+0.03}_{0}$；图 8-14（b）也是直接注出两孔中心距尺寸 72。

（4）要求对称的要素，应以对称面（或对称线）为基准注出对称尺寸，如图 8-15（a）的尺寸 26 和 52、图 8-15（b）的尺寸 $8^{+0.1}_{0}$ 所示。

二、尺寸标注的注意事项

1. 直接注出功能尺寸

零件的功能尺寸又称为主要尺寸，是指影响机器规格性能、工作精度和零件在部件中的准确位置及有配合要求的尺寸，这些尺寸应该直接注出，而不应由计算得出。如图 8-16（a）所示的尺寸 $40\dfrac{H8}{F8}$。

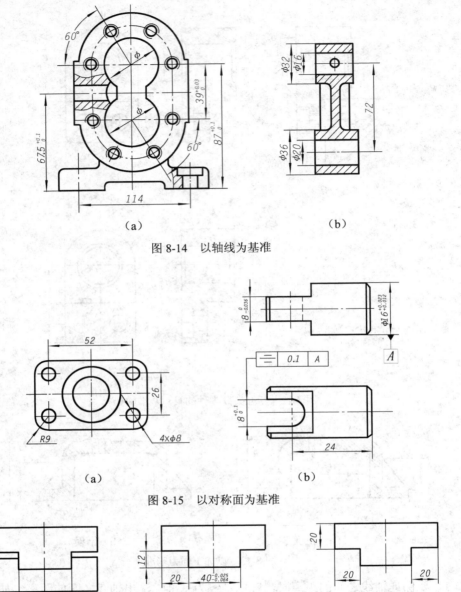

图 8-14　以轴线为基准

图 8-15　以对称面为基准

（a）合理　　　　　　　　（b）不合理

图 8-16　直接注出功能尺寸

2. 避免注成封闭的尺寸链

如图 8-17 所示，轴长度方向的尺寸，除了标注总长度以外，又对轴的各段长度进行了标注，即注成了封闭尺寸链。这种标注，四个尺寸 A、B、C、L 中若能保证其中三个尺寸精度，则另外一个尺寸精度不一定能保证。

3. 标注尺寸要尽量适应加工方法及加工过程

同一零件的加工方法及加工过程可以不同，所以，适应于它们的尺寸注法也应不同。图 8-18 所示是一些常见图例。

图 8-18（a）及图 8-18（b）是在车床上一次装卡加工阶梯轴时，长度尺寸的两种注法。尺寸 A 将主要尺寸基准与工艺上的支承基准联系起来。

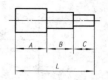

图 8-17　封闭尺寸链

图 8-18（c）是在车床上两次装卡加工时，轴的长度尺寸的注法。

图 8-18（d）是用圆钢棒料车制轴时的尺寸注法。

图 8-18（e）是一般阶梯孔深度尺寸的注法。但若采用扩孔钻加工，其深度尺寸的注法需与扩孔钻的尺寸相符，如图 8-18（f）所示。

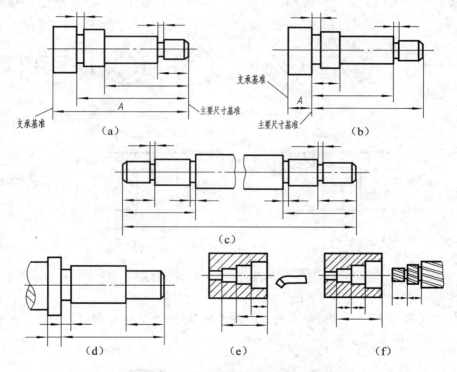

图 8-18　不同加工方法及加工过程对应于不同的尺寸注法

4. 标注尺寸应符合使用的工具

如图 8-19 所示，用圆盘铣刀铣制键槽，在主视图上应注出所用的铣刀直径，以便选定铣刀。

5. 标注尺寸应考虑加工的可能性

如图 8-20 所示，右图中所注斜孔的定位尺寸是错误的，因为无法按此尺寸由大孔内部确定斜孔的位置。

6. 尽可能不标注不便于测量的尺寸

如图 8-21 所示，所注尺寸要便于测量。图 8-21（a）中标注的尺寸，测量时几何中心是无法实际测量的。图 8-21（d）中当台阶孔中小孔的直径较小时，这样标注将不利于孔深的测量，所以是错误的标注。

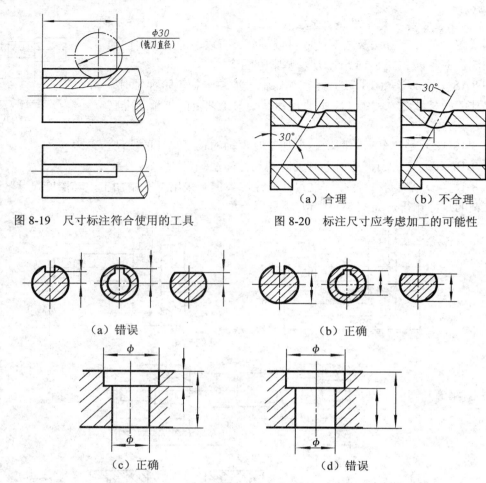

图 8-19 尺寸标注符合使用的工具

图 8-20 标注尺寸应考虑加工的可能性

（a）合理　　　（b）不合理

（a）错误　　　　　　　　　　　（b）正确

（c）正确　　　　　　　　　　　（d）错误

图 8-21 尽可能不注不便于测量的尺寸

7. 同一个工序的尺寸应集中标注

如图 8-22（a）所示，两个安装孔的定位尺寸集中在俯视图中标注，定形尺寸集中在主视图中标注，这样使得看图方便。

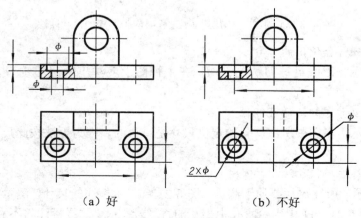

（a）好　　　　　　　　　　（b）不好

图 8-22 同一个工序的尺寸应集中标注

三、零件上常见结构的尺寸标注

零件上常见结构的尺寸标注见表 8-1。

表 8-1 常见结构的尺寸标注

序号	类型		旁注方法		普通标注方法
1	光孔	一般孔	$4\times\phi5 \; \overline{\underline{\;}} \; 10$	$4\times\phi5 \; \overline{\underline{\;}} \; 10$	$4\times\phi5$
2		精加工孔	$4\times\phi5^{+0.012}_{0} \; \overline{\underline{\;}} \; 10$ 钻 $\overline{\underline{\;}} \; 12$	$4\times\phi5^{+0.012}_{0} \; \overline{\underline{\;}} \; 10$ 钻 $\overline{\underline{\;}} \; 12$	$4\times\phi5^{+0.012}_{0}$
3	螺孔	通孔	$3\times M6-6H$	$3\times M6-6H$	$3\times M6-6H$
4		不通孔	$3\times M6-6H \; \overline{\underline{\;}} \; 10$	$3\times M6-6H \; \overline{\underline{\;}} \; 10$	$3\times M6-6H$
5			$3\times M6-6H \; \overline{\underline{\;}} \; 10$ 孔 $\overline{\underline{\;}} \; 12$	$3\times M6-6H \; \overline{\underline{\;}} \; 10$ 孔 $\overline{\underline{\;}} \; 12$	$3\times M6-6H$
6	沉孔	埋头孔	$6\times\phi7$ $\vee \phi13\times90°$	$6\times\phi7$ $\vee \phi13\times90°$	$90°$ $\phi13$ $6\times\phi7$
7		沉孔	$4\times\phi7$ $\underline{\sqcup} \; \phi10 \; \overline{\underline{\;}} \; 3.5$	$4\times\phi7$ $\underline{\sqcup} \; \phi10 \; \overline{\underline{\;}} \; 3.5$	$\phi10$ $4\times\phi7$
8		锪平孔	$4\times\phi7$ $\underline{\sqcup} \; \phi16$	$4\times\phi7$ $\underline{\sqcup} \; \phi16$	$\underline{\sqcup} \; \phi16$ $4\times\phi7$

一、选择基准

根据轴承的工作状态，高度方向应选择底面为基准，轴承孔为高度方向的辅助基准，长度方向选择左右对称面为基准，宽度方向选择轴承孔后端面为基准。

二、标注尺寸

（1）标注轴承座孔及外圆尺寸，深度尺寸，三个小孔尺寸。

（2）标注底板尺寸。

（3）标注支承板及肋板尺寸。

（4）标注上凸台尺寸。

（5）标注各部分之间相对位置尺寸。

（6）调整、整理尺寸，如图 8-23 所示。

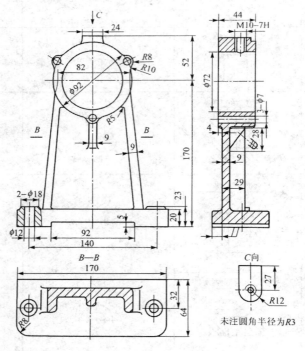

图 8-23 标注轴承座尺寸

课题二 零件图中的技术要求

案例 1 在零件图中标注表面结构要求

根据要求在图 8-24 所示的零件图上标注表面结构要求：

（1）左端ϕ16mm 及倒角、12mm 平面、M10 及倒角用去除材料的方法得到，其表面结构要求为 Ra=6.3μm。

（2）两端ϕ20mm、两个键槽、左端ϕ5mm 小孔用去除材料的方法得到，其表面结构要求为 Ra=1.6μm。

（3）ϕ28mm、右端ϕ16mm 用去除材料的方法得到，其表面结构要求为 Ra=3.2μm。

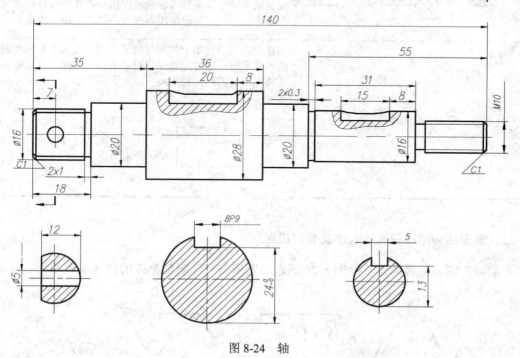

图 8-24 轴

案例分析

图 8-24 所示轴各部分有不同的表面结构要求，需要一一标注正确，不能遗漏，也不能重复标注。

相关知识

一、表面结构的图形符号

在国标 GB/T 131－2006 中规定了表面结构的图形符号，见表 8-2。

表 8-2　表面结构的图形符号

符号	说明
$\sqrt{}$	基本图形符号。仅用简化代号标注，没有补充说明不能单独使用
$\sqrt{}$	扩展图形符号。在基本符号上面加一横线，表明指定表面是用去除材料的方法获得，如通过车、铣、刨、磨、钻、抛光、腐蚀、电火花等机械加工方法获得的表面

续图

符号	说明
	扩展图形符号。在基本符号上面加一个圆圈，表明指定表面是用不去除材料的方法获得，如通过铸、锻、冲压变形、热轧、冷轧、粉末冶金等方法获得的表面
	完整图形符号。当要求标注表面结构特征的补充信息时，在基本图形符号和扩展图形符号的长边上加一横线
	当在图样某个视图上构成封闭轮廓的各表面有相同的表面结构要求时，应在完整图形符号上加一圆圈，并且标注在图样中工件的封闭轮廓线上，如下图所示

二、表面结构图形符号的画法及有关规定

表面结构图形符号的画法如图 8-25 所示，图形符号及附加标注的尺寸见表 8-3。

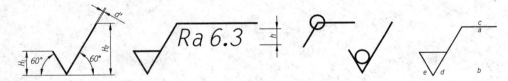

图 8-25　表面结构图形符号的画法

表 8-3　表面结构图形符号及附加标注的尺寸

数字和字母的高度	2.5	3.5	5	7	10	14	20
符号线宽 d'	0.25	0.35	0.5	0.7	1	1.4	2
字母线宽 d	0.25	0.35	0.5	0.7	1	1.4	2
高度 H_1	3.5	5	7	10	14	20	28
高度 H_2（最小值）	7.5	10.5	15	21	30	42	60

三、表面结构的标注

表面结构要求对每一表面一般只标注一次，并尽可能标注在相应的尺寸及其公差的同一视图上。除非另有说明，否则所标注的表面结构要求均是对完工零件表面的要求。

（1）表面结构符号、代号的标注方向。表面结构要求的注写和读取方向应与尺寸的注写和读取方向一致，如图 8-26 所示。

（2）表面结构要求的标注。表面结构要求在图样中的标注位置和方向见表 8-4。

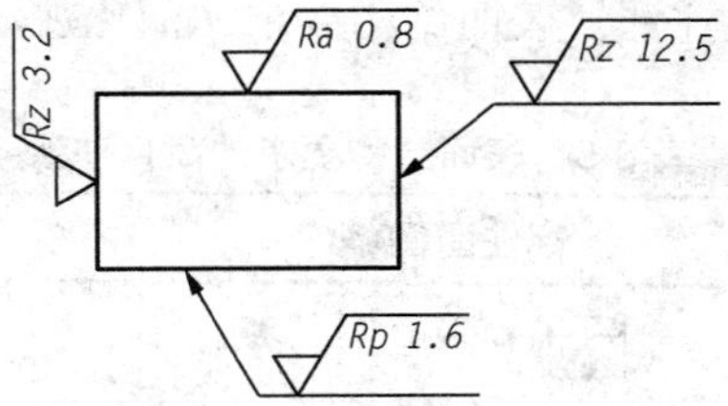

图 8-26 表面结构要求的注写方向

表 8-4 表面结构要求在图样中的标注位置和方向

标注位置	标注图例	说明
标注在轮廓线或其延长线上	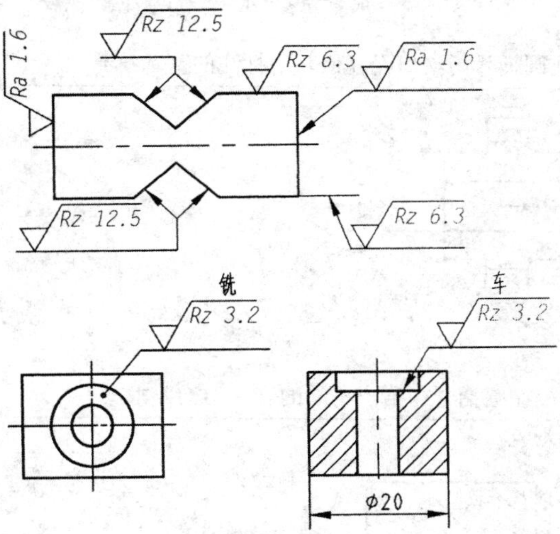	其符号应从材料外指向并接触表面或其延长线，或用箭头指向表面或其延长线，必要时可以用黑点或箭头引出标注
标注在特征尺寸的尺寸线上	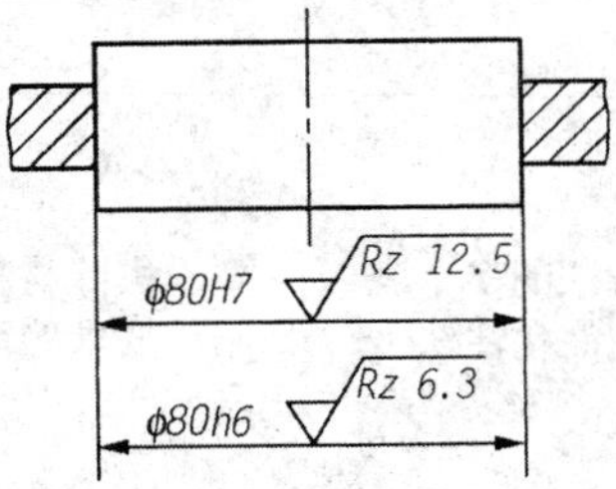	在不至于引起误解时，表面结构要求可以标注在给定的尺寸线上
标注在形位公差框格的上方	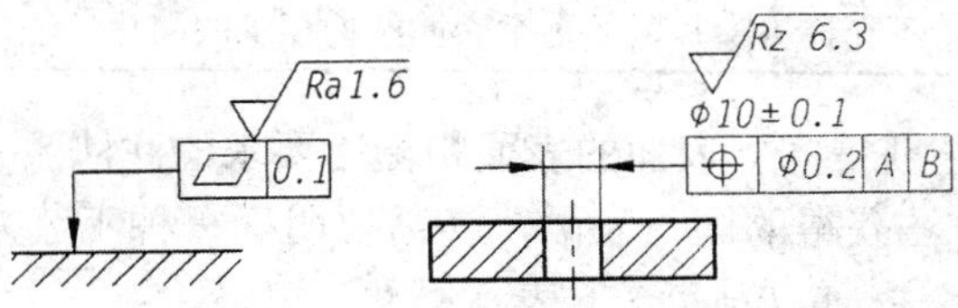	表面结构要求可以标注在形位公差框格的上方
标注在圆柱和棱柱表面上	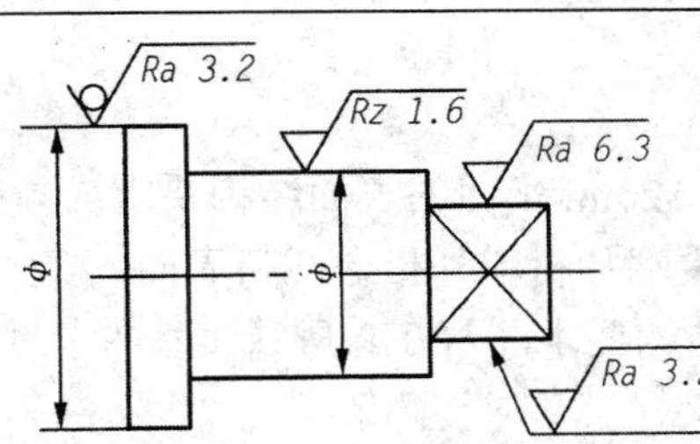	圆柱和棱柱表面的结构要求只标注一次，如果每个表面有不同的表面结构要求，则应分别单独标注

（3）表面结构要求的简化注法。表面结构要求的简化注法见表 8-5。

表 8-5　表面结构要求的简化注法

项目		标注图例	说明
有相同表面结构要求的简化标注		注：在圆括号内给出无任何其他标注的基本符号 注：在圆括号内给出不同的表面结构要求	如果在工件的多数（包括全部）表面有相同的表面结构要求，则其表面结构要求可统一标注在图样的标题栏附近。此时（除全部符号的后面应有表示无任何其他标注的基本符号或不同的表面结构要求）
多个表面有共同要求的注法	用带字母的完整符号的简化标注		当多个表面具有相同的表面结构要求或图纸空间有限时，可以采用简化标注
	只用表面结构符号的简化注法	注：未指定工艺方法的多个表面结构要求的简化注法　注：要求去除材料的多个表面结构要求的简化注法 注：不允许去除材料的多个表面结构要求的简化注法	可以用左侧所示的表面结构图形符号，以等式的形式给出对多个表面共同的表面结构要求

（4）两种或多种工艺获得同一表面的表面粗糙度要求的注法

由几种不同的工艺方法获得的同一表面，当需要明确每种工艺方法的表面结构要求时，可按图 8-27 所示的方法标注，Fe/Ep·Cr25b 表示钢件，镀铬。

案例绘制

（1）左端 $\phi16$mm 及倒角、12mm 平面的表面结构要求注写在尺寸延长上；M10 的表面结构要求注写在轮廓线上，符号尖端从材料外指向材料表面。

（2）左端 $\phi20$mm 的表面结构要求注写在轮廓线上；两个键槽两侧面、左端 $\phi5$mm 小孔的表面结构要求标注在其尺寸线上。

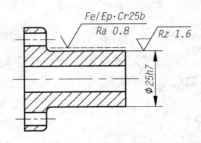

图 8-27 不同工艺获得同一表面的表面结构要求的注法

（3）ϕ28mm、右端ϕ16mm、右端ϕ20mm 的表面结构要求标注在指引线上。

其余各表面结构要求 Ra 值为 12.5μm，需要标注的表面比较多，不在图上标注，而是标注在图形的右下角（标题栏附近），如图 8-28 所示。

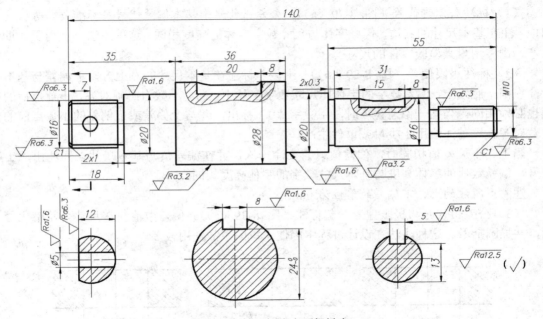

图 8-28 轴（标注表面粗糙度）

案例 2　在图样上标注尺寸公差

 案例出示

根据要求在图 8-25 所示的轴上标注尺寸公差：

（1）尺寸ϕ20 的基本偏差代号为 k，公差等级为 7 级。

（2）尺寸ϕ28 的基本偏差代号为 f，公差等级为 8 级。

（3）右端尺寸ϕ16 的基本偏差代号为 f，公差等级为 8 级。

（4）两处键槽宽度的基本偏差代号为 P，公差等级为 9 级。

（5）两处键槽深度尺寸上偏差为 0，下偏差为-0.1。

（6）螺纹 M10 中径公差等级为 6 级，基本偏差代号为 g。

 **案例分析**

　　为保证零件之间的互换性，应对其尺寸规定一个允许变动的范围，允许尺寸变动的量，称为公差。零件加工后测量出的尺寸（即实际尺寸），只要在尺寸允许变动的范围内，该尺寸就是合格的。

 相关知识

极限与配合在图样中的标注

一、在零件图中的标注

　　极限与配合在零件图中标注有三种形式，如图 8-29 所示：

　　（1）标注公差带代号（图 8-29（a））。公差带代号由基本偏差代号及标准公差等级代号组成，注在基本尺寸的右边，代号字体与尺寸数字字体的高度相同。这种注法一般用于大批量生产，由专用量具检验零件的尺寸。

　　（2）标注极限偏差（图 8-29（b））。上偏差标注在基本尺寸的右上方，下偏差与基本尺寸注在同一底线上，偏差数字的字体比尺寸数字字体小一号，小数点必须对齐，小数点后的位数也必须相同。当某一偏差为零时，用数字"0"标出，并与上偏差或下偏差的小数点前的个位数对齐。这种注法用于少量或单件生产。

　　当上、下偏差值相同时，偏差值只需要注一次，并在偏差值与基本尺寸之间注出"±"符号，偏差数值的字体高度与基本尺寸数字的字体高度相同。

　　注意：所注的上、下偏差的单位为 mm。

　　（3）公差带代号与极限偏差一起标注（图 8-29（c））。偏差数值注在尺寸公差带代号之后，并加圆括号。这种注法在设计过程中因便于审图，故使用较多。

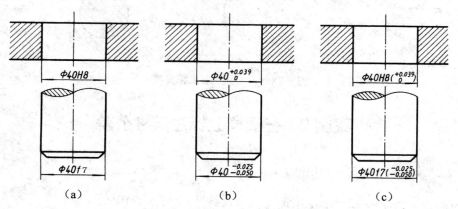

图 8-29　极限与配合在零件图中的标注

二、在装配图中的标注

　　在装配图上标注极限与配合时，其代号必须在基本尺寸的右边，用分数形式注出，分子为孔公差带代号，分母为轴的公差带代号。其注写形式有三种，如图 8-30（a）、（b）、（c）所示。当标注标准件、外购件与零件的配合关系时，可仅标注相配零件的公差带代号，如图 8-30

（d）所示滚动轴承与孔和轴的配合尺寸φ62JS7 和φ30k6。

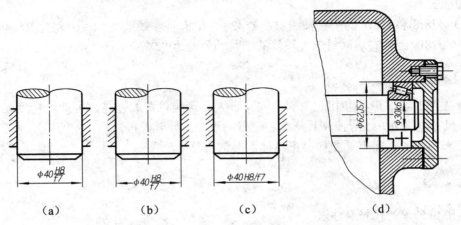

（a）　　　（b）　　　（c）　　　　（d）

图 8-30　极限与配合在装配图中的标注

案例绘制

标注如图 8-31 所示。

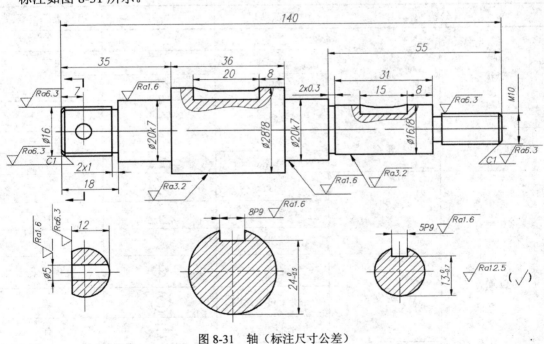

图 8-31　轴（标注尺寸公差）

案例 3　形位公差在图样上的标注与识读

 案例出示

根据要求在图 8-31 上标注几何公差。

（1）5P9 和 8P9 键槽对称中心面分别对 ϕ16f8 的圆柱轴线和 ϕ28f8 的圆柱轴线的对称度公差为 0.02mm。

（2）ϕ28f8 和 ϕ16f8 的圆柱轴线对两处 ϕ20k7 的圆柱轴线的同轴度公差为 ϕ0.04mm。

（3）ϕ28f8 圆柱右端面对该段轴线的圆跳动公差为 0.02mm。

 案例分析

由于零件的表面形状和相对位置的误差过大会影响机器的性能，因此对精度要求高的零件，除了尺寸精度外，还应控制其形状和位置的误差。对形状和位置误差的控制是通过形状和位置公差来实现的。在零件图样上正确标识形位公差十分重要。

相关知识

一、形位公差的代号及注法

GB/T 1182—2008 和 GB/T 13319—2003 对形位公差的特征项目、名词、术语、代号、数值、标注方法等都做了明确规定。形位公差的特征项目及符号见表 8-6。

表 8-6　形位公差的特征项目及符号

公差		符征项目	符号	有或无基准要求
形状	形状	直线度	—	无
		平面度	▱	无
		圆度	○	无
		圆柱度	⌭	无
形状或位置	轮廓	线轮廓线	⌒	有或无
		面轮廓度	⌓	有或无
位置	定向	平行度	∥	有
		垂直度	⊥	有
		倾斜度	∠	有
	定位	位置度	⊕	有或无
		同轴（同心）度	◎	有
		对称度	＝	有
	跳动	圆跳动	↗	有
		全跳动	⌰	有

形位公差代号包括：形位公差框格及指引线、形位公差特征项目符号、形位公差数值和其他有关符号、基准符号等，如图 8-32 所示。

形位公差特征项目符号大小与框格中的字体同高，形位公差框格应水平或竖直放置，框格内的字高（h）与图样中的尺寸数字等高，框格的高度为字高的二倍，长度可根据需要画出。框格的内容如图 8-32（a）所示。形位公差符号、公差数字、框格线的宽均为字高的 1/10。

基准代号由基准符号、圆圈、连线和字母组成，画法如图 8-32（b）所示。目前国际上用得最多的基准代号如图 8-32（c）所示。

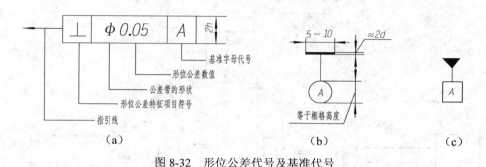

图 8-32　形位公差代号及基准代号

二、形位公差代号标注示例

（1）用带箭头的指引线将框格与被测要素相连，按以下方式标注。

①当被测要素为轮廓线或表面时，如图 8-33 所示，将箭头置于被测要素的轮廓线或轮廓线的延长线上，但必须与尺寸线明显地错开。

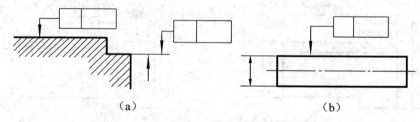

图 8-33　被测要素为轮廓线或表面

②当被测要素为轴线、对称面时，则带箭头的指引线应与尺寸线对齐，如图 8-34 所示。

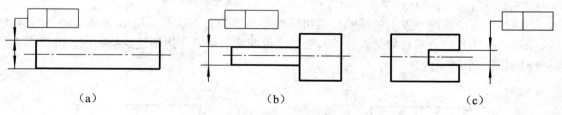

图 8-34　被测要素为轴线或中心平面

（2）带有基准字母的粗短横线应放置的位置。

当基准要素是轮廓线或表面时，如图 8-35 所示，基准符号置于要素的外轮廓线上或它的延长线上，但应与尺寸线明显地错开。

当基准要素是轴线或对称面时，则基准符号中的直线应与尺寸线对齐，如图 8-36 所示。若尺寸线安排不下两个箭头，则另一个箭头可用短横线代替，如图 8-36（b）、（c）所示。

（3）多个被测的要素有相同的形位公差要求时，可以从一个框格内的同一端引出多个指示箭头，如图 8-37（a）所示；对于同一个被测要素有多项形位公差要求时，可在一个指引线上画出多个公差框格，如图 8-37（b）所示。

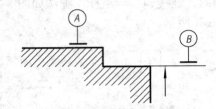

图 8-35 基准要素为轮廓线或表面

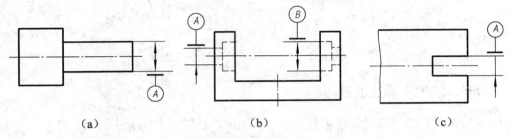

（a）　　　　　　　　　　（b）　　　　　　　　　　（c）

图 8-36 基准要素是轴线或中心平面

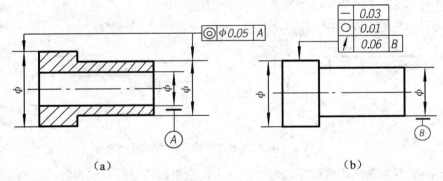

（a）　　　　　　　　　　　　　　　（b）

图 8-37 多个被测要素或多项形位公差要求

　　（4）由两个或两个以上的被测要素组成的基准称为公共基准，如图 8-38（a）的公共轴线、图 8-38（b）的公共对称面。公共基准的字母应将各个字母用横线连接起来，并书写在公差框格的同一个格子内。

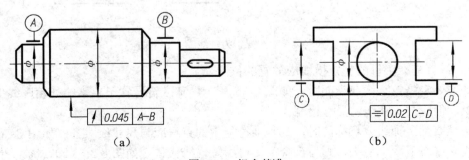

（a）　　　　　　　　　　　　　　　（b）

图 8-38 组合基准

案例绘制

（1）5P9 和 8P9 键槽对称度的指引线和尺寸线对齐。

（2）ϕ28f8 和 ϕ16f8 圆柱同轴度的指引线与尺寸线对齐。

（3）ϕ28f8 圆柱端面对该段轴线的圆跳动指向端面轮廓线的延长线。

（4）各处基准符号都是指轴线所以与尺寸线对齐。

标注如图 8-39 所示。

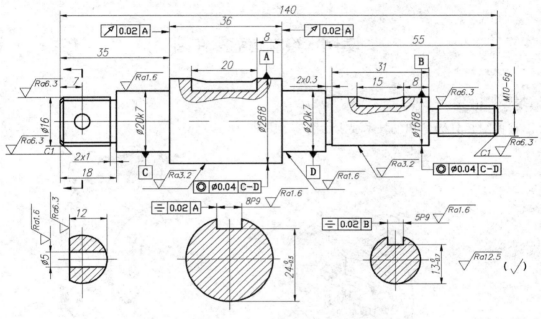

图 8-39　轴（标注形位公差）

知识拓展

识读如图 8-40 所示的形位公差的含义。

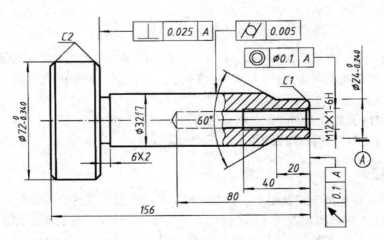

图 8-40　识读形位公差

$\boxed{\diagup \ |\ 0.005}$ 表示 ϕ32f7 圆柱面的圆柱度误差为 0.005mm。

$\boxed{\odot \ |\ \phi0.1 \ |\ A}$ 表示 M12×1 的轴线对基准 A 的同轴度误差为 ϕ0.1mm。

$\boxed{\nearrow \ |\ 0.1 \ |\ A}$ 表示 ϕ24 的端面对基准 A 的端面圆跳动公差为 0.1mm。

$\boxed{\perp \ |\ 0.025 \ |\ A}$ 表示 ϕ72 的右端面对基准 A 的垂直度公差为 0.025mm。

课题三　绘制零件图

案例　绘制端盖零件图

 案例出示

根据图 8-41 及给出的技术要求绘制端盖零件图。

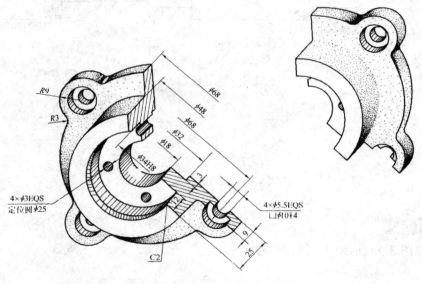

图 8-41　端盖

（1）ϕ32 内孔、内端面、左端面、4×ϕ3 小孔、4×ϕ5.5、倒角表面结构要求为 Ra=25μm，ϕ34H8 内孔表面结构要求为 Ra=6.3μm，ϕ18 内孔、右端面、ϕ34H8 内孔端面表面结构要求为 Ra=12.5μm，其余为不加工表面。

（2）ϕ34H8 孔轴线对 ϕ68 圆柱端面的垂直度公差为 ϕ0.02mm。

（3）材料为 HT150，未注圆角 R2，锐角倒钝。

 案例分析

盘类零件主要是在车床上加工，所以主视图按加工位置选择。画图时，将零件的轴线水平放置，便于加工时读图和看尺寸。根据盘类零件特点，一般用两个视图表达，主视图为全剖，左视图为表达外形的视图。

一、表达结构

主视图的轴线水平放置，采用全剖表达内孔的结构，左视图表达外部形状特征。

二、标注尺寸

选取端盖的轴线为径向基准，ϕ68 右端面为轴向基准，先在主视图中标注孔直径、倒角、深度尺寸，再在左视图中标注外圆、圆弧尺寸。

三、标注技术要求

ϕ34H8 内孔的表面结构要求直接标在轮廓线上，ϕ18 内孔的表面结构要求直接标在尺寸线上，ϕ48 圆柱左端面内孔表面结构要求直接标在轮廓延长线上，右侧孔及端面内孔表面结构要求标在指引线上，其余不加工表面的结构要求标在标题栏附近。

ϕ34H8 孔轴线对ϕ68 圆柱端面的垂直度公差框格指引线与ϕ34H8 尺寸线对齐，A 基准标在右端面。

未注圆角 R2、锐边倒钝标在下方。

四、填写标题栏

在标题栏中填写比例 1:1、材料 HT150，完成零件图绘制，如图 8-42 所示。

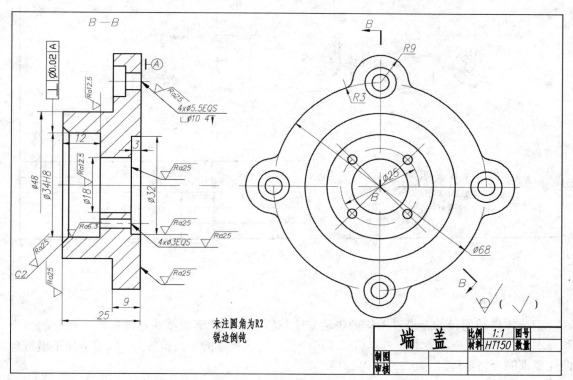

图 8-42　端盖零件图

课题四　识读零件图

案例1　识读轴类零件图

 **案例出示**

识读图 8-43 所示轴的零件图。

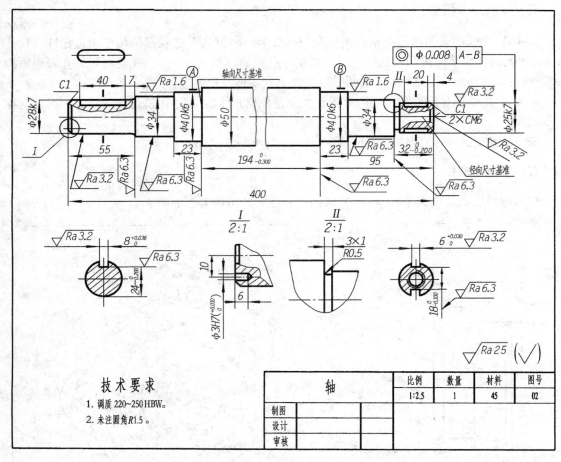

图 8-43　轴零件图

案例分析

识读零件图的目的是通过图样的表达方法想象出零件的形状结构，理解每个尺寸的作用和要求，了解各项技术要求的内容和实现这些要求应该采取的工艺措施等，以便于加工出符合图样要求的合格零件。

常见的轴类零件有光轴、阶梯轴和空心轴等。轴上常见的结构有越程槽（或退刀槽）、倒角、圆角、键槽、中心孔、螺纹等。

一、看标题栏

从标题栏中可知零件的名称是轴，它能通过传动件传递动力。轴的材料是 45 钢，图纸比例是 1:2.5。

二、视图分析

该零件采用一个主视图，两个局部放大图和两个移出断面图以及一个局部视图表达。主视图按其加工位置选择，一般将轴线水平放置，用一个主视图，结合尺寸标注（直径ϕ），就能清楚地反映出阶梯轴的各段形状、相对位置以及轴上各种局部结构的轴向位置。Ⅰ局部放大图表达了左端$\phi3H7(^{+0.010}_{0})$小孔的结构和位置，Ⅱ局部放大图表达了砂轮越程槽的结构，两个移出断面图分别表达了$\phi28k7$和$\phi25k7$两段轴颈上键槽的形状结构，局部视图表达了$\phi28k7$轴颈上键槽的形状，此外轴上还有圆角、倒角等结构。

三、尺寸分析

根据设计要求，轴线为径向尺寸的主要基准。$\phi40k6$处轴肩为轴向尺寸的基准。

四、技术要求

从图 8-43 中可知，有配合要求或有相对运动的轴段，其表面粗糙度、尺寸公差和形位公差比其他轴段要求严格（如两段$\phi40k6$的表面粗糙度$Ra=1.6\mu m$、$\phi25k7$轴线相对两段$\phi40k6$轴线同轴度公差为$\phi0.008$等）。为了提高强度和韧性，往往需对轴类零件进行调质处理；对轴上和其他零件有相对运动的表面，为增加其耐磨性，有时还需要进行表面淬火、渗碳、渗氮等热处理。对热处理方法和要求应在技术要求中注写清楚。如本例中的"调质 220～250HBW"。

案例 2　识读轮盘类零件图

案例出示

识读如图 8-44 所示的法兰盘零件图。

盘盖类零件主要有齿轮、带轮、手轮、法兰盘和端盖等。这类零件在机器中主要起传动、支承、轴向定位或密封等作用。盘盖类零件的基本形状为扁平的盘板状，多为同轴回转体的外形和内孔，其轴向尺寸往往比其他两个方向的尺寸小，零件上常见有肋、孔、槽、轮辐等结构。盘盖类零件主要是在车床上加工，有的表面则需在磨床上加工，所以按其形体特征和加工位置选择主视图，轴线水平放置，并用剖视图表达内部结构及相对位置，除主视图以外，还需要增加其他基本视图来表达。

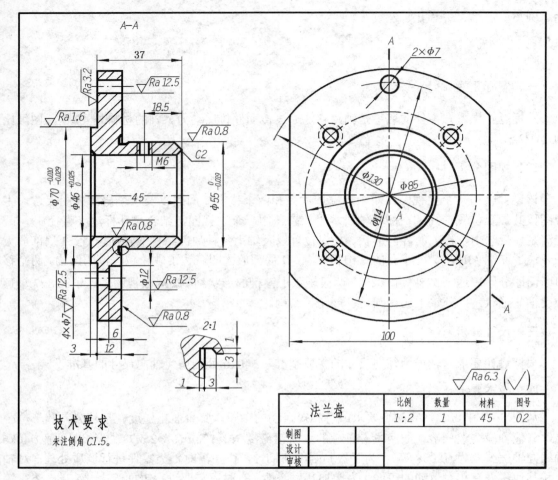

图 8-44　法兰盘零件图

一、看标题栏

由标题栏中可知零件的名称是法兰盘，材料是 45 钢，图纸比例是 1:2。

二、视图分析

法兰盘零件采用两个基本视图表达。主视图按加工位置选择，轴线水平放置，并采用两相交平面剖切的全剖视，以表达法兰盘上孔及阶梯孔的内部结构。左视图则表达法兰盘的基本外形和五个孔的分布以及两侧平面的形状。通过视图可知该零件为有同一轴线的回转体，其整体轴向尺寸大于径向尺寸。

三、尺寸分析

该零件的公共回转轴线为径向尺寸的主要基准，由此标出 2×ϕ7 以及四个阶梯孔的定位尺寸。轴向尺寸基准为 ϕ130 的左侧面，ϕ55 的右侧面为辅助基准。

四、看技术要求

盘盖类零件有配合关系的内、外表面及起轴向定位作用的端面，其粗糙度值要小（如ϕ130右侧面和ϕ46内孔以及ϕ55外圆表面粗糙度为Ra0.8μm）。

有配合关系的孔、轴的尺寸应给出恰当的尺寸公差（如ϕ55上偏差为0，下偏差为-0.019。与其他零件表面相接触的表面，尤其是与运动零件相接触的表面应有平行度或垂直度要求。

未注倒角C1.5。

案例3　识读叉架类零件图

 **案例出示**

识读如图8-45杠杆的零件图。

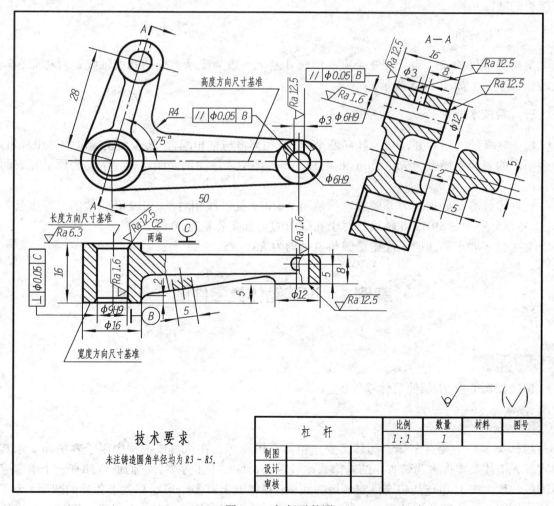

图8-45　杠杆零件图

叉架类零件主要有拨叉、连杆和各种支架等。拨叉主要用在各种机器的操纵机构上，起操纵、调速作用；连杆起传动作用；支架主要起支承和连接作用。毛坯多为不规则的铸造锻压件，工作部分或支承部分的孔、槽、叉、端面等常需要精加工。

图形解析

一、看标题栏

杠杆零件用两个基本视图、一个斜剖视图、一个移出断面图共四个图形表达。主视图按照安装平放的位置进行投影，以突出杠杆的形体结构特征。主视图上有一处还做了局部剖视，以表达$\phi 3$ 小孔的结构。俯视图采用两处局部剖，以表达$\phi 9H9$ 和$\phi 6H9$ 两孔的内部结构。$A-A$ 斜剖视图则表达了$\phi 9H9$ 和上部$\phi 6H9$ 的内部结构以及连接板和加强筋连接，移出断面表达了连接板的断面结构。

二、尺寸分析

叉架类零件的长、宽、高三个方向的尺寸基准一般为支承部分的孔的轴线、对称面和较大的加工平面，如图 8-45 所示。

三、看技术要求

根据杠杆的功用可知，$\phi 9H9$ 孔和两个$\phi 6H9$ 孔都将与轴相配合，其表面粗糙度为 $Ra1.6\mu m$。接合平面的表面粗糙度为 $Ra6.3\mu m$ 和 $Ra12.5\mu m$，图中未注明的表面结构要求均为原毛坯表面状态。

杠杆零件有三处形位公差要求，一是两个$\phi 6H9$ 孔轴线相对于$\phi 9H9$ 孔轴线的平行度公差为$\phi 0.05$，另外就是$\phi 9H9$ 孔轴线相对于孔端面的垂直度公差为$\phi 0.05$。

文字技术要求里注明未注铸造圆角半径均为 $R3\sim R5$。

案例 4　识读箱体类零件图

案例出示

识读如图 8-46 所示的泵体零件图。

箱体类零件主要有泵体、阀体、变速箱体、机座等。在机器或部件中用于容纳和支承其他零件。箱体类零件多为铸件，结构形状比较复杂，且加工工序多。它们通常都有一个由薄壁所围成的较大空腔和与其相连供安装用的底板；在箱壁上有多个形状和大小各异的圆筒，为了起加固作用，往往有肋板结构。此外，箱体类零件还有许多细小结构，如凸台、凹坑、起模斜度、铸造圆角、螺孔、销孔和倒角等。

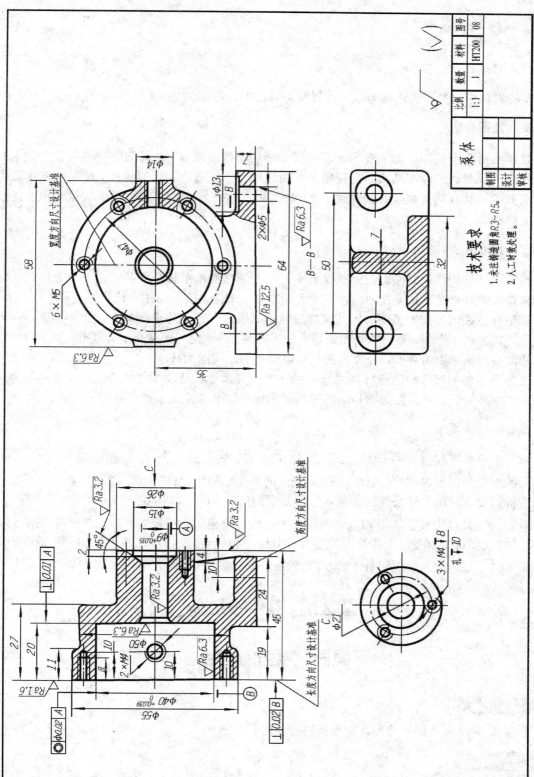

图 8-46 泵体零件图

一、看标题栏

从标题栏中可知零件名称为泵体，材料为 HT200，图比例是 1:1。

二、视图分析

泵体共用四个视图，即主视图和左视图，C 局部视图及 $B-B$ 局部剖视图来表达，主视图采用全剖，表达了内部结构。左视图上有两处局部剖，表达了孔的结构。C 局部视图表达了连接面的形状及连接螺纹孔的布局。$B-B$ 局部剖视图则表达了底板的形状结构和连接板的断面结构。

三、尺寸分析

由于箱体结构比较复杂，尺寸数量繁多，因此通常运用形体分析的方法逐个分析尺寸。一般将箱体的对称面、重要孔的轴线、较大的加工平面或安装基面作为尺寸的主要基准。

该泵体以底面为安装基面，因此泵体底面为高度方向尺寸的设计基准。此外，泵体在机械加工时首先加工底面，然后以底面为基准加工各轴孔，因此底面又是工艺基准。宽度方向以泵体的前后对称平面为基准，长度方向尺寸以泵体的左端面为基准。

箱体类零件的尺寸标注应特别注意各轴孔的位置尺寸以及轴孔之间的位置尺寸，因为这些尺寸的正确与否，将直接影响传动轴的位置和传动的准确性，如本例中的尺寸 35。

四、看技术要求

重要的箱体孔和重要的表面，其粗糙度的值要低。如孔 $\phi9^{+0.015}_{0}$ 的表面粗糙度 Ra 为 3.2μm，左端面的表面粗糙度 Ra 的值为 1.6μm，右端面的表面粗糙度 Ra 的值为 3.2μm。箱体上重要的轴孔应根据要求注出尺寸公差，如泵体零件图中的尺寸 $\phi9^{+0.015}_{0}$、$\phi40^{+0.039}_{0}$。

对箱体上某些重要的表面和重要的轴孔中心线应给出形位公差要求。如本例中泵体上孔 $\phi40^{+0.039}_{0}$ 轴线相对于 $\phi9^{+0.015}_{0}$ 轴线的同轴度为 $\phi0.02$；$\phi40^{+0.039}_{0}$ 孔的右端面相对于 $\phi9^{+0.015}_{0}$ 轴线的垂直度为 0.01；泵体的左端面相对于 $\phi40^{+0.039}_{0}$ 轴线的垂直度为 0.02。

课题五　零件的测绘

案例　泵盖的测绘

根据图 8-47 泵盖的轴测图，对泵盖进行测绘。

测绘之前，首先要了解零件的结构及主要功用，然后测量并标注零件的尺寸，最后绘制其零件图。

相关知识

一、零件尺寸的测量方法

测量尺寸是零件测绘过程中必要的步骤，零件上全部尺寸的测量应集中进行，这样可以提高工作效率，避免遗漏。

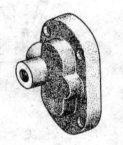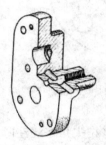

图 8-47　泵盖的轴测图

测量尺寸时，要根据零件尺寸的精确程度选用相应的量具。常用的量具有钢尺、内外卡钳、游标卡尺等。测量工具及其使用如图 8-48、图 8-49、图 8-50、图 8-51 所示。

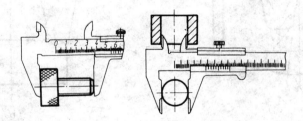

图 8-48　用游标卡尺测量零件

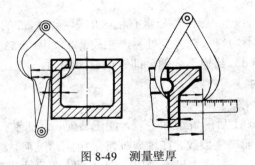

图 8-49　测量壁厚

二、零件上常见的工艺结构

1. 铸造工艺结构

（1）起模斜度。

在铸造生产中，为了从砂型中顺利取出木模而不破坏砂型，常沿模型的起模方向做成 3°～

6°的斜度，这个斜度称为起模斜度。起模斜度在图样上可以不必画出，不加标注，由木模直接做出，如图 8-52（a）所示。

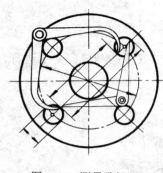

图 8-50   测量孔间距

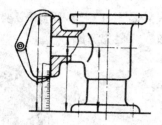

图 8-51   测量中心高

（2）铸造圆角。

为了便于脱模和避免砂型尖角在浇注时落砂，避免铸件尖角处产生裂纹和缩孔，在铸件表面转角处做成圆角，称为铸造圆角。一般铸造圆角半径为 $R3 \sim R5$，如图 8-52（b）所示。

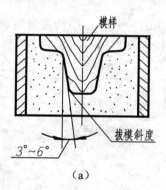

（a）

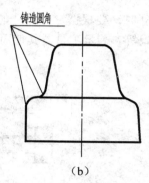

（b）

图 8-52   起模斜度和铸造圆角

（3）铸件壁厚。

铸件壁厚设计的是否合理，对铸件质量有很大的影响。铸件的壁越厚，冷却越慢，就越容易产生缩孔；壁厚变化不均匀，在突变处易产生裂隙，如图 8-53 所示，图 8-53（a）、（c）结构合理，图 8-53（b）、（d）结构不合理，即铸壁厚要均匀，避免突然变厚和局部肥大。

2. 机械加工工艺结构

（1）倒角和倒圆。

为了去除零件在机械加工后的锐边和毛刺，便于装配，常在轴孔的端部加工成 45°或 30°、60°倒角；为避免应力集中而产生裂纹，在轴肩处常采用圆角过渡，称为倒圆，如图 8-54 所示。当倒角、倒圆尺寸很小时，在图样上可不画出，但必须注明尺寸或在技术要求中加以说明。

（2）退刀槽和越程槽。

零件在车削或磨削时，为保证加工质量，便于车刀的进入或退出，以及砂轮的越程需要，常在轴肩处、孔的台肩处预先车削出退刀槽或砂轮越程槽，如图 8-55 所示。具体尺寸与结构可查阅有关标准和设计手册。

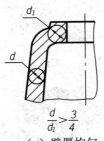

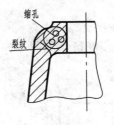

(a) 壁厚均匀 (b) 壁厚不均匀

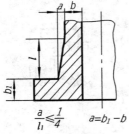

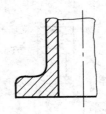

(c) 壁厚过渡变化 (d) 壁厚突变

图 8-53 铸件壁厚

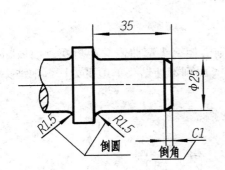

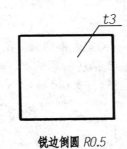

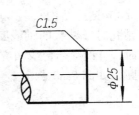

图 8-54 倒角和倒圆

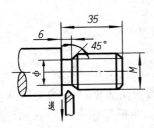

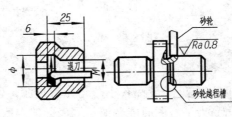

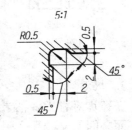

图 8-55 退刀槽和越程槽

图 8-56 给出了退刀槽和越程槽的三种常见的尺寸标注方法。

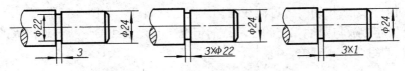

图 8-56 退刀槽和越程槽的尺寸注法

（3）凸台和凹坑。

两零件的接触面一般都要进行机械加工，为减少加工面积，并保证良好接触，常在零件的接触部位设置凸台或凹坑，如图 8-57 所示。

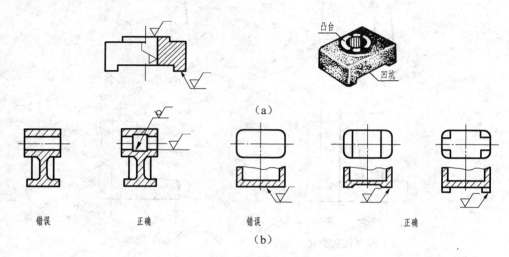

图 8-57　凸台和凹坑

（4）钻孔结构。

钻孔时，钻头的轴线应与被加工表面垂直，否则会使钻头弯曲，甚至折断。当被加工面倾斜时，可设置凸台或凹坑；钻头钻透时的结构，要考虑到不使钻头单边受力，否则钻头也容易折断，如图 8-58 所示。

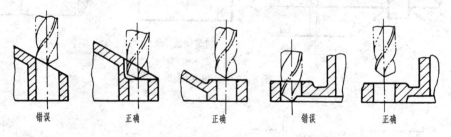

图 8-58　钻孔结构

3. 过渡线

在铸造零件上，两表面相交处一般都有小圆角光滑过渡，因而两表面之间的交线就不像加工面之间的交线那么明显。为了看图时能分清不同表面的界限，在投影图中仍应画出这种交线，即过渡线。

过渡线的画法和相贯线的画法相同，但为了区别于相贯线，过渡线用细实线绘制，在过渡线的两端与圆角的轮廓线之间应留有间隙，如图 8-59 所示。

当两曲面的轮廓线相切时，过渡线在切点附近应断开，如图 8-59 所示。

图 8-60 是连接板与圆柱相交的过渡线的情况，其过渡线的形状与连接板的截断面形状、连接板与圆柱的组合形式有关。

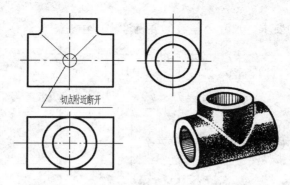

图 8-59 两表面相切时过渡线画法

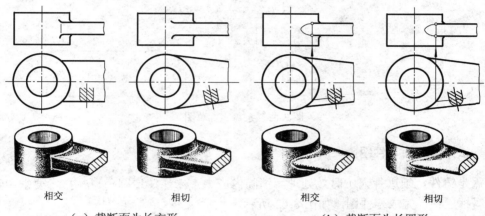

（a）截断面为长方形 （b）截断面为长圆形

图 8-60 连接板与圆柱相交时过渡线的画法

案例绘制

一、了解和分析被测绘零件

首先应了解被测绘零件的名称、材料、它在机器（或部件）中的位置、作用及与相邻零件的关系，然后对零件的内、外结构形状进行分析。

二、确定零件的表达方案并画草图

选择主视图：泵盖主视图按工作位置安放，考虑形状特征，其投影方向选为与轴线垂直方向，这样可使主视图反映的外形和各部分相对位置比较清楚，表达外部形状特征和各孔布局；左视图采用全剖，表达内部结构，$B-B$ 剖切表达各孔的连接情况，用 C 向局部视图表达凸缘形状。根据零件的总体尺寸和大致比例确定图幅，画边框线和标题栏，布置图形定出各视图的位置，画主要轴线、中心线，以目测比例徒手画出图形，如图 8-61 所示。

三、测量并标注尺寸

使用合适的工具测量各部分尺寸，以轴孔为径向尺寸基准，以泵盖注有表面结构要求 $Ra3.2\mu m$ 的左端面作为长度（轴向）基准。测量尺寸并标注在草图上，同时根据零件的作用，

提出各表面的表面结构要求、尺寸公差等，并标注在图中。

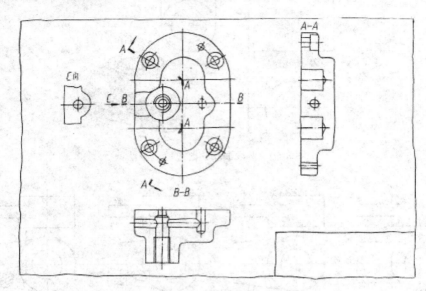

图 8-61 泵盖零件草图

四、根据草图画零件图

泵盖是铸件，须进行人工时效处理，消除内应力。未注铸造圆角也在技术要求中说明。最后填写标题栏，完成零件图，如图 8-62 所示。

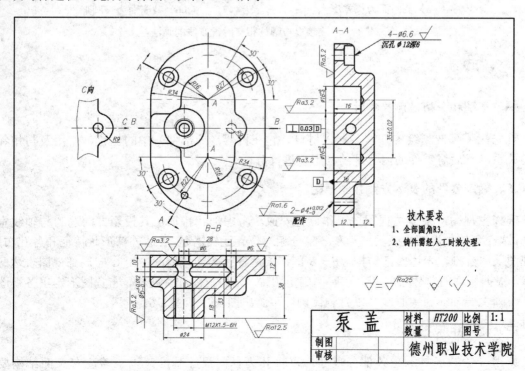

图 8-62 泵盖零件图

项目九　装配图

装配图是表达机器或部件的图样，通常用来表达机器或部件的工作原理以及零、部件间的装配、连接关系，是机械设计和生产中的重要技术文件之一。在产品设计中，先根据产品的工作原理图画出装配草图，由装配草图整理成装配图，然后根据装配图进行零件设计并画出零件图；在产品制造中，装配图是制定装配工艺规程、进行装配和检验的技术依据；在机器使用和维修时，也需要通过装配图来了解机器的工作原理和构造。

一幅完整的装配图应包括一组视图、尺寸标注、零件序号、标题栏和技术要求等。

1．装配图的内容。
2．装配图的视图表达方法。
3．装配图的尺寸标注和技术要求。
4．绘制装配图。

课题一　识读装配图

读装配图是工程技术人员必备的能力，通过装配图来了解机器或部件的性能、作用和工作原理；了解零件间的装配关系、拆装顺序及各零件的主要结构形式和作用以及机器的主要尺寸和技术要求。

案例1　识读钻夹具装配图

如图 9-1 为钻夹具的装配图，掌握装配图的识读方法。

如图 9-1 为钻夹具的装配图，掌握装配图的识读方法。

钻夹具是在钻床上用来加工零件上孔的夹具，共由 12 种零件组成。

一、装配图的内容

由图 9-1 可以看出该装配图包括了以下四个方面的内容：

1. 一组视图

用一组视图完整、清晰、准确地表达出机器的工作原理、各零件的相对位置及装配关系、连接方式和重要零件的形状结构。

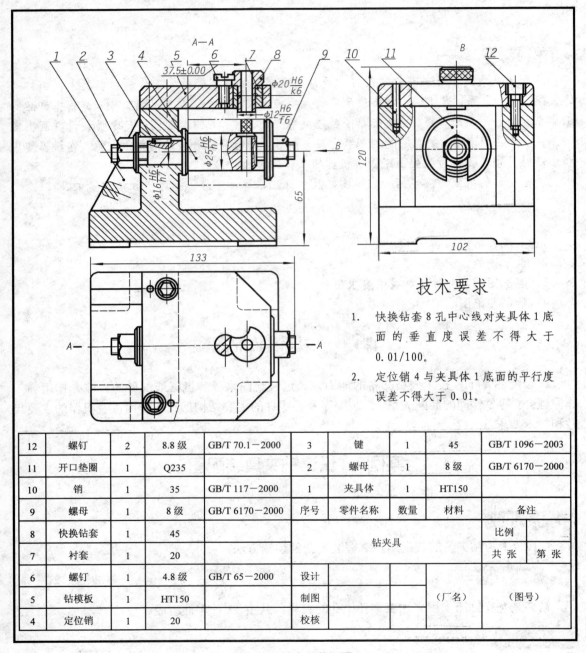

图 9-1　钻夹具装配图

技术要求

1. 快换钻套 8 孔中心线对夹具体 1 底面的垂直度误差不得大于 0.01/100。
2. 定位销 4 与夹具体 1 底面的平行度误差不得大于 0.01。

12	螺钉	2	8.8 级	GB/T 70.1－2000	3	键	1	45	GB/T 1096－2003
11	开口垫圈	1	Q235		2	螺母	1	8 级	GB/T 6170－2000
10	销	1	35	GB/T 117－2000	1	夹具体	1	HT150	
9	螺母	1	8 级	GB/T 6170－2000	序号	零件名称	数量	材料	备注
8	快换钻套	1	45					比例	
7	衬套	1	20			钻夹具		共　张	第　张
6	螺钉	1	4.8 级	GB/T 65－2000	设计				
5	钻模板	1	HT150		制图		（厂名）	（图号）	
4	定位销	1	20		校核				

2. 必要的尺寸

装配图上需注有表示机器或部件的规格、装配、检验和安装所需的尺寸。

3. 技术要求

用文字说明或标记代号指明机器（或部件）在装配、检验、调试、运输和安装等方面所需达到的技术要求。

4. 零件的序号、明细栏和标题栏

装配图中的零件编号、明细栏用于说明每个零件的名称、代号、数量和材料等。标题栏包括零部件名称、比例、制图及校核人员的签名等。

二、装配图的规定画法

图样画法的规定在装配图中同样可以采用，但由于装配图和零件图表达的侧重点不同，因此，装配图又有了一些规定画法。

1. 零件间接触面、配合面的画法

两相邻零件的接触面或配合面只用一条轮廓线表示，如图 9-2 中的①。而对于未接触的两表面、非配合面（基本尺寸不同），用两条轮廓线表示，如图 9-2 中③。若间隙很小或狭小剖面区域，可以夸大表示，如图 9-2 中的⑦。

2. 剖面线的画法

相邻的两个金属零件，剖面线的倾斜方向应相反，或者方向一致而间隔不等以示区别，如图 9-3 中④处所示。同一零件在不同视图中的剖面线方向和间隔必须一致。剖面区域厚度小于 2mm 的图形可以以涂黑来代替剖面符号，如图 9-2 中的⑦。

3. 实心零件的画法

在装配图中，对于紧固件以及轴、连杆、球、键、销等实心零件，若按纵向剖切，且剖切平面通过其对称平面或轴线时，则这些零件均按不剖绘制，如图 9-2 中的⑤处所示。如果需要特别表明这些零件上的局部结构，如凹槽、键槽、销孔等，可用局部剖视表示，如图 9-2 中的②。

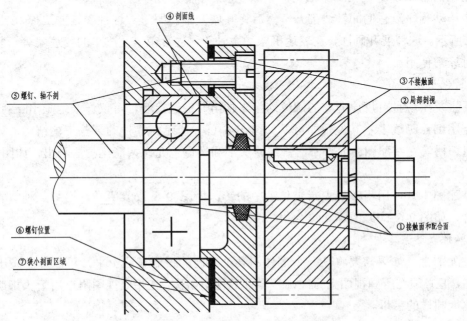

图 9-2 装配图画法的基本规定

三、装配图的特殊表达方法

1. 拆卸画法

在装配图中，可假想沿某些零件的结合面剖切，即将剖切平面与观察者之间的零件拆掉后再进行投射，此时在零件结合面上不画剖面线。但被切部分（如螺杆、螺钉等）必须画出剖面线。如图 9-3 中的俯视图，为了表示轴衬与轴承座的装配情况，图的右半部就是沿图轴承盖与轴承座的结合面剖开画出的。

当装配体上某些零件，其位置和基本连接关系等在某个视图上已经表达清楚时，为了避免遮盖某些零件的投影，在其他视图上可假想将这些零件拆去不画。如图 9-2 的左视图就是拆去油杯之后的投影。当需要说明时，可在所得视图上方注出"拆去×××"字样。

2. 假想画法

部件中某些零件的运动范围和极限位置，可用细双点画线画出其轮廓。如图 9-4 所示，用细双点画线画出了车床尾座上手柄的另一个极限位置。

对于与本部件有关但不属于本部件的相邻零、部件，可用细双点画线表示其与本部件的连接关系，如图 9-5 的床头箱。

3. 夸大画法

凡装配图中直径、斜度、锥度或厚度小于 2mm 的结构，如垫片、细小弹簧、金属丝等，可以不按实际尺寸画，允许在原来的尺寸上稍加夸大画出。实际尺寸大小应在该零件的零件图上给出。

4. 展开画法

当轮系的各轴线不在同一平面内时，为了表示传动关系及各轴的装配关系，可假想用剖切平面按传动顺序沿它们的轴线剖开，然后将其展开画出图形，这种表达方法称为展开画法，如图 9-5 所示。这种展开画法，在表达机床的主轴箱、进给箱以及汽车的变速器等较复杂的变速装置时经常使用。

5. 简化画法

对于重复出现且有规律分布的螺纹连接零件组、键连接等，可仅详细地画出一组或几组，其余只需用细点画线表示其位置即可，如图 9-6（a）所示。零件的某些工艺结构，如圆角、倒角、退刀槽等在装配图中允许不画。螺栓头部和螺母也允许按简化画法画出，如图 9-6（b）所示。

在装配图中，可用粗实线表示带传动中的带，如图 9-6（c）所示，用细点画线表示链传动中的链，如图 9-6（d）所示。

6. 单独表达某零件

在装配图上，如果需要将某一个零件的某个方向的投影表达出来，可以单独画出某一零件的视图，但必须在所画视图上方注出该零件的视图名称，在相应视图附近用箭头指明投射方向，并注上同样的字母。

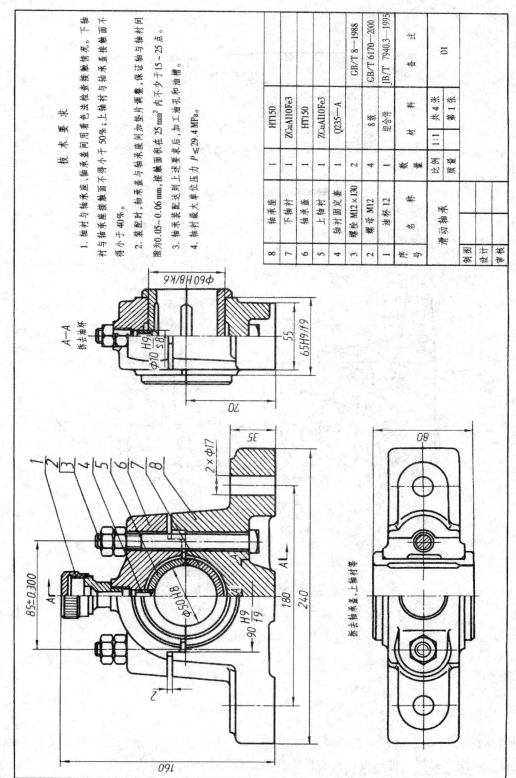

图 9-3 滑动轴承装配图

技 术 要 求

1. 轴衬与轴承座、轴承盖用带色法检查接触情况。下轴衬与轴承座接触面不得小于50%；上轴衬与轴承座接触面不得小于40%。

2. 装配时，轴承盖与轴承座间加垫片调整，保证轴衬与轴承间隙为0.05～0.06 mm，接触面在 25 mm² 内不少于15～25点。

3. 轴承装配达到上述要求后，加工油孔和油槽。

4. 轴衬最大单位压力 P≤29.4 MPa。

8	轴承座	1	HT150		GB/T 8—1988
7	下轴衬	1	ZCuAl10Fe3		
6	轴承盖	1	HT150		
5	上轴衬	1	ZCuAl10Fe3		
4	轴衬固定套	2	Q235—A		
3	螺栓 M12×130	2			GB/T 6170—2000
2	螺母 M12	4	8级		
1	油杯 12	1	组合件		JB/T 7940.3—1995
序号	名 称	数量	材 料		备 注
	滑动轴承	比例 1:1			01
		质量			共 4 张 第 1 张

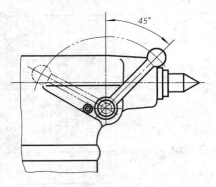

图 9-4 运动零件的极限位置

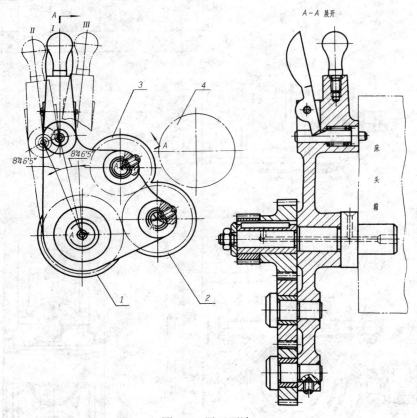

图 9-5 展开画法

一、概括了解

如图 9-1 所示，从标题栏名称中可知该装配图是一张钻夹具的装配图。钻夹具是安装在钻床工作台上，用于夹持工件进行钻孔的机床夹具，对照图上的序号和明细栏，钻夹具共由 12 种零件装配而成，其中标准件 6 种，从中可看出各零件的大致位置。由外型尺寸 120mm、102mm、133mm 可知该夹具体积不大。

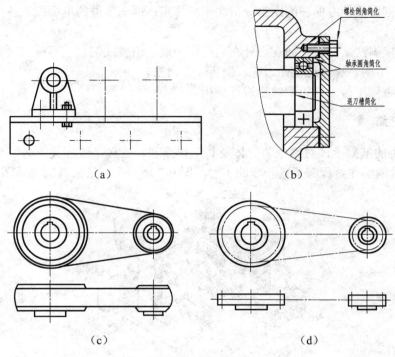

图 9-6　简化画法

二、了解工作原理和装配关系

工作原理：从主视图中看，细双点画线表示被加工零件，套在定位销 4 上，被加工零件用左端面和内孔定位，由开口垫圈 11 和螺母 9 夹紧工件，进行钻孔，钻孔结束后，先松开螺母 9，再拆下开口垫圈 11，就可以把工件拆下，再安装下一个工件。钻套和衬套起保护和引导作用。

装配关系：定位销 4 与夹具体 1 用键 3 连接，采用 $\phi16\dfrac{H6}{h6}$ 间隙配合，与工件之间是 $\phi25\dfrac{H6}{h7}$ 间隙配合，快换钻套与衬套之间是 $\phi12\dfrac{H6}{f6}$ 间隙配合，衬套与钻模板之间是 $\phi20\dfrac{H6}{k6}$ 过渡配合。

三、分析视图

钻夹具装配图共有三个视图。主视图采用通过定位销 4 轴线的正平面剖开，表达定位销轴系上各零件的连接装配关系以及快换钻套 8 和衬套 7 之间、衬套与钻模板之间的装配关系；左视图表示钻夹具外形，用两个局部剖表示销连接和螺钉连接的情况；俯视图表示各零件的位置关系。用这三个视图就可以把钻夹具的工作原理及各零件的连接装配关系表达清楚。

四、分析零件的主要结构形状和用途

为了深入了解部件，应进一步分析零件的主要结构形状和用途。

（1）利用剖面线的方向和间距来分析。国标规定：同一零件的剖面线在各个视图上的方向和间距应一致。

（2）用规定画法来分析。如实心件在装配图中规定沿轴线剖开，不画剖面线，据此能很快地将实心轴、手柄、螺纹连接件、键、销等区分出来。

（3）利用零件序号，对照明细栏进行分析。

五、归纳总结

在以上分析的基础上，对整个装配体及其工作原理、连接、装配关系有了全面的认识，从而对其使用时的操作过程有了进一步的了解，图 9-7 所示为该钻夹具的立体图。

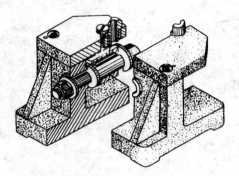

图 9-7　钻夹具立体图

案例 2　根据装配图拆画 1 号件的零件图

案例出示

在全面读懂图 9-1 的基础上，按照零件图的内容和要求拆画 1 号件零件图。

案例分析

由装配图拆画零件图，简称拆图，它是在看懂装配图的基础上进行的。拆图工作分为两种类型：一种是部件测绘过程中拆图，另一种是新产品设计过程中拆图。进行部件测绘中的拆图时，可根据画好后的装配图和零件草图进行；新产品设计中的拆图只能根据装配图进行。

相关知识

常见装配工艺结构

为使零件合理装配，并给零件的加工和拆卸带来方便，应设计合理的装配工艺结构。

1. 接触面及配合面

两零件以平面接触时，在同一个方向上只能有一个接触面，如图 9-8（a）、（b）所示。

两零件以圆柱面接触时，接触面转折处必须加工有倒角、倒圆或退刀槽，以保证良好的接触，如图 9-8（c）、（d）所示。

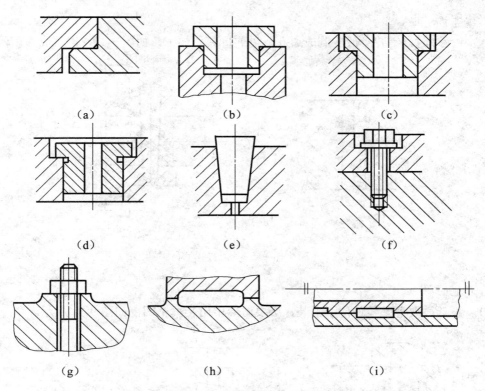

(a)　　　　　　(b)　　　　　　(c)

(d)　　　　　　(e)　　　　　　(f)

(g)　　　　　　(h)　　　　　　(i)

图 9-8　接触面配合面工艺结构

两锥面配合时，两配合件的端面必须留有间隙，如图 9-8（e）所示。

为使螺栓或螺钉连接可靠，应有沉孔或凸台，如图 9-8（f）、（g）所示。

较长的接触平面或圆柱面应制出凹槽，以减少加工面积，如图 9-8（h）、（i）所示。

2. 螺纹连接

为保证螺纹拧紧，螺杆上螺纹终止处应制出退刀槽，如图 9-9（a）所示，或在螺孔上制出凹坑或倒角，图 9-9（b）、（c）所示。

螺纹的大径应小于定位柱面的直径，如图 9-9（d）所示。

螺钉头与沉孔之间的间隙应大于螺杆与螺孔之间的间隙，如图 9-9（e）所示。

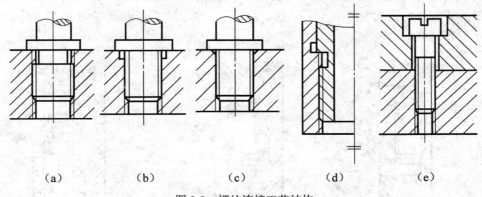

(a)　　　　(b)　　　　(c)　　　　(d)　　　　(e)

图 9-9　螺纹连接工艺结构

3. 销连接

在条件允许时，销孔一般应制成通孔，以便拆装和加工，如图9-10（a）、（b）所示。

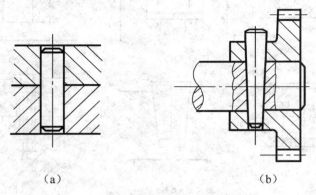

（a）　　　　　　　　　　　　　　　（b）

图9-10　销连接工艺结构

4. 其他

（1）设计时要考虑零件便于拆装，必要时要留出装拆空间，如图9-11所示。

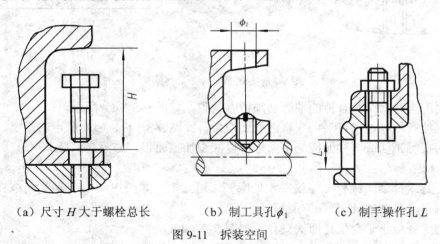

（a）尺寸H大于螺栓总长　　　（b）制工具孔ϕ_1　　　（c）制手操作孔L

图9-11　拆装空间

（2）为了防止滚动轴承在运动中产生窜动，应将其内、外圈沿轴向顶紧，如图9-12所示。但要便于拆装，若设计成图9-13（a）、（c）那样，将无法拆卸，若改成图9-13（b）、（d）的形式，就很容易将轴承顶出。

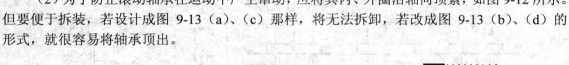
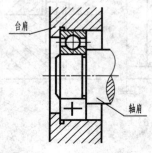
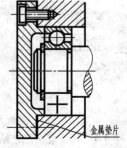
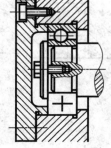

图9-12　滚动轴承紧固

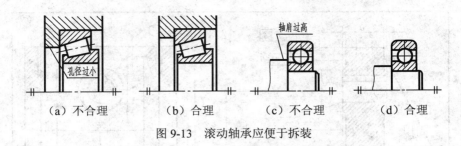

图 9-13 滚动轴承应便于拆装

（3）在零件上加衬套，应便于拆卸，设计成图 9-14（a）的形式，在更换套筒时很难拆卸。若改成图 9-14（b）那样在箱壁上钻几个螺纹孔，拆卸时就可用螺钉将套筒顶出。

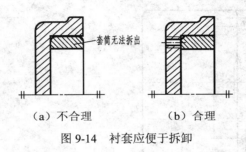

图 9-14 衬套应便于拆卸

案例绘制

1. 确定零件的形状

装配图主要表达的是机器或部件的工作原理、零件间的装配关系，并不要求将每一个零件的结构形状都表达清楚，这就要求在拆画零件图时，首先要读懂装配图，根据零件在装配图中的作用及与相邻零件之间的关系，将要拆的零件从装配图中分离出来，再根据该零件在装配图中的投影及与相邻零件之间的关系想像出零件的形状。如图 9-15 所示为夹具体立体图。

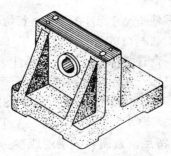

图 9-15 夹具体立体图

2. 确定表达方案

拆画零件图时，零件的主视图方向不能从装配图中照抄照搬，应根据零件本身的结构特点，按着画零件图的要求来选择。夹具体的主视图方向符合工作位置。其他视图的选择原则也要符合规则。在各视图中，应将装配图中省略了的零件工艺结构补全，如倒角、倒圆、退刀槽、越程槽、轴的中心孔等（如图 9-16 所示）。

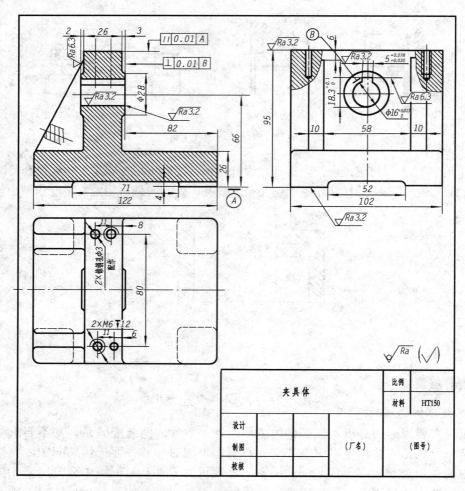

图 9-16   钻夹具夹具体零件图

3. 尺寸标注

首先确定尺寸基准，再根据零件图尺寸标注的要求进行标注。拆画零件图尺寸的获得方法：

（1）装配图中所注的尺寸，如$\phi16H6$ 等。

（2）标准结构和工艺结构应查有关标准校对后再标注。

（3）在装配图中未注出的尺寸，在图样比例准确时，可直接量取。

如果量得的尺寸不是整数，可按《标准尺寸》（GB/T 2822－1981）加以圆整后标注。

4. 确定表面粗糙度和其他技术要求

根据零件的使用要求和本身特点，查阅有关手册或参阅同类、相近零件图来确定所拆图上的表面结构要求、几何公差等技术要求。最后填写标题栏，完成所拆画的零件图，如图 9-16 所示。

课题二   画装配图

装配图的作用是表达机器或部件的工作原理、装配关系以及主要零件的结构、形状。因此在画装配图以前，要对所绘制的机器或部件的工作原理、装配关系以及主要零件的形状、零件与零件之间的相对位置、定位方式等做仔细分析。

案例　绘制滑动轴承的装配图

根据如图 9-17 滑动轴承装配示意图、立体图，绘制滑动轴承装配图。

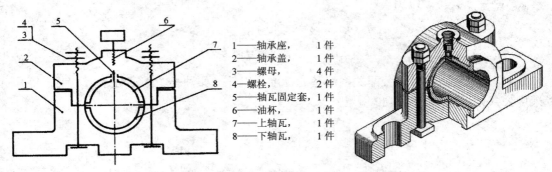

1——轴承座，	1件
2——轴承盖，	1件
3——螺母，	4件
4——螺栓，	2件
5——轴瓦固定套，	1件
6——油杯，	1件
7——上轴瓦，	1件
8——下轴瓦，	1件

图 9-17　滑动轴承装配示意图和立体图

滑动轴承是支撑旋转轴的部件。工作时，通过油杯向轴承盖和上轴瓦油孔注入润滑油，并顺着轴瓦内壁的油槽进入轴颈和轴瓦之间，随轴的高速旋转而形成油膜，不断起着润滑转轴的作用。

装配图中的零部件序号、明细栏、标题栏及技术要求。

一、零部件序号

为了便于看图、管理图样和组织生产，装配图上需对每种不同的零、部件进行编号，这种编号称为零件序号。对于较复杂、较大的部件来说，所编序号应包括所属较小部件及直属较大部件的零件的序号。

（1）装配图中零、部件序号的通用编写方法有以下两种：

①在指引线末的基准线（细实线）上或圆（细实线）内注写序号，序号字高比装配图中所注尺寸数字高度大一号或两号，如图 9-18（a）、（b）所示。

②在指引线附近注写序号，序号字高比该装配图中所注尺寸数字高度大两号，如图 9-18（c）所示。

（2）同一装配图中编注序号的形式应一致。相同的零、部件用一个序号，一般只标注一次。对多处出现的相同的零、部件，必要时也可重复标注。

（3）指引线应自所指零件投影的可见轮廓内引出，并在末端画一圆点，如图 9-18 所示。若所指零件的投影内不便画圆点（零件太薄或涂黑的剖面区域）时，可在指引线的末端画出箭头，并指向该部分的轮廓，如图 9-19 所示。指引线不能相交。当通过有剖面线的区域时，指引线不应与剖面线平行。

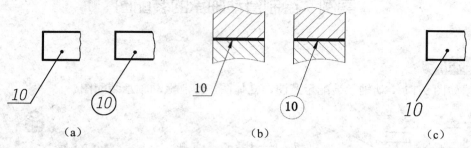

（a）　　　　　　（b）　　　　　　（c）

图 9-18　零、部件序号的表示方法

（4）一组紧固件以及装配关系清楚的标准化组件（如油杯、滚动轴承、电动机等），可以采用公共指引线，如图 9-20 所示。

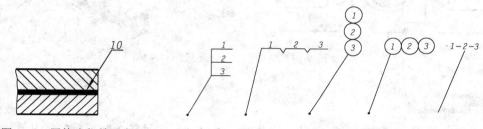

图 9-19　用箭头代替圆点　　　　　图 9-20　组件序号的表示法

（5）装配图中的序号应按水平或竖直方向排列整齐。序号的顺序应按顺时针或逆时针方向顺次排列，当在整个图上无法连续时，可只在每个水平或竖直方向顺次排列，如图 9-1 和 9-3 所示。

二、标题栏和明细栏

标题栏格式按 GB/T 10609.1－1989 确定，明细栏按 GB/T 10609.2－1989 规定绘制，如图 9-21 所示。明细栏中包括序号、零件名称、数量、材料、备注等内容。明细栏通常画在标题栏上方，应自下而上顺序填写，如图 9-1、图 9-3 所示。如位置不够，可紧靠在标题栏的左边自下而上延续。

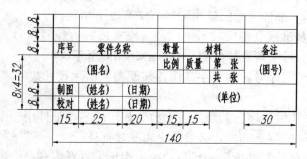

图 9-21　标题栏和明细栏

三、技术要求

用文字说明机器或部件的装配、安装、检验、运转和使用的技术要求。它们包括：表达装配方法，对机器或部件工作性能的要求，检验、试验的方法和条件，包装、运输、操作及维修保养应注意的问题等。

 案例绘制

1. 确定表达方案

如图 9-3 所示，滑动轴承的主视图按工作位置选取，以表达各零件之间的连接装配关系，同时也表达了主要零件的结构形状。由于结构对称，主视图采用半剖，既清楚地表达了轴承座与轴承盖由螺栓连接和止口位置的装配关系，也表达了轴承座与轴承盖的外形结构。俯视图应采用沿轴承盖和轴承座结合面剖切的表示方法，其作用除了表示下轴瓦与轴承座的关系外，主要表示滑动轴承的外形。

2. 选择比例与图幅

根据部件的实际大小和结构复杂程度，选择合适的比例和图幅。确定图幅和布图时，除了考虑各视图的位置外，还要考虑标题栏、明细栏、零件序号、标注尺寸、注写技术要求的位置。

3. 画图步骤

如图 9-22 所示，画装配图时，一般先画出各视图的作图基准线（对称中心线、主要轴线和底座的底面基线），然后从主视图开始，分别画出各视图。

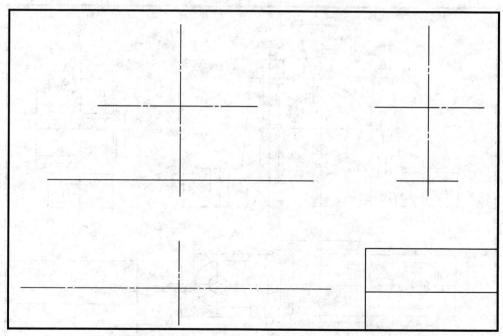

图 9-22　画基准线

（1）画主要零件轮廓线。滑动轴承的主要零件是轴承座、轴承盖和上、下轴瓦。画出轴承座的主要轮廓线，接着画上、下轴瓦的轮廓线，再画轴承盖的轮廓线，如图 9-23 所示。

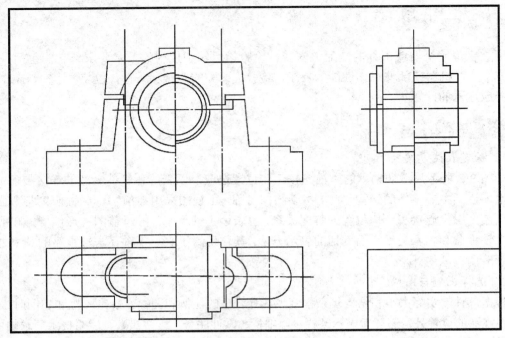

图 9-23　画各零件轮廓线

　　（2）画结构细节，完成底稿。主要零件的轮廓画好后，再继续画零件的细部结构，如螺栓连接、轴瓦的固定套、油杯等，如图 9-24、图 9-25 所示。

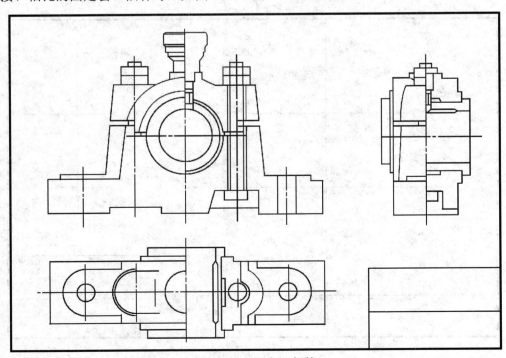

图 9-24　画油杯、螺栓

　　（3）校核整理，加深图线，标注尺寸，注写零件序号和技术要求，填写标题栏和明细栏，完成全图，如图 9-3 所示。

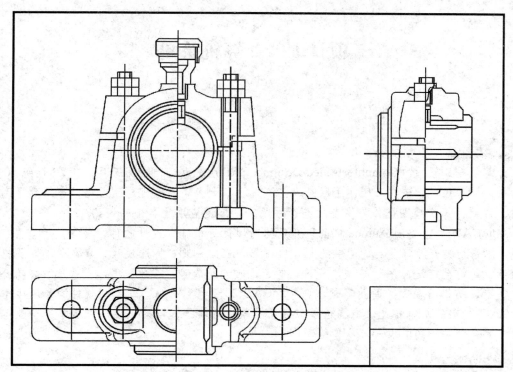

图 9-25 绘制细节

项目十　计算机绘图

计算机辅助设计（Computer Aided Design，CAD）作为一种绘图工具，自 20 世纪 80 年代开始在设计单位、学校、工厂使用以来，在短短的二十多年，特别是近十几年来得到了迅速的发展，目前计算机绘图已作为主要的绘图手段，并广泛应用于各个领域。

AutoCAD 是由美国 Autodesk 公司开发的通用计算机辅助设计软件，具有易于掌握、使用方便、体系结构开放等优点，能够绘制二维图形与三维图形、标注尺寸、渲染图形以及打印输出图纸，目前已广泛应用于机械、建筑、电子、航天、造船、石油化工、土木工程、冶金、地质、气象、纺织、轻工、商业等领域。AutoCAD 2012 是 AutoCAD 系列软件的最新版本，与AutoCAD 先前的版本相比，它在性能方面都有较大的增强，同时保证与低版本完全兼容。本模块主要介绍运用 AutoCAD 2012 绘制图形。

1．运用绘图工具及修改工具绘制平面图形。
2．绘制零件图，学习图块、书写文字、尺寸标注、形位公差标注。
3．绘制装配图，学习插入零件图及标准件、标注零件序号、编写零件明细表。

课题一　用 AutoCAD 绘制平面图

案例1　创建 A3 的样板文件

创建一个 A3 图纸的样板文件。

通常情况下，安装好 AutoCAD 2012 后就可以在其默认状态下绘制图形，但有时为了使用特殊的定点设备、打印机及提高绘图效率，用户需要在绘制图形前先对系统参数进行必要的设置。AutoCAD 为用户提供了使用样板、使用缺省设置和使用向导三种设置方式。样板文件是一种包含特有图形设置的图形文件（扩展名为.dwt），通常在样板文件中的设置包括：单位类型和精度、图形界限、图层组成、标题栏和边框、标注和文字样式、线型和线宽等。

如果使用样板来创建新的图形，则新的图形继承了样板中的所有设置。这样就避免了大量的重复工作，而且也可以保证同一项目中所有图形文件的统一和标准。新的图形文件与所用的样板文件是相对独立的，因此新的图形中的修改不会影响样板文件。下面来学习图形样板的创建方法。

 **案例实施**

一、启动 AutoCAD 2012 绘制软件

双击 Windows 桌面上 AutoCAD 2012 图标或单击任务栏中的"开始"菜单"程序"选项中的 AutoCAD 2012 选项即可启动软件。中文版 AutoCAD 2012 为用户提供了"AutoCAD 经典"、"二维草图与注释"和"三维建模"、"三维基础"、"初始工作空间"五种工作空间模式。每个工作空间都由标题栏、菜单栏、工具栏、绘图区、命令输入窗口、状态栏、文本窗口、工具选项板窗口等八部分组成，如图 10-1（a）所示。对于习惯于 AutoCAD 传统界面的用户来说，可以采用"AutoCAD 经典"工作空间。其界面主要由"菜单浏览器"按钮、快速访问工具栏、菜单栏、工具栏、文本窗口与命令行、状态栏等元素组成，如图 10-1（b）所示。

提示：首次启动 AutoCAD 2012，一般不显示主菜单栏。用户可单击 AutoCAD 2012 经典界面左上侧的"菜单浏览器"，显示如图 10-2 所示的下拉界面，通过该下拉界面可进行相关操作；也可以右击"菜单浏览器"右侧的方框，显示如图 10-3（a）所示的快捷菜单，选择"显示菜单栏"（见图 10-3（b）），AutoCAD 2012 经典界面即可显示主菜单栏。

二、选择 AutoCAD 2012 提供的样板

单击（鼠标左键单击的简称，下同）"文件"菜单中的"新建"命令，在弹出的"选择样板"对话框中选用 acadiso.dwt 样板，单击"打开"按钮即可，如图 10-4 所示。

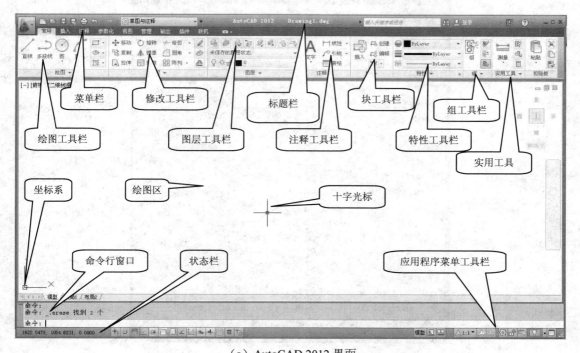

（a）AutoCAD 2012 界面

图 10-1　AutoCAD 2012 界面简介

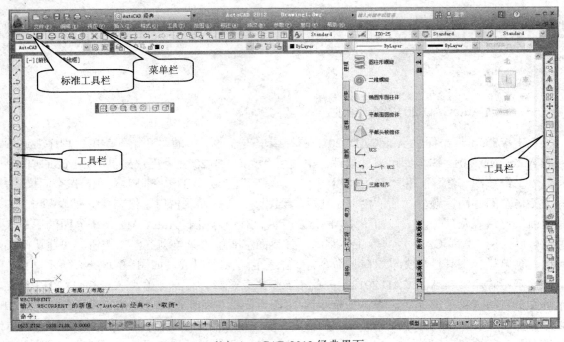

（b）AutoCAD 2012 经典界面

图 10-1　AutoCAD 2012 界面简介（续图）

图 10-2　"菜单浏览器"下拉界面

（a）

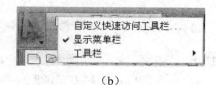

（b）

图 10-3 "显示菜单栏"快捷菜单

图 10-4 选择 acadiso.dwt 样板

三、设置单位类型和精度

在 AutoCAD 中，用户一般采用 1:1 的比例因子绘图，这样所有的直线、圆和其他对象都可以用真实大小来绘制。例如，如果一个零件长 200mm，那么它就可以按 200mm 的真实大小来绘制，在需要打印出图时，再将图形按图纸大小进行缩放。

在中文版 AutoCAD 2012 中，用户可以选择"格式"菜单中的 单位(U)… 命令，在打开的"图形单位"对话框中设置绘图时使用的长度单位、角度单位，以及单位的显示格式和精度等参数，如图 10-5 所示。

四、设置绘图界限

选择"格式"菜单中的"图形界限"命令。执行该命令后，系统给出以下提示。

指定左下角点或【开（ON）/关（OFF）】<0.0000, 0.0000>：（回车确定）

图 10-5 "图形单位"对话框

指定右上角点<297.0000, 210.0000>：420, 297（回车确定）

由于所要绘制的零件图大都使用 A3 幅面的图纸，所以将图形的绘图界限设置为 A3 纸张的大小；如果要绘制其他幅面的图形，修改其中的绘图界限即可。

五、设置图层

图样上有各种图线,如粗实线、细实线、细点画线等,不同的图线要放在不同的位置。在用 AutoCAD 绘图时,需把不同的图线放置在不同的图层上,设置图层的具体步骤如下。

1. 启动"图层特性管理器"对话框

单击对象特性工具栏中的 图层(L)... 按钮,或选择"格式"菜单中的"图层"命令,弹出"图层特性管理器"对话框,如图 10-6 所示。

图 10-6　"图层特性管理器"对话框

2. 新建图层

在图层特性管理器中,单击"新建图层"按钮 在图形中创建一个新图层,系统自动将其命名为"图层 1"。此时图层名称呈现为可编辑状态,选择中文输入法,输入图层名"细点画线",将该图层命名为"细点画线",如图 10-7 所示。

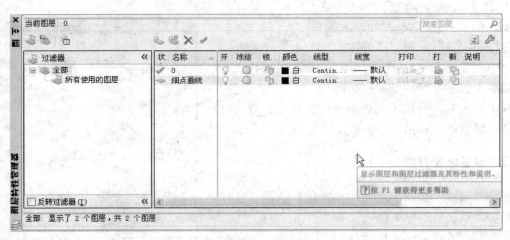

图 10-7　新建图层

3. 设置线型

单击"细点画线"图层上的线型选项 Contin...,弹出如图 10-8(a)所示的"选择线型"对话框,对话框中只有 Continuous 线型,"细点画线"图层需要选择 CENTER 线型,这时需要单击 加载(L)... 按钮,弹出如图 10-8(b)所示的对话框,选中 CENTER 选项,然后单击"确定"按钮,即可完成线型加载,如图 10-8(c)所示。选择 CENTER 线型,单击 确定 按钮,完成线型设置,如图 10-8(d)所示。

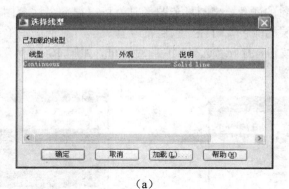

(a)

(b)   (c)

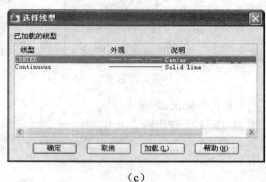

(d)

图 10-8　设置线型

4. 设置线宽

单击"细点画线"图层上的 —— 默认 图标,弹出如图 10-9 所示的"线宽"对话框,在其中选择"0.15 毫米"选项,然后单击"确定"按钮完成操作。

5. 设置颜色

颜色在图形中具有非常重要的作用，可用来表示不同的组件、功能和区域。图层的颜色实际上是图层中图层对象的颜色，绘制复杂图形时就可以很容易区分图形的各部分。新建图层后，要改变细点画线图层的颜色，可在"图层特性管理器"对话框中单击"细点画线"图层的颜色列对应的 ■ 白　按钮，打开"选择颜色"对话框，如图 10-10 所示。选择红色，单击"确定"按钮，完成颜色设置。

图 10-9　设置线宽

图 10-10　设置线型颜色

6. 设置其他图层

重复 2～5 操作步骤，在图层中建立"粗实线"、"细实线"、"标注"、"文字"、"填充"等图层，如图 10-11 所示。各图层具体参数设置见表 10-1。

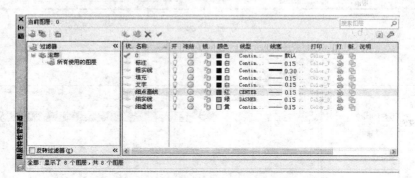

图 10-11　设置其他图层

表 10-1　图层设置参数

图层	线型	线宽/mm	颜色
细点画线	CENTER	0.15	红色
粗实线	Continuous	0.30	白色
细实线	Continuous	0.15	绿色
细虚线	Dashed	0.15	黄色
填充	Continuous	0.15	白色
标注	Continuous	0.15	白色
文字	Continuous	0.15	白色

六、保存图形样板

通过前面的操作，样板图及其环境已经设置完毕，可以将其保存成样板图文件。选择"文件"菜单中的"另存为"命令，弹出"图形另存为"对话框，输入文件名"A3 模板"，在"文件类型"下拉列表框中选择.dwt，如图 10-12 所示，单击"保存"按钮保存样板。

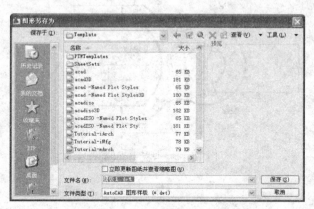

图 10-12　保存样板文件

注意：样板文件不能存为.dwg 格式的文件（AutoCAD 的图形文件扩展名为.dwg），要存为扩展名为.dwt 的文件。

保存完成后，弹出如图 10-13 所示的对话框，可以输入对该样板的简短描述，并确定单位为"公制"，单击"确定"按钮完成图形样板的创建。此时就创建好一个标准的 A3 幅面的样板文件，下面的绘图工作都将在此样板的基础上进行。

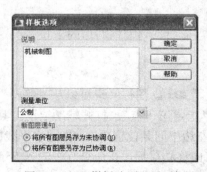

图 10-13　"样板选项"对话框

案例 2　用 AutoCAD 绘制卡板平面图

用 AutoCAD 绘制如图 10-14 所示的卡板平面图。

绘制平面图形时，按照机械制图的要求，首先应该对图形进行线段和尺寸分析，根据定

形尺寸和定位尺寸，判断出已知线段、中间线段和连接线段，然后按照已知线段，再中间线段，后连接线段的绘图顺序完成图形。图 10-14 中，线型类型为：已知线段为卡板右端的凹槽直线和 R20mm 圆弧，左端中心部分的 ϕ15mm 圆及 ϕ30mm 圆弧。

连接线段为卡板外轮廓 R8mm 圆弧夹角 90° 直线。

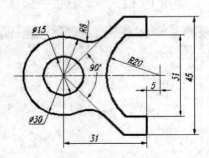

图 10-14　卡板平面图

一、启动 AutoCAD 2012

单击"文件"菜单中的"新建"命令，在弹出的"选择样板"对话框中选用"A3 模板"，单击"打开"即可开始新图形的创建。

二、绘制中心线

1. 设置当前图线

单击"对象特性"中的"当前层"列表框右边的下拉箭头，弹出图层列表，在列表中点取"细点画线"层。

2. 绘制水平中心线

单击"绘图"工具栏中的 ✎ 直线(L) 图标（也可以从"绘图"下拉菜单中单击"直线"命令），命令行中出现操作提示"指定第一点"。打开辅助绘图工具栏的"正交"按钮█，移动鼠标使十字光标移动到绘图区左边中间某位置单击，指定水平线的第一点。命令行的操作指示变为"指定下一点"，沿水平方向移动鼠标，在命令行中输入 56，按回车键确认，绘制出一条长 56mm 的水平中心线，右击，弹出如图 10-15 所示的快捷菜单，单击"确认"退出绘制直线功能（或按回车键直接确认），便绘制出如图 10-16 所示的直线。

图 10-15　快捷菜单　　　　　　　　　　　　　图 10-16　绘制水平中心线

提示："绘图"菜单（见图 10-17）是绘制图形最基本、最常用的方法，其中包含 AutoCAD 2012 的大部分绘图命令。选择该菜单中的命令或子命令，可绘制出相应的二维图形。"绘图"工具栏（见图 10-18）中的每个工具按钮都与"绘图"菜单中的绘图命令相对应，是图形化的绘图命令。

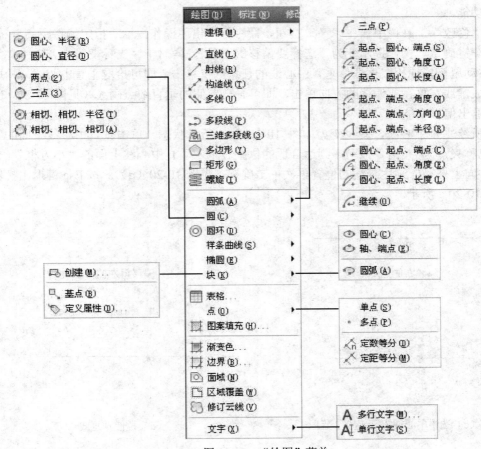

图 10-17　"绘图"菜单

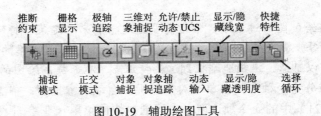

图 10-18　"绘图"工具栏

绘图技巧：使用状态栏中的辅助绘图工具（见图 10-19）"正交"功能，可以方便地绘制水平线和垂直线。单击"正交"图标，即可打开正交功能，再次单击"正交"按钮即关闭该功能。辅助绘图工具栏的其他几个按钮的使用方法和"正交"按钮相同。

图 10-19　辅助绘图工具

3. 绘制垂直中心线

单击"绘图"工具栏中的 ✏ 按钮，命令行出现操作提示："指定第一点"。在水平中心线靠右上端位置单击，便指定了第一点，操作提示变为"指定下一点"，在垂直方向移动鼠标，到一个合适的位置单击，确定垂直线的第二点（见图 10-20（a）），右击，选择"确定"退出绘制直线功能。

单击"修改"工具栏中的 ⚬ **偏移(S)** 按钮，命令行中出现操作提示"指定偏移距离"，输入36，按回车键确认。操作提示变为"选择要偏移的对象"，同时十字光标变为小方框（称为拾取框），移动鼠标，使拾取框框住垂直中心线的任意部位单击，即可拾取垂直中心线，拾取的铅垂线变成虚线。再在要偏移的方向单击，即可画出左侧的垂直细点画线（见图 10-20（b））。按 Esc 键退出偏移功能。

单击所绘垂直中心线，图线变为如图 10-20（c）所示状态。单击垂直中心线下面的"小方框"（也称夹点），并向下拖动，到达合适的位置。单击垂直中心线上面的"小方框"（也称夹点），并向上拖动，到达合适的位置再次单击确定（见图10-20（d））。按 Esc 键退出拉伸状态，如图 10-20 e 所示。

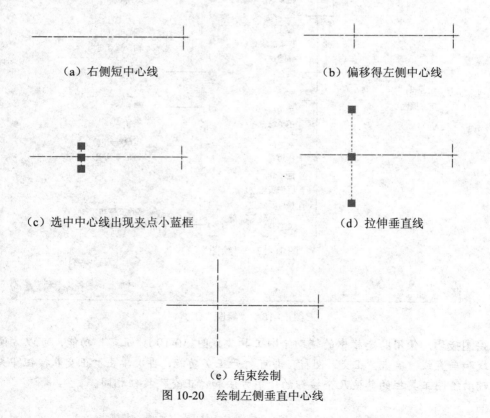

（a）右侧短中心线　　　　　　　　　　（b）偏移得左侧中心线

（c）选中中心线出现夹点小蓝框　　　　　　（d）拉伸垂直线

（e）结束绘制

图 10-20　绘制左侧垂直中心线

绘图技巧：在绘制图形过程中，常常需要通过拾取来确定某些特殊点，如圆心、切点、端点、中点或垂足等。靠人的眼力来准确地拾取这些点，是非常困难的。AutoCAD 提供了"对象捕捉"功能，可以迅速、准确地捕捉到这些特殊点，从而提高绘图的速度和精度。

对象捕捉可以分为两种方式：单一对象捕捉和自动对象捕捉。前者可通过"对象捕捉"工具栏（见图 10-21）中的命令项选取；也可通过快捷菜单（在绘图区任意位置，按下 Shift

键，再右击，打开快捷菜单）选取，如图 10-22 所示。后者可以通过单击"工具"菜单中的"草图设置"选项，在"草图设置"对话框的"对象捕捉"选项卡（见图 10-23）中，或者使用 OSNAP 命令设置对象捕捉模式。

图 10-21 "对象捕捉"工具栏

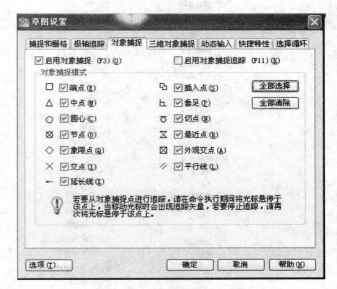

图 10-22 "对象捕捉"快捷菜单　　　　　　图 10-23 "对象捕捉"选项卡

提示： 中文版 AutoCAD 2012 的"修改"菜单（见图 10-24）中包含了大部分编辑命令，通过选择该菜单中的命令或子命令，可以帮助用户合理地构造和组织图形，保证绘图的准确性，简化绘图操作。"修改"工具栏（见图 10-25）的每个工具按钮都与"修改"菜单中相应的绘图命令相对应，单击即可执行相应的修改操作。

三、绘制 ϕ15mm、ϕ30mm 两同心圆及 R20mm 圆

1. 设置当前图线

将"粗实线"设为当前图线，操作方法同前。

2. 绘制两同心圆

单击"绘图"工具栏中的 ⊙ 按钮，命令行出现如图 10-26 所示的操作提示，单击水平线和左侧铅垂中心线的交点来指定圆的圆心。操作提示变为"指定圆的半径"，输入 7.5，按回车键确认，即可画出 ϕ15mm 的圆。用相同的方法可绘制出 ϕ30mm 和 R20mm 的圆，如图 10-27 所示。

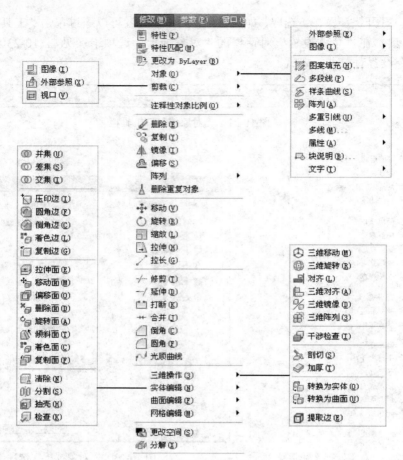

图 10-24　"修改"菜单

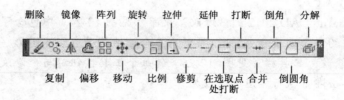

图 10-25　"修改"工具栏

命令:

命令: _circle 指定圆的圆心或 [三点(3P)/两点(2P)/切点、切点、半径(T)]:

图 10-26　画圆操作提示

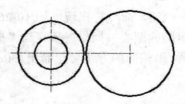

图 10-27　绘制 ϕ15mm、ϕ30 mm 两同心圆及 R20mm 圆

提示：选择"绘图"菜单中的"圆"命令中的子命令，或单击"绘图"工具栏中的"圆"按钮⊙即可绘制圆。在 AutoCAD 2012 中，可以使用六种方法绘制圆，如图 10-28 所示。

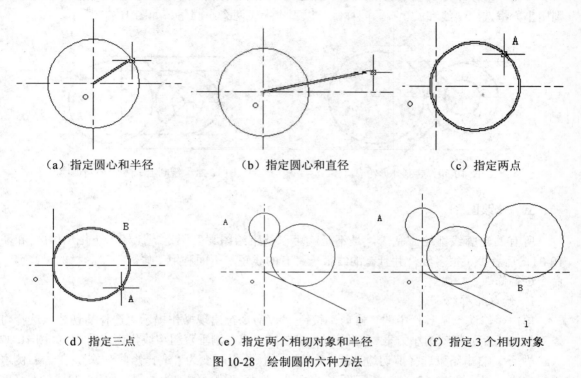

（a）指定圆心和半径 （b）指定圆心和直径 （c）指定两点

（d）指定三点 （e）指定两个相切对象和半径 （f）指定 3 个相切对象

图 10-28 绘制圆的六种方法

四、绘制外形轮廓

1. 绘制右侧轮廓

单击"修改"工具栏中的 ⊆ **偏移⑤** 按钮，命令行中出现操作提示"指定偏移距离"，输入 5，按回车键确认。同理，可以偏移出上下四条线，如图 10-29（a）所示。选中垂直线和水平线，将其转换到轮廓线层，如图 10-29（b）所示。

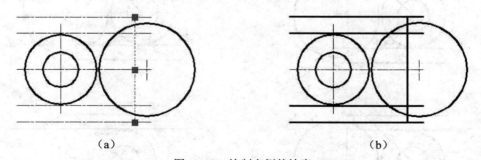

（a） （b）

图 10-29 绘制右侧外轮廓

2. 绘制中间倾斜轮廓线

单击"绘图"工具栏中的"直线"按钮 ✏，捕捉左侧圆心，输入@35<45，确认；同样画下边斜线，单击"绘图"工具栏中的"直线"按钮 ✏，捕捉左侧圆心，输入@35<-45，确认，如图 10-30 所示。

3. 画圆角轮廓线

单击"修改"工具栏中的"圆角"按钮，在命令行输入 R 回车，输入半径 8 回车，分别用小方框选中斜线和 φ30 圆，同样，可以画出上下两个小圆角，如图 10-31 所示。

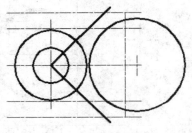

图 10-30　绘制外形轮廓

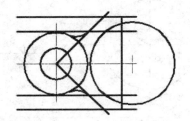

图 10-31　绘制上下两个 R8 小圆角

五、修改图形

所有的轮廓线都绘制完成，是不是就可以结束绘图呢？不是，比较一下图 10-14 和图 10-31，后者多了很多线，并且有的线很长，有的线短。下面利用"修改"工具栏的"修剪"命令进行修改。

1. 修改轮廓线

单击"修改"工具栏中的"修剪"按钮，命令行出现操作提示"选择剪切边…选择对象"，同时十字光标变为小方框。移动小方框，选择凹槽右侧垂直粗实线作为修剪边，如图 10-32（a）所示。右击结束选择剪切边功能，命令行的操作提示变为"选择修剪对象"。单击右侧水平粗实线，得到图 10-32（b）所示图形。同理，选择凹槽内侧边为边界（图 10-32（c））修剪 R20 圆弧（图 10-32（d）），选择凹槽外侧边和斜线为边界（图 10-32（e））修剪斜线和上下水平线左侧（图 10-32（f）），选择 R8 和 R20 圆弧为边界（图 10-32（g））修剪凹槽内侧边和上下两斜线以及 φ30 圆弧（图 10-32（h））。

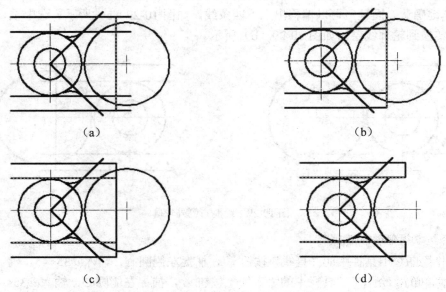

（a）

（b）

（c）

（d）

图 10-32　修剪外轮廓的图线

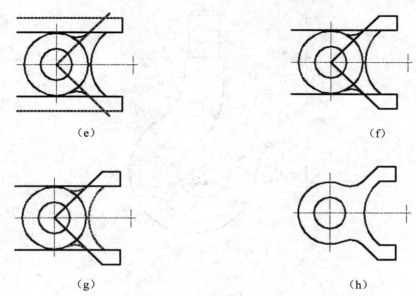

图 10-32 修剪外轮廓的图线（续图）

2. 修改水平和垂直细点画线

细点画线如果太长，不符合机械制图标准，下面利用"修改"工具栏里的"打断"命令进行修改。单击"修改"工具栏中的"打断"按钮，操作指示区提示"选择打断对象"，并且十字光标变为小方框。移动小方框拾取右侧细点的上端点单击，向下移动光标，选择合适的位置点单击，完成打断。用相同的操作方法，打断其他过长的图线。还可利用夹点操作延长和缩短细点画线。

六、保存图形

完成绘制卡板平面图，将该图保存为"卡板.dwg"。注意图形文件后缀为.dwg，样板文件后缀为.dwt。

七、退出 AutoCAD 2012

单击 AutoCAD 2012 右上角的关闭按钮，退出操作。

提示：由于 AutoCAD 提供了许多绘制图形的方法和技巧，一个图形可能有多种画法，这里仅介绍一种画法。今后我们可以通过 AutoCAD 提供的帮助，学习其他绘图方法和技巧。

试一试：卡板平面图属于上下对称图形，可以通过"镜像" 功能进行绘制。AutoCAD 帮助中心的用户手册，提供了"镜像"的功能和用法，试一试用"镜像"命令画图。

案例3 用 AutoCAD 绘制吊钩平面图

用 AutoCAD 绘制如图 10-33 所示的吊钩平面图。

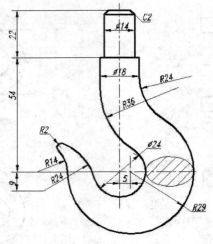

图 10-33   吊钩平面图

案例分析

图 10-33 中，线段类型为：

（1）已知线段为钩柄部分的直线和钩子弯曲中心部分的 ϕ24mm、R29mm 圆弧。

（2）中间线段为钩尖部分的 R24mm、R14mm 圆弧。

（3）连接线段为钩尖部分的 R2mm 圆弧，钩柄部分 R24mm、R36mm 过渡圆弧。

案例绘制

吊钩的绘制步骤及操作说明见表 10-2。

表 10-2   绘制吊钩

任务	步骤	操作结果	操作说明
1. 新建文件		新建文件名：目录\吊钩.dwg	"新建"操作参见案例 2
2. 绘制中心线和辅助线	设置当前图线	单击"对象特性"中的"当前层"列表框右边的下拉箭头，弹出图层列表，在列表中点取"中心线"层	选中"中心线"层
	绘制中心线 绘制辅助中心线	(a) (b)	1. 单击"绘图"工具栏中的"直线"按钮，绘制水平和垂直中心线，如图（a）所示 2. 利用"修改"工具栏中的"偏移"功能，绘制与水平线相距 54mm 和 76mm 的两条平行辅助线，绘制与垂直中心线相距 7mm 和 9mm 的四条垂直辅助线，如图（b）所示

任务	步骤	操作结果	操作说明
	设置当前图线	单击"对象特性"中的"当前层"列表框右边的下拉箭头，弹出图层列表，在列表中点取"粗实线"层	选中"粗实线"层
	绘制钩柄部分的直线 删除辅助线	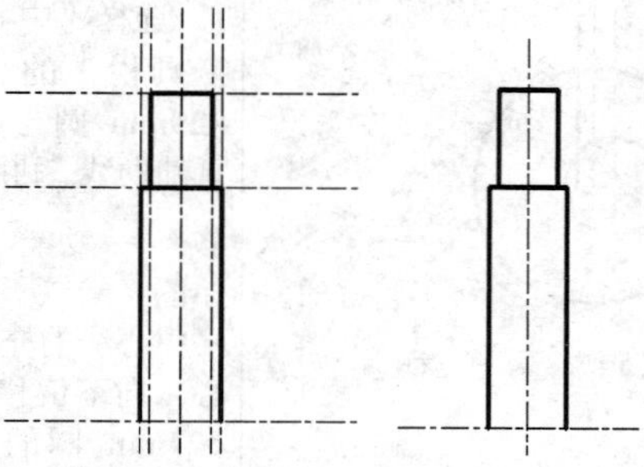 （a）　（b）	1. 单击"绘制"工具栏中的"直线"按钮，绘制钩柄部分的直线，如图（a）所示 2. 单击"修改"工具栏的"删除"按钮，AutoCAD 命令行提示"选择对象"，选择要删除的辅助线（此时辅助线变为虚线）右击，完成删除，如图（b）所示
3. 绘制钩柄部分直线	倒角 连接倒角	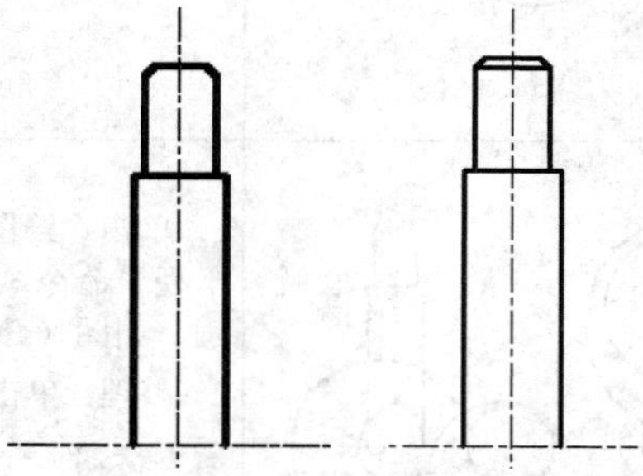 （a）　（b）	1. 单击"修改"工具栏中"倒角"按钮，或从"修改"菜单中选取"倒角"命令，AutoCAD 将出现如下提示： （"修剪"模式）当前倒角距离1=当前，距离2=当前 选择第一条直线或【放弃(U)/多段线(P)/距离(D)/角度(A)/修剪(T)/方式(E)/多个(M)】：D（回车确定） 指定第一个倒角距离<当前>：2（回车确定） 指定第二个倒角距离<当前>：2（回车确定） 选择第一条直线或【放弃(U)/多段线(P)/距离(D)/角度(A)/修剪(T)/方式(E)/多个(M)】：选择倒角的第一条直线 选择第二条直线，或按住 SHIFT 键选择要应用角点的直线：选择第二条直线 系统按指定的距离完成倒角操作。同理，倒另一侧角，如图（a）所示 2. 单击"绘图"工具栏中的"直线"按钮，绘制倒角连线，如图（b）所示
4. 绘制钩子弯曲中心部分的 $\phi24$mm、$R29$mm 圆弧	绘制 $R29$mm 圆弧中心线 绘制 $\phi24$mm、$R29$mm 圆	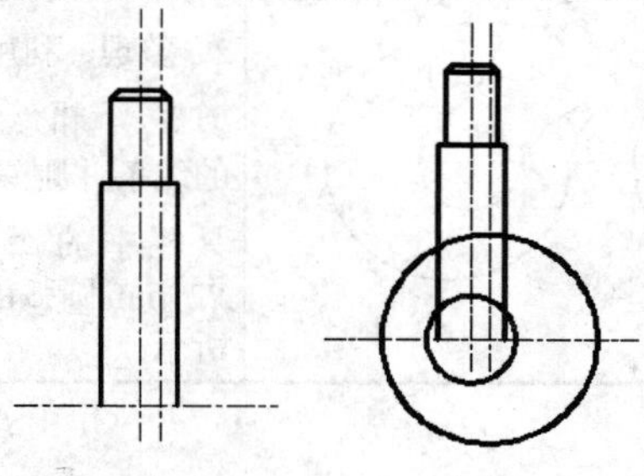 （a）　（b）	1. 利用"修改"工具栏中的"偏移"功能，绘制与垂直中心线相距 5mm 的 $R29$mm 圆弧的中心线，如图（a）所示 2. 单击"绘图"工具栏中的"圆"按钮，绘制 $\phi24$mm 和 $R29$mm 圆，如图（b）所示

任务	步骤	操作结果	操作说明
5. 绘制钩尖部分的 R24mm、R14mm 圆弧	绘制辅助线 绘制 R24mm、R14mm 圆	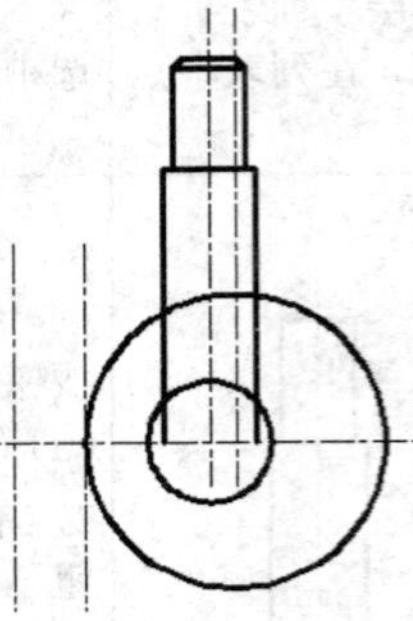 （a） R14圆心 R24圆心 （b）　　　（c）	1. 选择"中心线"层，单击"绘图"工具栏中的"直线"按钮，捕捉 R29mm 圆与水平中心线的交点，作垂直辅助线。利用"修改"工具栏中的"偏移"功能，偏移垂直辅助线 14mm，如图（a）所示，偏移后的辅助线与水平中心线的交点就是 R14mm 圆弧的圆心。向下偏移水平中心线 9mm，并以 $\phi24mm$ 圆的圆心作圆心，作半径为 36mm 的辅助圆，辅助圆与水平辅助线的交点就是 R24mm 圆弧的圆心，如图（b）所示 2. 单击"绘图"工具栏中的"圆"按钮，绘制 $\phi14mm$ 和 R24mm 圆，如图（c）所示
6. 绘制钩柄部分过渡圆弧 R36mm 和 R24mm	绘制 R36mm 和 R24mm 圆	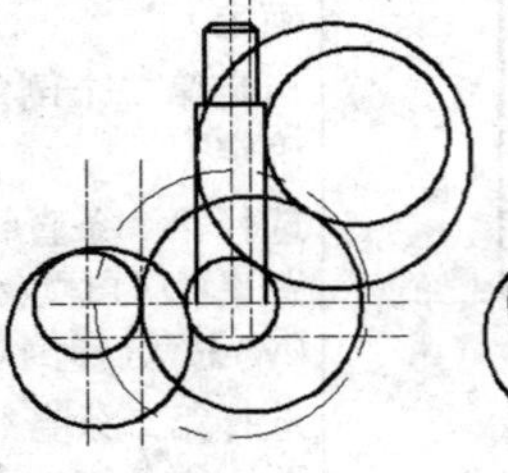 （a） 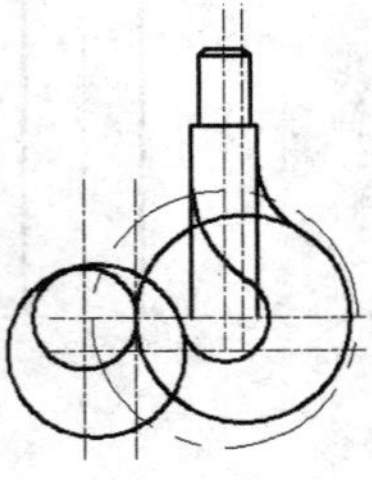　　　（b）	1. 单击"绘图"|"圆"|"相切、相切、半径"命令，绘制 R36mm 和 R24mm 圆，如图（a）所示 2. 整理：单击"修改"工具栏中的"修剪"按钮，修剪多余的线条，如图（b）所示。注意：修剪时要正确地选择修剪边及修剪对象，防止剪错对象
7. 绘制钩尖部分的圆弧 R2mm	绘制钩尖部分 R2mm 圆弧 整理	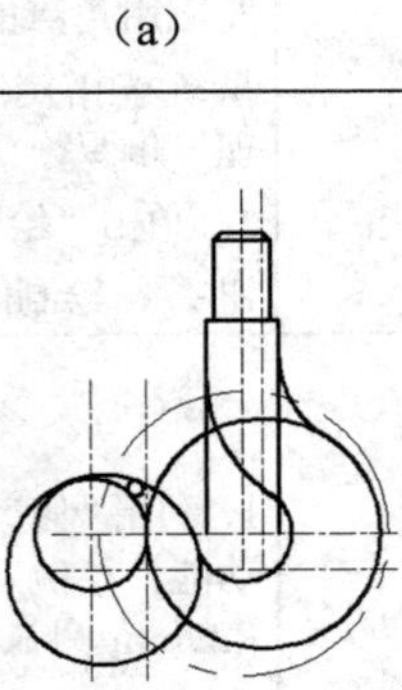 （a） 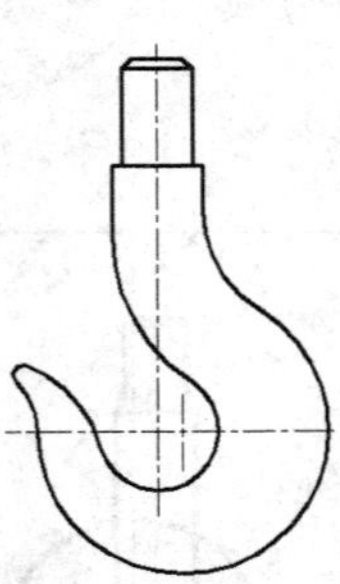　　　（b）	1. 绘制钩尖部分 R2mm 圆弧 单击"绘图"|"圆"|"相切、相切、半径"命令，绘制 R2mm 圆弧，如图（a）所示 2. 整理：利用"修改"工具栏中的"修剪"和"删除"按钮，修剪多余的线条并删除辅助线，利用"修改"工具栏中的"打断"功能，修整 R29mm 圆弧的垂直中心线的长度如（b）所示

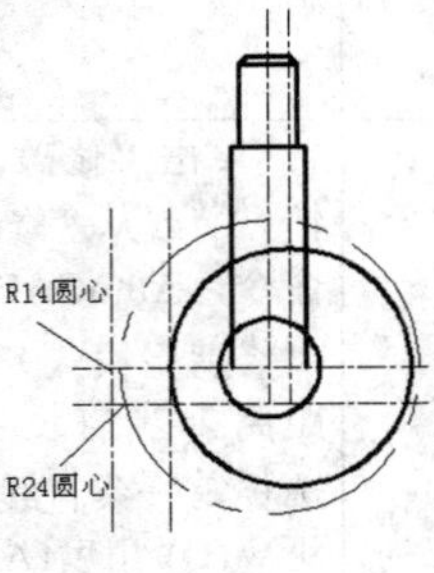

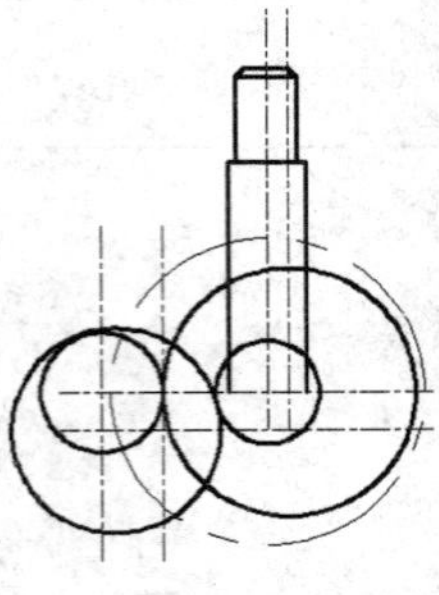

续表

任务	步骤	操作结果	操作说明
8. 绘制重合断面图	绘制断面椭圆	 （a） （b）	1. 将细实线设置为当前图线 单击"绘图"|"椭圆"命令或单击"绘图"工具栏中的"椭圆"按钮，捕捉ϕ24mm、R29mm 圆弧与水平中心线的交点，绘制椭圆，如图（a）所示。注意，椭圆短轴选取适当尺寸即可 2. 单击"绘图"工具栏中的 ▬ 按钮，填充剖面线，如图（b）所示
9. 保存	保存	完成吊钩平面图绘制，将该图保存为"吊钩. dwg"。	

提示：填充剖面线，单击"绘图"工具栏中的 按钮，打开"图案填充和渐变色"对话框，如图 10-34 所示，单击对话框中的 ANGLE [...] 按钮，选取 ANSI31 剖面线格式，然后单击 添加:拾取点 按钮，命令行提示"拾取内部点或【选择对象（S）/删除边界（B）】:"，拾取椭圆内部点，右击返回"图案填充和渐变色"对话框，单击"确定"按钮，绘制出如图 10-33 所示图形。

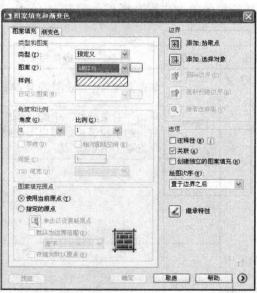

图 10-34 "图案填充和渐变色"对话框

案例 4 用 AutoCAD 绘制挂轮架平面图

用 AutoCAD 绘制如图 10-35 所示挂轮架平面图。

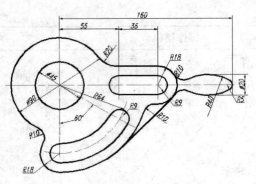

图 10-35　挂轮架平面图

案例分析

图 10-35 中，线段类型为：

（1）已知线段为左侧中心圆以及长圆槽部分。

（2）中间线段为手柄部分的 $R40$mm 圆弧。

（3）连接线段为各部分的 $R20$mm、$R10$mm 圆弧，相切直线。

案例绘制

挂轮架的绘制步骤及操作说明见表 10-3。

表 10-3　绘制挂轮架

任务	步骤	操作结果	操作说明
1. 新建文件	🗋	新建文件名：目录\挂轮架.dwg	"新建"操作参见案例 2
2. 绘制中心线和辅助线	设置当前图线	单击"对象特性"中的"当前层"列表框右边的下拉箭头，弹出图层列表，在列表中点取"中心线"层	选中"中心线"层
	绘制中心线		单击"绘图"工具栏中的"直线"按钮 ✐，绘制长度 220mm 水平和 130mm 垂直中心线
	绘制平行中心线		利用"修改"工具栏中的"偏移" ⬒ 功能，绘制与垂直线相距 55mm、36mm、160mm 的三条平行辅助线
	绘制圆弧中心线		单击"绘图"工具栏中的"直线"按钮 ✐，绘制 60° 中心线，先点中心点，然后输入<-30，得斜线。单击"绘图"工具栏中的"圆"按钮 ⊙，绘制 $R64$mm 圆

任务	步骤	操作结果	操作说明
	设置当前图线	单击"对象特性"中的"当前层"列表框右边的下拉箭头，弹出图层列表，在列表中点取"粗实线"层	选中"粗实线"层
3. 绘制中间已知圆部分	绘制各已知圆部分		单击"绘图"工具栏中的"圆"按钮，绘制四个 R9mm 圆，两个 R18mm 圆，φ45mm、φ90mm，以及与其相切的圆。
	进行修剪		利用"修改"工具栏中的"修剪"按钮，修剪多余的线条
4. 作连接圆	作相切圆和相切直线		单击"绘图"工具栏中的"圆"按钮，输入 T（相切、相切、半径）绘制两个 R10mm 圆，R20mm 圆。单击"绘图"工具栏中的"直线"按钮，绘制相切直线
	修剪		整理：利用"修改"工具栏中的"修剪"和"删除"按钮，修剪多余的线条并删除辅助线
5. 绘制手柄部分	绘制辅助作图线		利用"修改"工具栏中的"偏移"功能，绘制与水平中心线相距 10mm 的上下两条中心线，单击"绘图"工具栏中的"圆"按钮，绘制 R5mm 圆
	绘制手柄圆弧部分		单击"绘图"工具栏中的"圆"按钮，输入 T（相切、相切、半径）绘制 R40mm 上下两个圆

续表

任务	步骤	操作结果	操作说明
	绘制 R10mm 两个圆		单击"绘图"工具栏中的"圆"按钮⊘，输入 T（相切、相切、半径）绘制 R10mm 上下两个圆
	修剪		整理：利用"修改"工具栏中的"修剪" ⊹ 和"删除" ✐ 按钮，修剪多余的线条并删除辅助线
6. 保存	保存	完成挂轮架平面图绘制，将该图保存为"挂轮架.dwg"	

课题二　用 AutoCAD 绘制三视图

案例 1　用 AutoCAD 绘制组合体三视图

🔘 案例出示

绘制如图 10-36 所示切割组合体的三视图。

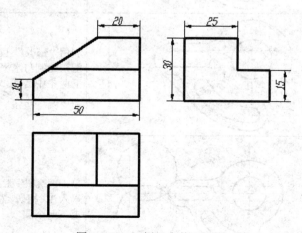

图 10-36　切割组合体三视图

案例分析

由图 10-36 中尺寸可以看出该组合体可先画出左视图，如何保证三个视图之间的投影规律？

相关知识

用 AutoCAD 画组合体三视图的步骤与手工绘图基本相同，关键是作图时如可保证尺寸准确，视图间的投影关系正确，特别是左视图与俯视图之间的宽相等，常用的方法有：

（1）辅助线法：为保证俯视图和左视图的宽相等，常采用作 45º 辅助斜线的方法。

（2）对象追踪法：有了一个视图后，采用自动追踪的功能，可画出"长对正，高平齐"的线。

（3）构造线画轮廓法：用构造线画定位线和基本轮廓。

（4）平行线法：用"偏移"命令量取尺寸。

（5）视图旋转法：为保证宽相等，也可采用复制视图并旋转 90º，再用"对象追踪"绘制视图。

（6）坐标输入法：通过输入坐标的形式控制图形的位置和大小。

案例绘制

切割组合体的绘制步骤及方法见表 10-4。

表 10-4　绘制切割组合体

步骤	方法	图例
1. 绘制左视图	用"直线"按钮及"正交"、"对象追踪"等辅助功能，绘制左视图	
2. 绘制主视图	按照"高平齐"的投影规律绘制主视图，绘制过程中，利用"对象捕捉追踪"辅助功能	
3. 绘制俯视图	按照"长对正、宽相等"的投影规律绘制俯视图。绘制过程中，利用"对象捕捉追踪"辅助功能及 45º 辅助线，保证主视图与俯视图长对正、左视图与俯视图宽相等的关系	
4. 整理保存图形	删除辅助线，完成图形后进行保存	

案例 2　用 AutoCAD 绘制支座组合体三视图

 案例出示

用 AutoCAD 绘制如图 10-37 所示支座组合体三视图。

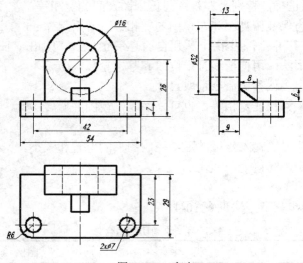

图 10-37　支座

案例分析

应用形体分析法，可将图 10-37 所示支座分为四部分：圆柱筒、底板与圆柱筒间的支承板、前肋板、底板。画图时三个视图同时进行，不要一个视图画完之后再去画另一个视图。

绘制该支座图形时，应首先绘制出底板，确定出三视图的位置；然后绘制圆柱筒、圆筒与底板之间的支承板，再绘制肋板，然后绘制各个结构的细小部分。

案例绘制

支座的绘制步骤及方法见表 10-5。

表 10-5　绘制支座

步骤	绘图方法	图例
1. 调用 3 号图纸样板	根据物体尺寸，选用 3 号图纸样板图。同时打开"草图设置"对话框，设置好"对象捕捉"模式，再启用"极轴追踪"和"对象追踪"，以方便取点	
2. 绘制底板	在粗实线层用"直线"或"矩形"命令即可画好三个矩形线框。画好后用"圆角"命令画倒圆角	

续表

步骤	绘图方法	图例
3. 画空心圆柱	将点画线层设为当前层，先在主视图上画出对称中心线，俯视图上画出对称中心线、左视图画出轴线和在主视图上画出水平中心线。在细实线层画45°辅助线。将粗实线层设为当前层，用画"圆" ⊘ 命令画出主视图上的同心圆，根据对应关系画出俯视图投影	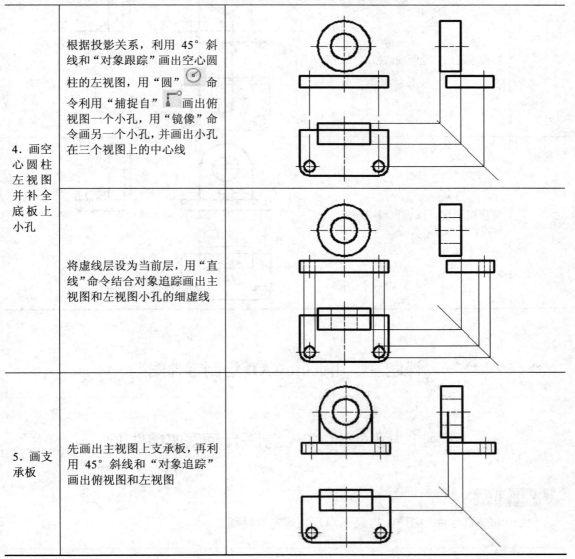

绘图技巧：用 AutoCAD 画组合体三视图的步骤与手工绘图基本相同，关键是作图时要保证尺寸准确，保证视图间的投影关系正确，特别是俯视图和左视图之间的宽相等，常用45°辅助线法

步骤	绘图方法	图例
4. 画空心圆柱左视图并补全底板上小孔	根据投影关系，利用45°斜线和"对象跟踪"画出空心圆柱的左视图，用"圆" ⊘ 命令利用"捕捉自" 🔑 画出俯视图一个小孔，用"镜像"命令画另一个小孔，并画出小孔在三个视图上的中心线	
	将虚线层设为当前层，用"直线"命令结合对象追踪画出主视图和左视图小孔的细虚线	
5. 画支承板	先画出主视图上支承板，再利用45°斜线和"对象追踪"画出俯视图和左视图	

步骤	绘图方法	图例
	用"修剪"或"删除"命令去掉图中多余的线条，用"圆弧"命令画虚线圆弧，用"直线"命令画支承板后端面细虚线	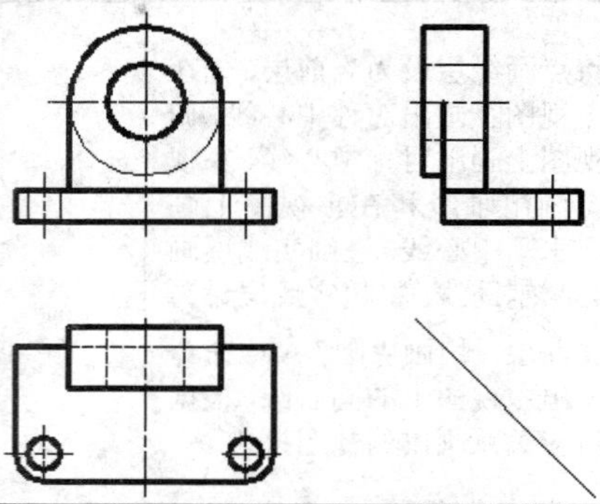
6. 画三角形肋板	先画主视图上三角肋板，按投影关系画出其他两视图投影	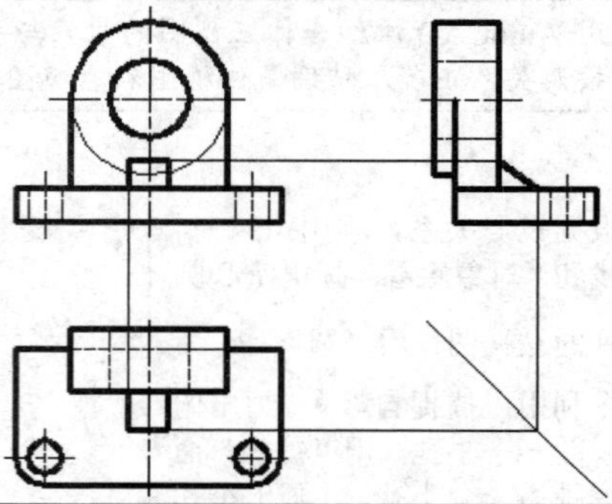
7. 保存	整理图形使其符合机械制图标准，完成后，保存图形	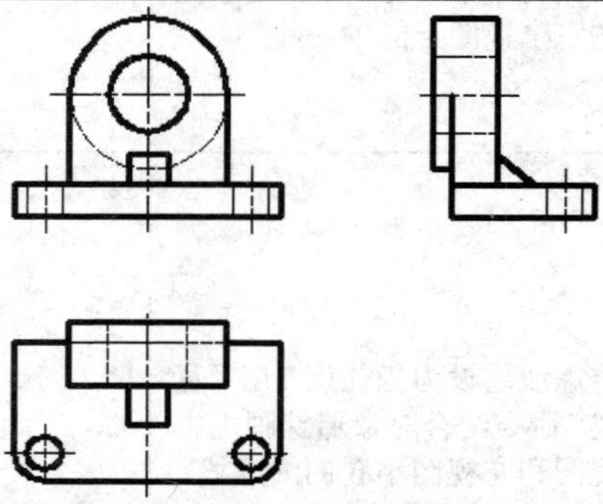

课题三　用 AutoCAD 绘制零件图

案例1　用 AutoCAD 绘制千斤顶底座零件图

用 AutoCAD 绘制如图 10-38 所示千斤顶底座零件图。

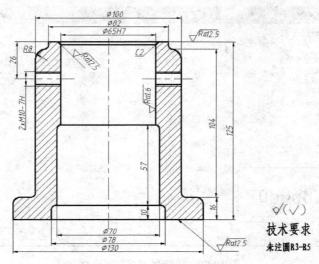

图 10-38　千斤顶底座零件图

案例分析

图 10-38 所示为千斤顶底座的零件图，该图主要由直线和过渡圆弧两种轮廓组成，此外图中还有剖面线、尺寸和表面结构符号。在运用 AutoCAD 2012 绘图过程中，需要学习圆弧过渡、图案填充、尺寸标注、文字注释和图块的操作方法。

案例绘制

一、设置图形样板

启动 AutoCAD 2012，打开"A3 模板"图形样板，并设置文字样式和尺寸标注样式。

1. 设置文字样式

在绘制零件图时，通常需要设置四种文字样式，分别用于标题栏中的零件名、技术要求、其余文字和尺寸标注。我国国标的汉字标注字体文件为：长仿宋，尺寸标注所使用的字体文件为：大字体形文件 gbcbig.shx。而文字高度对于不同的对象，要求也不同。

在中文版 AutoCAD 2012 中，用户可以选择"格式"| 文字样式(S)… 命令，打开"文字样式"对话框设置汉字标注字体及文字高度，如图 10-39 所示。单击 新建(N)… 按钮，设置标题栏中的零件名、技术要求、其余文字和尺寸标注文字样式，根据国家标准设置相应的字体及文字高度，各文字样式设置见表 10-6。

说明：文字高度也可以为 0，当输入文字时再根据提示设置其高度。

2. 设置尺寸标注样式

尺寸标注样式主要用来标注图形中的尺寸，对于不同种类的图形，尺寸标注的要求也不尽相同。在中文版 AutoCAD 2012 中，用户可以选择"格式"| 标注样式(D)… 命令，打开"标注样式管理器"对话框，如图 10-40 所示。通常采用 ISO 标准，并设置标注文字为前面创建的"注释和尺寸标注"，如图 10-41 所示。

3. 保存

设置完成后，保存图形样板。

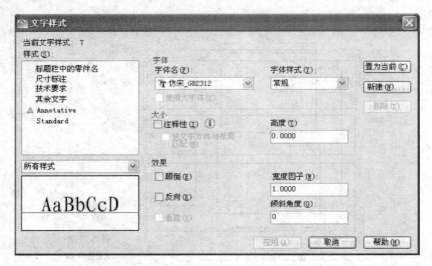

图 10-39   "文字样式"对话框

表 10-6   文字样式设置

文字样式	字体	宽度因子	文字高度
标题栏中的零件名	仿宋	0.7	10
技术要求	仿宋	0.7	7
其余文字	仿宋	0.7	5
尺寸标注	gbcbig.shx	1	3.5
Standard	Romand.shx	1	3.5

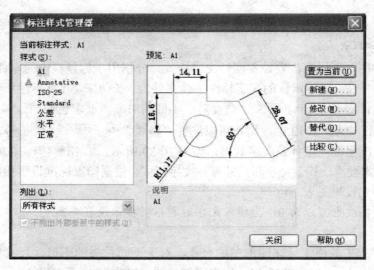

图 10-40   "标注样式管理器"对话框

二、绘制图形右半部分轮廓

根据图 10-38 所示尺寸，绘制图样的右半部轮廓线，如图 10-42 所示。

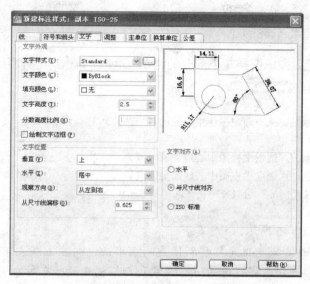

图 10-41　设置标注文字样式

三、绘制过渡圆角

单击"修改"工具栏中的"倒圆角"图标 ，或从"修改"菜单中选取"圆角"命令，AutoCAD 将出现如下提示。

当前模式：模式=修剪，半径=0.0000

选择第一个对象或【多线段（P）/半径（R）/修剪（T）】：R（回车确定）

指定圆角半径<0.0000>：（输入半径值 8.00，回车确定）

选择第一个对象或【多线段（P）/半径（R）/修剪（T）】：（选择第一个对象）

选择第二对象：（选择第二个对象）

命令：

系统按指定的圆角半径完成倒圆角操作，如图 10-43（a）所示。按相同的方法，完成其他过渡圆角，如图 10-43（b）所示。

四、绘制螺纹孔

根据螺孔尺寸 M10-7H，绘制螺纹孔的小径和大径，如图 10-44 所示。

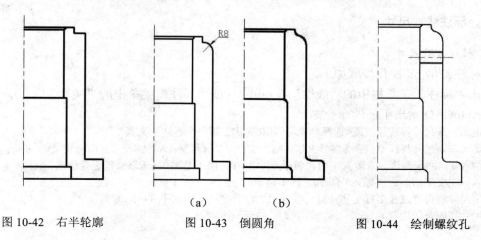

（a）　　　　　（b）

图 10-42　右半轮廓　　　　图 10-43　倒圆角　　　　图 10-44　绘制螺纹孔

五、绘制图形左半部分轮廓线

利用"镜像"功能,完成图样左半部分的绘制。单击"修改"工具栏中的"镜像"图标 ,命令行出现如下提示。

命令:_mirror

选择对象:(用鼠标左键从右向左框选主视图的右半部分)

选择对象:(回车)

指定镜像线的第一点:(选取主视图中心线上的一点)

指定镜像线的第二点:(选取主视图中心线的另一点)

是否删除原对象?【是(Y)/否(N)】<N>:(回车)

命令:

绘制的图形如图 10-45 所示。

绘图技巧:在绘图区域,把光标移到任意一点单击,向左上或左下移动鼠标,则屏幕上出现一虚线框,然后单击,虚线框中的所有对象和与框相交的所有对象全部被选中。而鼠标向右上或右下移动时,则出现一实线框,再次单击,只有框中的所有对象被选中。

六、绘制剖面线

用"绘图"工具栏中的"图案填充"图标 绘制剖面线,如图 10-46 所示。注意,剖面线画到螺纹部分粗实线处。

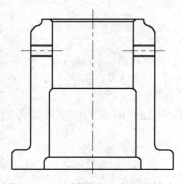
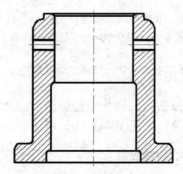

图 10-45　绘制图形左半部分轮廓　　　　图 10-46　绘制剖面线

七、标注线性尺寸

1. **标注 $\phi70$ 尺寸**

先标注 $\phi70$,其操作步骤如下。

单击"标注"工具栏中的"线性"按钮 (或"标注"菜单中的"线性"),调用该命令。AutoCAD 给出下面的命令提示。

指定第一条尺寸界线原点或<选择对象>:(指定 $\phi70$ 第一个标注定义点)

指定第二条尺寸界线原点:【多行文字(M)/文字(T)/角度(A)/水平(H)/垂直(V)/旋转(R)】:

　　(输入 T,回车确认,未输入 T 时,显示尺寸为 70,而不是 $\phi70$,所以必须进行修改)

输入标注文字<70>:(输入%%c70,回车确认)

指定尺寸线位置或【多行文字(M)/文字(T)/角度(A)/水平(H)/垂直(V)/旋转(R)】:(单击尺寸线的合适位置)

命令：

标注 $\phi70$ 后的图形如图 10-47 所示。

绘图技巧： 绘制机械制图图样时，经常需要输入一些特殊字符，如 $\phi35 \pm 0.05$、$60°$、40%等。这些特殊字符不能从键盘上直接输入，可利用 AutoCAD 提供的控制符进行输入。控制符由两个百分号（%）和一个字符组成，常见的控制符见表 10-7。

提示： AutoCAD 2012 提供了十多种尺寸标注类型。分别为：快速标注、线性标注、对齐标注、坐标标注、半径标注、直径标注、角度标注、角度标注、基线标注、连续标注、公

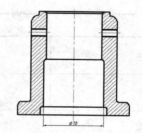

图 10-47　标注 $\phi70$ 尺寸

差标注、圆心标注等，在"标注"工具栏和"标注"菜单中列出了尺寸标注的类型，如图 10-48 和图 10-49 所示。这些标注方式的名称、对应的"标注"工具栏中的按钮及功能见表 10-8。

表 10-7　AutoCAD 的常用控制符及其功能

控制符	功能
%%C	输入直径符号（ϕ）
%%P	输入正负号（$\pm$）
%%D	输入角度值符号（°）
%%%	输入百分号　（%）
%%O	打开/关闭上划线功能
%%U	打开/关闭下划线功能

ISO-25

图 10-48　　"标注"工具栏

图 10-49　　"标注"菜单

表 10-8　AutoCAD 标注类型

菜单	工具栏按钮	功能
线性	⊢⊣	创建两点间的水平、垂直或指定方向的距离标注
对齐	↖	创建与两点连线平行的尺寸线（用于倾斜尺寸的标注）
弧长	⌒	用于测量圆弧或多段线弧上的距离
坐标	⊥	用于测量从原点到要素的水平或垂直距离
半径	⊘	创建圆或圆弧的半径标注
折弯	⌒	创建圆或圆弧的折弯标注
直径	⊘	创建圆或圆弧的直径标注
角度	△	创建角度标注
快速标注	⊢⊣	从选定对象中快速创建一组标注
基线	⊢⊣	从上一个或选定标注的基线作一系列线性、角度或坐标标注
连续	⊢⊦⊣	从上一个或选定标注的第二条延伸线开始的线性、角度或坐标标注
折断	⊥	在标注或延伸线与其他对象交叉处折断或恢复标注和延伸线
形位公差	⊕1	创建包含在特征框中的形位公差标注
圆心标注	⊕	创建圆心和中心线，指出圆或圆弧的圆心
折弯线性	∿	在线性或对齐标注上添加或删除折弯线
编辑标注	✎	编辑标注文字和延伸线
编辑标注文字	A	移动和旋转标注文字，重新定位尺寸线
标注更新	⊡	用当前标注样式更新标注对象
标注样式控制	 ISO-25	控制标注样式
标注样式	⊿	创建和修改标注样式

2. 标注其他尺寸

用相同的方法，完成其他尺寸的标注，如图 10-50 所示。

八、标注表面结构符号

由于 AutoCAD 没有提供表面结构符号的标注符号，所以需要设计人员自己绘制。可以把表面结构符号定义为"图块"，然后把所定义的图块插入到所需标注的地方。

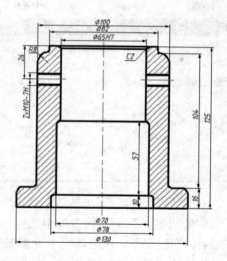

图 10-50 标注线性尺寸

1. 绘制 $\sqrt{\ \ }^{Ra12.5}$ 并定义为图块

在 AutoCAD 绘图空白区域，绘制 $\sqrt{\ \ }^{Ra12.5}$ 符号，然后单击"绘图"工具栏中的"创建块"图标，AutoCAD 弹出如图 10-51 所示对话框，在名称处输入"Ra12.5"。

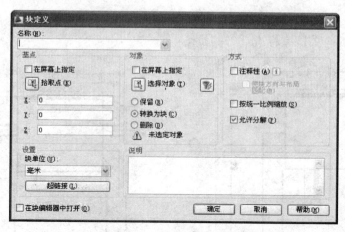

图 10-51 "块定义"对话框

单击"基点"栏中的 拾取点(K) 按钮，选中 $\sqrt{\ \ }^{Ra12.5}$ 的底部作为基点，如图 10-52 所示。单击"对象"栏中的 选择对象(T) 按钮，拾取表面结构符号。单击"确定"按钮完成图块定义。

图 10-52 拾取基点

2. 插入图块

单击"绘图"工具栏中的"插入图块"图标，弹出"插入"对话框，如图 10-53 所示，其操作步骤如下。

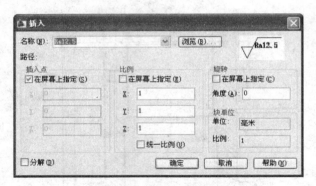

图 10-53　"插入"对话框

（1）选择图块。从对话框中的"名称"下拉列表框中选择"Ra12.5"图块。

（2）设置插入点、比例因子、旋转角度。在对话框中设置插入点、比例因子、旋转角度，单击"确定"按钮，AutoCAD 将退出"插入"对话框进入绘图状态，同时命令行中出现以下提示。

指定插入点或【基点（B）／比例（S）/X/Y/Z 旋转（R）】：（指定插入点）
命令：
结果如图 10-54 所示。

3．绘制其他标注

用相同的方法，完成其他三处的标注，如图 10-55 所示。注意：表面结构符号中文字的方向要符合机械制图的有关国家标准。

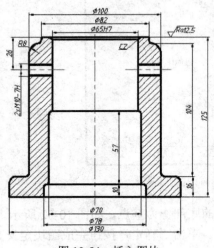

图 10-54　插入图块

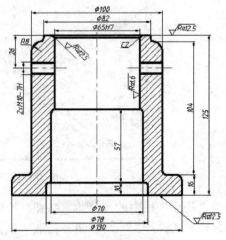

图 10-55　标注粗糙度

九、编写技术要求

单击"绘图"工具栏中的"多行文字"图标 A，命令行中显示如下。

命令：_mtext 当前文字样式："standard"文字高度：2.5
指定第一角点：（指定标注技术要求的第一角点）
指定对角线或【高度（H）/对正（J）/行距（L）/旋转（R）/样式（S）/宽度（W）/栏（C）】：（指定标注技术要求的对角点）

AutoCAD 弹出多行文字编辑器，如图 10-56 所示。

输入技术要求，单击确定即可，如图 10-57 所示。

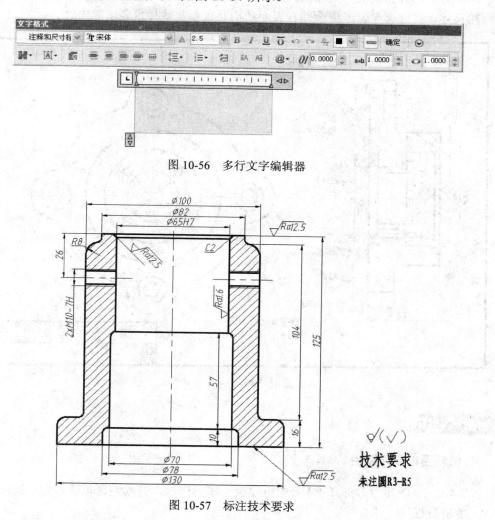

图 10-56　多行文字编辑器

图 10-57　标注技术要求

十、整理保存

整理图形使其符合机械制图标准，完成后，保存图形。

案例 2　用 AutoCAD 绘制端盖零件图

案例出示

用 AutoCAD 绘制如图 10-58 所示端盖零件图。

案例分析

图 10-58 采用两个基本视图表达，主视图按加工位置选择，轴线水平放置，并采用两相交

剖切平面的全剖视，以表达端盖上孔及方槽的内部结构。左视图则表达端盖的基本外形和四个圆孔、两个方槽的分布情况。绘制图形时，先绘制出图框和标题栏，再绘制主视图和左视图，最后标注尺寸、尺寸公差、形位公差、表面结构要求和其他技术要求等内容。

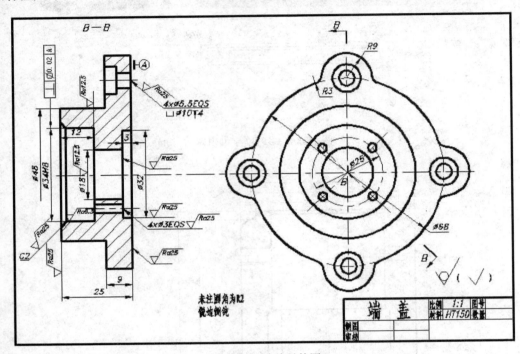

图 10-58　端盖零件图

一、绘制图框和标题栏

启动 AutoCAD 2012，打开"4 号图纸模板"图形样板，并绘制图框和标题栏。

1．绘制图框线

在使用 AutoCAD 绘图时，绘图边界不能直观显示出来，所以在绘图时还需要通过图框来确定绘图的范围，使所有的图形绘制在图框线之内。图框通常要小于绘图边界，要留一定的距离，且必须符合机械制图标准。在此，绘图的图框尺寸为 180mm×120mm。

2．绘制标题栏

标题栏一般位于图框的右下角，在 AutoCAD 2012 中，可以使用"表格"命令来绘制标题栏（也可以根据尺寸关系，采用"偏移"按钮绘制）。绘制好表格后，用"绘图"工具栏中的"多行文字"图标 A，编写文字，如图 10-59 所示。

3．保存

设置完成后，保存图形样板。

二、绘制中心线及零件轮廓线

根据图 10-58 所示尺寸，绘制中心线及零件轮廓线，如图 10-60 所示。

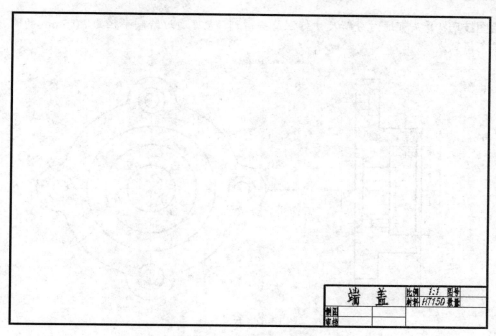

图 10-59 绘制图框和标题栏

三、绘制剖面线

用"绘图"工具栏中的"图案填充"图标，绘制剖面线，如图 10-61 所示。

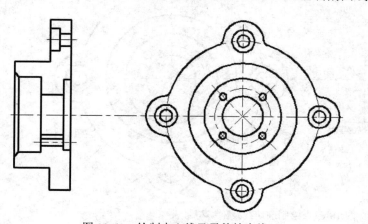
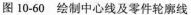

图 10-60 绘制中心线及零件轮廓线

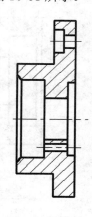

图 10-61 绘制剖面线

四、尺寸标注

根据图 10-58 所示零件图，标注零件图尺寸，如图 10-62 所示。

五、绘制剖切符号、箭头，标注剖视图名称

采用"直线" 和"多行文字" A 图标，绘制剖切符号、箭头及标注剖视图名称，如图 10-63 所示。

绘图技巧：箭头可通过分解尺寸标注箭头得到；点可通过绘制半径为 $R0.5mm$ 的圆并填充为全黑色得到。

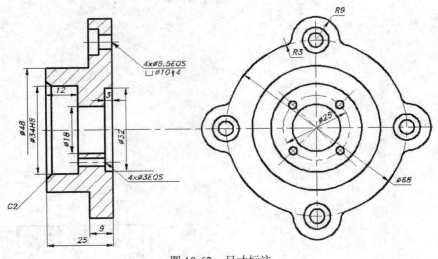

图 10-62　尺寸标注

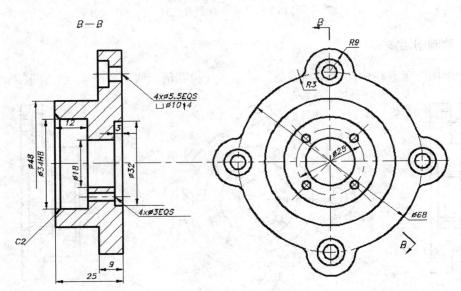

图 10-63　绘制剖切线及剖切符号

六、标注形位公差

选择"标注"|"公差"命令，或在"标注"工具栏中单击"公差"按钮，打开"形位公差"对话框，可以设置公差的符号、值及基准等参数。单击"形位公差"对话框中符号下面的■，弹出"特征符号"对话框，选择⊥，再在"公差1"单击右端黑框显示ϕ，在栏中填入0.02，在"基准1"中填入大写字母 A，如图 10-64 所示。单击"确定"，进入绘制界面，把形位公差放置在如图 10-65 所示位置。绘制基准 A 的符号，如图 10-65 所示。

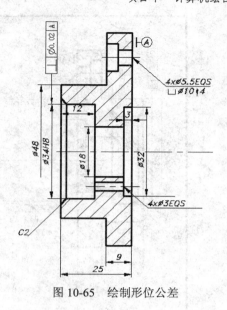

图 10-64　"形位公差"对话框

图 10-65　绘制形位公差

七、绘制表面结构符号

利用"创建块" ⬜ 和"插入图块" ⬜ 按钮，绘制表面结构符号，如图 10-66 所示。

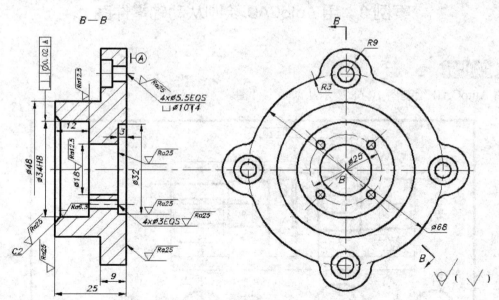

图 10-66　绘制表面结构和基准

八、编写技术要求

单击"绘图"工具栏中的"多行文字"图标 A ，编写技术要求，如图 10-67 所示。

九、整理保存

整理图形使其符合机械制图标准，完成后，保存图形。

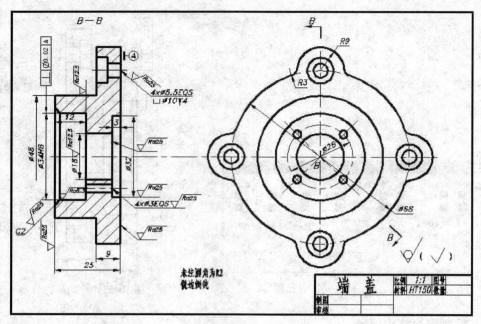

图 10-67　标注技术要求

案例 3　用 AutoCAD 绘制从动轴零件图

用 AutoCAD 绘制图 10-68 所示从动轴零件图。

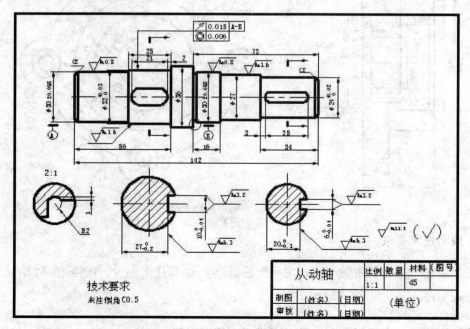

图 10-68　从动轴零件图

案例分析

图 10-68 采用主视图、断面图和局部放大图表达从动轴的零件结构。

主视图水平放置，并表达从动轴上键槽和退刀槽的位置；通过断面图可知键槽的槽宽和槽深；通过局部放大图可知退刀槽的形状和尺寸。绘制图形时，先绘制出图框和标题栏，再绘制主视图、断面图和局部放大图，最后标注尺寸及公差、形位公差、表面结构符号和技术要求等内容。

案例绘制

一、绘制图框和标题栏

启动 AutoCAD 2012，打开"A4 模板"图形样板，并绘制图框和标题栏。

二、绘制主视图、断面图和局部放大图

根据图 10-68 所示尺寸，绘制主视图、断面图和局部放大图，如图 10-69 所示。

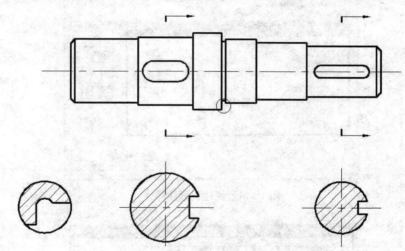

图 10-69 绘制主视图、断面图和局部放大图

三、标注尺寸

1. **标注无公差尺寸**

根据图 10-68 所示零件图，标注零件图上无公差的尺寸，如图 10-70 所示。

2. **标注有公差的尺寸**

单击"格式"|标注样式(S)… 命令，打开标注样式管理器，单击 新建(N)… 按钮，弹出"创建新标注样式"对话框，在"新样式名"中输入 30（按标注尺寸命名），将"基础样式"设为 ISO-25，如图 10-71 所示。单击 继续 按钮，弹出"新建标注样式：30"对话框，设置公差方式为"对称"，精度为"0.000"，上偏差为 0.065，高度比例为 1，如图 10-72 所示。单击"确定"按钮，完成新样式设置。以此样式标注零件图中的 $\phi30\pm0.065$ 尺寸。按上述方法，标注其余的有公差尺寸，如图 10-73 所示。

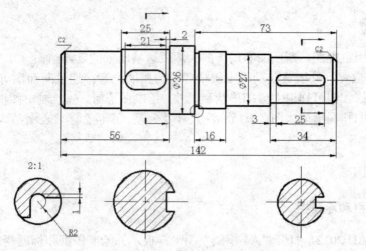

图 10-70 标注无公差尺寸

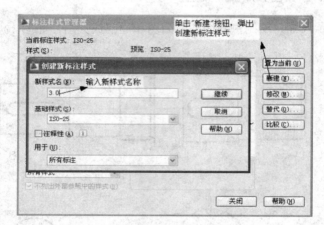

图 10-71 创建新标注样式

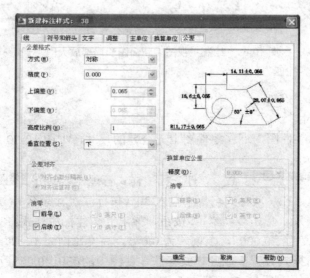

图 10-72 设置公差格式

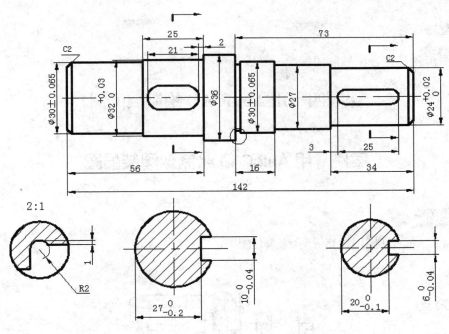

图 10-73 标注公差尺寸

四、绘制基准、形位公差和表面结构符号，编写技术要求

按照图 10-68 所示零件图，绘制基准、形位公差和表面结构符号，编写技术要求等内容，如图 10-74 所示。

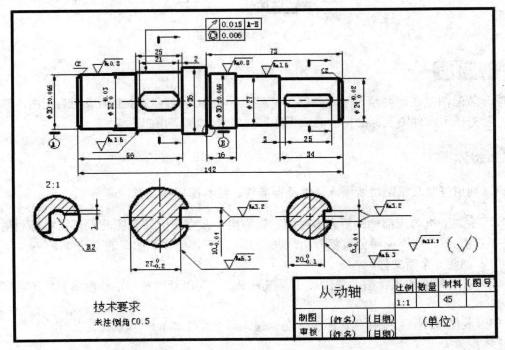

图 10-74 绘制基准、形位公差、表面结构符号和技术要求等内容

五、整理保存

整理图形使其符合机械制图标准，完成后保存图形。

课题四 用 AutoCAD 绘制装配图

案例 用 AutoCAD 绘制球阀装配图

 **案例出示**

用 AutoCAD 绘制图 10-75 所示球阀装配图。

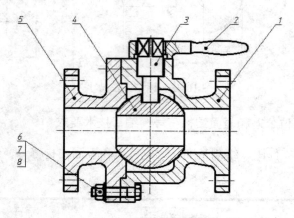

图 10-75 球阀装配图

案例分析

球阀装配图是在已经绘制了零件图的基础上，将零件及标准件组合成的装配图，其绘图步骤：首先插入零件图及标准件，然后标注零件序号并填写明细表。

案例绘制

一、利用复制及粘贴功能插入零件及标准件、绘制图幅和图框

若已绘制了机器或部件的所有零件图，当需要一张完整的装配图时，可以考虑利用零件图来拼画装配图，这样能避免重复劳动，提高工作效率，拼画装配图的方法如下。

（1）创建一个新文件。

（2）打开所需的零件图，关闭尺寸所在的图层，利用复制及粘贴功能将零件图复制到新文件中。

（3）利用 Move 命令将零件图组合在一起，再进行必要的编辑形成装配图。

具体步骤如下：

（1）打开素材库中文件 10-4-A.dwg、10-4-B.dwg、10-4-C.dwg、10-4-D.dwg、10-4-E.dwg。

（2）创建新图形文件，文件名为"球阀装配图.dwg"，为了清晰表达球阀的结构可以采用 A3 图纸（420mm×297mm），并绘制图框，具体步骤如下。

图框和图纸边缘之间的距离有两个，左边为 25mm，其他边距为 10mm。选择"绘图"工具栏中的"矩形"按钮 ⬚，AutoCAD 将出现如下提示。

命令：_rectangle
指定第一个角点或【倒角（C）/标高（E）/圆角（F）/厚度（T）/宽度（W）】：0，0（回车确定）
指定另一个角点或【尺寸(D)】：420,297（回车确定）

用同样的方法，绘制图框。两点坐标分别为（25，10）和（287，410）。

（3）切换到图形 10-4-A.dwg，在图形窗口中右击，弹出快捷菜单，选择"带基点复制"选项，复制零件。

（4）切换到图形"球阀装配图.dwg"，在图形窗口中右击，弹出快捷菜单，选择"粘贴"选项，结果如图 10-76 所示。

（5）切换到图形 10-4-B.dwg，在图形窗口中右击，弹出快捷菜单，选择"带基点复制"选项，以主视图左上角点为基点复制零件。

（6）切换到图形"球阀装配图.dwg"，在图形窗口中右击，弹出快捷菜单，选择"粘贴"选项，指定 A 点为插入点，删除多余线条，结果如图 10-77 所示。

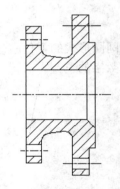

图 10-76　装配 10-4-A 零件

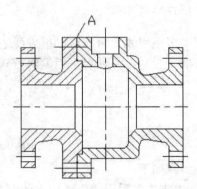

图 10-77　装配 10-4-B 零件

（7）用与上述类似的方法将零件图 10-4-C.dwg、10-4-D.dwg、10-4-E.dwg 插入装配图中，每插入一个零件后都要做适当的编辑，不要把所有的零件都插入后再修改，这样由于图线太多，修改将变得很困难，结果如图 10-78 所示。

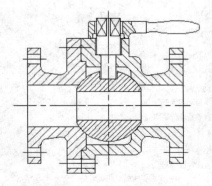

图 10-78　装配 10-4-C、10-4-D、10-4-E 零件

（8）打开素材库"标准件.dwg"，将该文件中的 M12 螺栓、螺母、垫圈等标准件复制到 "球阀装配图.dwg"中，如图 10-79（a）所示。用"拉伸"命令将螺栓拉长，然后用"旋转" 和"移动"命令，将这些标准件装配到正确的位置，结果如图 10-79（b）所示。

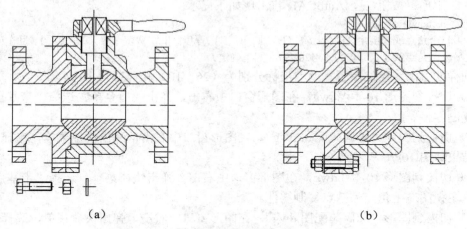

（a）   （b）

图 10-79　装配标准件

二、标注零件序号

使用"多重引线"命令可以很方便地创建带下画线或带圆圈形式的零件序号，如图 10-80 所示。生成序号后，可通过夹点编辑方式，调整引线或序号数字的位置。

图 10-80　零件序号形式

具体步骤如下：

（1）单击"多重引线"面板上的 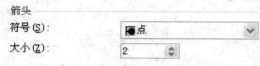 按钮，弹出"多重引线样式管理器"对话框，再单击 修改(M)... 按钮，弹出"修改多重引线样式"对话框，如图 10-81 所示，在该对话框完成图示设置。

● "引线格式"选项卡。

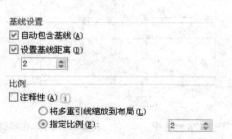

● "引线结构"选项卡。

"引线结构"选项卡的文本框中的数值 2 表示下画线与引线间的距离，指定比例栏中的数值等于绘图比例的倒数。

● "内容"选项卡。

在"内容"选项卡中设置选项如图 10-81 所示，其中"基线间隙"文本框中的数值表示下画线的长度。

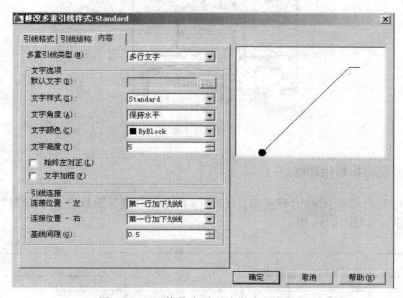

图 10-81 "修改多重引线样式"对话框

（2）单击"多重引线"面板的 按钮，启动创建引线标注命令，标注零件序号，如图 10-82 所示。

（3）对齐零件序号。

1）单击"多重引线"面板的 按钮，选择零件序号 1、2、3、4、5，按回车键，然后选择要对齐的序号 3 并指定水平方向，结果如图 10-83 所示。

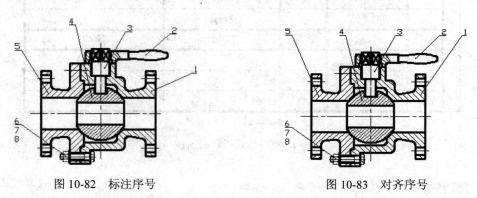

图 10-82 标注序号　　　　　　图 10-83 对齐序号

2）用相同的方法将序号 6、7、8 与序号 5 在竖直方向对齐。

（4）用"直线"命令给序号 7、8 添加引线，如图 10-84 所示。

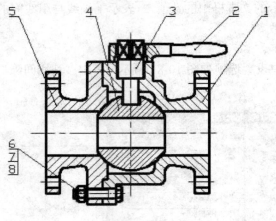

图 10-84　添加引线

三、绘制并填写标题栏和明细栏

　　装配图的标题栏置于图框的右下角，右边和下边的边线与图框重合。标题栏和明细栏的尺寸有严格要求，如图 10-85 所示。

	垫圈12	1	A3	
	螺母M12	1	A3	
	螺栓M12X50	1	A3	
5	左阀体	1	青铜	
4	球形阀芯	1	黄铜	
3	阀杆	1	35	
2	手柄	1	HT150	
1	右阀体	1	青铜	
序号	名称	数量	材料	备注
设计				(单位)
校核		质量		球阀
审核		比例	1:1	(图号)

图 10-85　标题栏和明细栏

四、整理保存

　　整理图形使其符合机械制图标准，完成如图 10-86 所示的球阀装配图，完成后，保存图形。

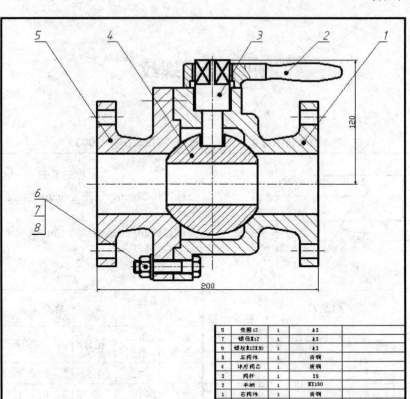

8	垫圈12	1	A3
7	螺母M12	1	A3
6	螺栓M12×50	1	A3
5	左阀件	1	青铜
4	球形阀芯	1	黄铜
3	阀杆	1	35
2	手柄	1	HT150
1	右阀件	1	青铜
序号	名称	数量	材料	备注
设计			(单位)
校核		质量	球阀
审核		比例	1:1	(图号)

图 10-86　球阀装配图

附录一 螺纹

附表 1 普通螺纹的直径与螺距（GB/T 193—2003）

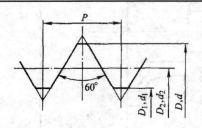

标记示例

公称直径 24mm，螺距为 3mm 的粗牙右旋普通螺纹：M24

公称直径 24mm，螺距为 1.5mm 的细牙左施普通螺纹：M24×1.5LH

单位：mm

公称直径 D、d		螺距 P		粗牙小径 D_1、d_1	公称直径 D、d		螺距 P		粗牙小径 D_1、d_1
第一系列	第二系列	粗牙	细牙		第一系列	第二系列	粗牙	细牙	
3		0.5	0.35	2.459		22	2.5	2、1.5、1	19.294
	3.5	0.6		2.850	24		3	2、1.5、1	20.752
4		0.7		3.242		27	3	2、1.5、1	23.752
	4.5	0.75	0.5	3.688	30		3.5	（3）、2、1.5、1	26.211
5		0.8		4.134		33	3.5	（3）、2、1.5	29.211
6		1	0.75	4.917	36		4	3、2、1.5	31.670
	7	1		5.917		39	4	3、2、1.5	34.670
8		1.25	1、0.75	6.647	42		4.5	3、2、1.5	37.129
10		1.5	1.25、1、0.75	8.376		45	4.5	3、2、1.5	40.129
12		1.75	1.25、1	10.106	48		5	4、3、2、1.5	42.587
	14	2	1.5、1.25、1	11.835		52	5	4、3、2、1.5	46.587
16		2	1.5、1	13.835	56		5.5	4、3、2、1.5	50.046
	18	2.5	2、1.5、1	15.294					
20		2.5		17.294					

注：①优先选用第一系列，括号内尺寸尽可能不用，第三系列未列入；

②M14×1.25 仅用于发动机的火花塞。

附表2　梯形螺纹（GB/T 5796.1～5796.4—1986）

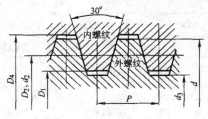

标记示例

公称直径40mm，螺距为7mm的粗牙右旋普通螺纹：
Tr40×7

公称直径24mm，螺距为1.5mm的细牙左旋普通螺纹：
Tr24×1.5LH

单位：mm

公称直径 d		螺距 P	中径 $d_2=D_2$	大径 D_4	小径		公称直径 d		螺距 P	中径 $d_2=D_2$	大径 D_4	小径	
第一系列	第二系列				d_3	D_1	第一系列	第二系列				d_3	D_1
8		1.5	7.25	8.3	6.2	6.5	28		5	25.5	28.5	22.5	23
	9	2	8	9.5	6.5	7		30	6	27	31	23	24
10		2	9	10.5	7.5	8	32		6	29	33	25	26
	11	2	10	11.5	8.5	9		34	6	31	35	27	28
12		3	10.5	12.5	8.5	9	36		6	33	37	29	30
	14	3	12.5	14.5	10.5	11		38	7	34.5	39	30	31
16		4	14	16.5	11.5	12	40		7	36.5	41	32	33
	18	4	16	18.5	13.5	14		42	7	38.5	43	34	35
20		4	18	20.5	15.5	16	44		7	40.5	45	36	37
	22	5	19.5	22.5	16.5	17		46	8	42	47	37	38
24		5	21.5	24.5	18.5	19	48		8	44	49	39	40
	26	5	23.5	26.5	20.5	21		50	8	46	51	41	42

注：①应优先选用第一系列的直径；

　　②在每一个直径所对应的诸多螺距中，本表仅摘录应优先选用的螺距和相应的基本尺寸。

附表3　55°非密封管螺纹（GB/T 7307—2001）

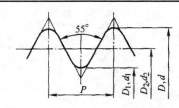

标记示例

尺寸代号1½的右旋内螺纹：G1½

尺寸代号1½的A级右旋外螺纹：G1½A

尺寸代号1½的B级左旋外螺纹：G1½B – LH

单位：mm

尺寸代号	每25.4mm内的牙数 n	螺距 P	基本直径		
			大径 $d = D$	中径 $d_2 = D_2$	小径 $d_1 = D_1$
1/8	28	0.907	9.728	9.147	8.566
1/4	19	1.337	13.157	12.301	11.445
3/8	19	1.337	16.662	15.806	14.950
1/2	14	1.814	20.955	19.793	18.613
5/8	14	1.814	22.911	21.749	20.587

续表

尺寸代号	每 25.4mm 内的牙数 n	螺距 P	基本直径		
			大径 $d = D$	中径 $d_2 = D_2$	小径 $d_1 = D_1$
3/4	14	1.814	26.441	25.279	24.117
7/8	14	1.814	30.201	29.039	27.877
1	11	2.309	33.249	31.770	30.291
$1\frac{1}{8}$	11	2.309	37.897	36.418	34.939
$1\frac{1}{4}$	11	2.309	41.910	40.431	38.952
$1\frac{1}{2}$	11	2.309	47.803	46.324	44.845
$1\frac{3}{4}$	11	2.309	53.746	52.267	50.788
2	11	2.309	59.614	58.135	56.656
$2\frac{1}{4}$	11	2.309	62.710	64.231	62.752
$2\frac{1}{2}$	11	2.309	75.184	73.705	72.226
$2\frac{3}{4}$	11	2.309	81.534	80.055	78.576
3	11	2.309	87.884	86.405	84.926
$3\frac{1}{2}$	11	2.309	100.330	98.851	97.372
4	11	2.309	113.030	11.551	110.072

附录二 常用标准件

六角头螺栓——C 级（摘自 GB/T 5780—2000）
六角头螺栓——A 和 B 级（摘自 GB/T 5782—2000）

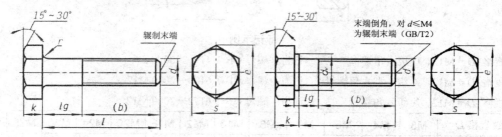

标记示例

螺纹规格 d=12、公称长度 l=80、性能等级为 8.8 级、表面氧化、A 级的六角头螺栓

记为：螺栓 GB/T 5782—2000 M12×80

螺纹规格 d			M3	M4	M5	M6	M8	M10	M12	M16	M20	M24	M30	M36	M42
b 参考	l≤125		12	14	16	18	22	26	30	38	46	54	66		
	125<l≤200		18	20	22	24	28	32	36	44	52	60	72	84	96
	l>200		31	33	35	37	41	45	49	57	65	73	85	97	109
c			0.4	0.4	0.5	0.5	0.6	0.6	0.6	0.8	0.8	0.8	0.8	0.8	1
d_w	产品等级	A	4.75	5.88	6.88	8.88	11.63	14.63	16.63	22.49	28.19	33.61			
		B、C	4.45	5.74	6.74	8.74	11.47	14.47	16.47	22	27.7	33.25	42.75	51.11	59.95
e	产品等级	A	6.01	7.66	8.79	11.05	14.38	17.77	20.03	26.75	33.53	39.98			
		B、C	5.88	7.50	8.63	10.89	14.20	17.59	19.85	26.17	32.95	39.55	50.85	60.79	72.02
k	公称		2	2.8	3.5	4	5.3	6.4	7.5	10	12.5	15	18.7	22.5	26
r			0.1	0.2	0.2	0.25	0.4	0.4	0.6	0.6	0.8	0.8	1	1	1.2
s	公称		5.5	7	8	10	13	16	18	24	30	36	46	55	65
l（产品规格范围）			20~30	25~40	25~50	30~60	40~80	45~100	50~120	65~160	80~200	90~240	110~300	140~360	160~440
l（系列）			12，16，20，25，30，35，40，45，50，55，60，65，70，80，90，100，110，120，130，140，150，160，180，200，220，240，260，280，300，320，340，360，380，400，420，440，460，480，500												

注：①A 级用于 d≤24 和 l≤10d 或≤150mm 的螺栓，B 级用于 d>24 和 l>10d 或>150 的螺栓；

②螺纹规格 d 范围：GB/T 5780—2000 为 M5~M64，GB/T 5782—2000 为 M1.6~M64；

③公称长度范围：GB/T 5780—2000 为 25~500，GB/T 5782—2000 为 12~500。

附表 5　六角螺母

六角螺母——C 级 （GB/T 41—2000）	1 型六角螺母——A 和 B 级 （GB/T 6170—2000）	六角薄螺母——A 和 B 级 （GB/T 6172—2000）

 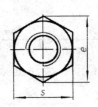

标记示例

螺纹规格 D = M12、C 级六角螺母	记为：螺母 GB/T 41—2000 M12
螺纹规格 D = M12、A 级 1 型六角螺母	记为：螺母 GB/T 6170—2000 M12
螺纹规格 D = M12、A 级六角螺母	记为：螺母 GB/T 6172—2000 M12

螺纹规格 D		M3	M4	M5	M6	M8	M10	M12	M16	M20	M24	M30	M36	M42
e_{min}	GB/T 41			8.63	10.89	14.20	17.59	19.85	26.17	32.95	39.55	50.85	60.79	72.02
	GB/T 6170	6.01	7.66	8.79	11.05	14.38	17.77	20.03	26.75	32.95	39.55	50.85	60.79	72.02
	GB/T 6172	6.01	7.66	8.79	11.05	14.38	17.77	20.03	26.75	32.95	39.55	50.85	60.79	72.02
s_{max}	GB/T 41			8	10	13	16	18	24	30	36	46	55	65
	GB/T 6170	5.5	7	8	10	13	16	18	24	30	36	46	55	65
	GB/T 6172	5.5	7	8	10	13	16	18	24	30	36	46	55	65
m_{max}	GB/T 41			5.6	6.4	7.9	9.5	12.2	15.9	18.7	22.3	26.4	31.9	34.9
	GB/T 6170	2.4	3.2	4.7	5.2	6.8	8.4	10.8	14.8	18	21.5	25.6	31	34
	GB/T 6172	1.8	2.2	2.7	3.2	4	5	6	8	10	12	15	18	21

附表 6　垫圈

小垫圈——A 级（GB/T 848—1985）

平垫圈——A 级（GB/T 97.1—1985）

平垫圈　倒角型——A 级（GB/T 97.2—1985）

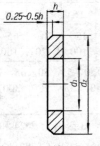 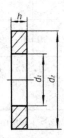

标记示例

标准系列、公称直径 d=8mm、性能等级为 140HV 级、不经表面处理的平垫圈，记为：

垫圈　GB/T 97.1—1985　8

续表

螺纹规格 D		1.6	2	2.5	3	4	5	6	8	10	12	14	16	20	24	30	36
d_1	GB/T 848	1.7	2.2	2.7	3.2	4.3	5.3	6.4	8.4	10.5	13	15	17	21	25	31	37
	GB/T 97.1	1.7	2.2	2.7	3.2	4.3	5.3	6.4	8.4	10.5	13	15	17	21	25	31	37
	GB/T 97.2						5.3	6.4	8.4	10.5	13	15	17	22	26	33	39
d_2	GB/T 848	3.5	4.5	5	6	8	9	11	15	18	20	24	28	34	39	50	60
	GB/T 97.1	4	5	6	7	9	10	12	16	20	24	28	30	37	44	56	66
	GB/T 97.2						10	12	16	20	24	28	30	37	44	56	66
h	GB/T 848	0.3	0.3	0.5	0.5	0.5	1	1.6	1.6	1.6	2	2.5	2.5	3	4	4	5
	GB/T 97.1	0.3	0.3	0.5	0.5	0.8	1	1.6	1.6	2	2.5	2.5	3	3	4	4	5
	GB/T 97.2						1	1.6	1.6	2	2.5	2.5	3	3	4	4	5

附表 7　弹簧垫圈

标准型弹簧垫圈（摘自 GB 93—87）

轻型弹簧垫圈（摘自 GB 859—87）

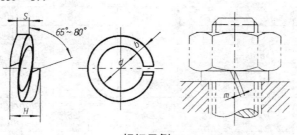

标记示例

规格 16mm、材料为 65Mn、表面氧化的标准型弹簧垫圈，记为：

垫圈　GB 93—87　16

规格（螺纹大径）		3	4	5	6	8	10	12	（14）	16	（18）	20	（22）	24	（27）	30
d		3.1	4.1	5.1	6.1	8.1	10.2	12.2	14.2	16.2	18.2	20.2	22.5	24.5	27.5	30.5
H	GB 93	1.6	2.2	2.6	3.2	4.2	5.2	6.2	7.2	8.2	9	10	11	12	13.6	15
	GB 859	1.2	1.6	2.2	2.6	3.2	4	5	6	6.4	7.2	8	9	10	11	12
s（b）	GB 93	0.8	1.1	1.3	1.6	2.1	2.6	3.1	3.6	4.1	4.5	5	5.5	6	6.8	7.5
s	GB 859	0.6	0.8	1.1	1.3	1.6	2	2.5	3	3.2	3.6	4	4.5	5	5.5	6
$m\leqslant$	GB 93	0.4	0.55	0.65	0.8	1.05	1.3	1.55	1.8	2.05	2.25	2.5	2.75	3	3.4	3.75
	GB 859	0.3	0.4	0.55	0.65	0.8	1	1.25	1.5	1.6	1.8	2	2.25	2.5	2.75	3
b	GB 859	1	1.2	1.5	2	2.5	3	3.5	4	4.5	5	5.5	6	7	8	9

注：①括号内的规格尽可能不用；

　　②m 应大于零。

附表 8　双头螺柱

双头螺柱——$b_m=1d$（摘自 GB/T 897—1988）

双头螺柱——$b_m=1.25d$（摘自 GB/T 898—1988）

双头螺柱——$b_m=1.5d$（摘自 GB/T 899—1988）

双头螺柱——$b_m=2d$（摘自 GB/T 900—1988）

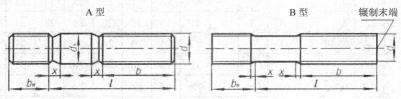

标记示例

两端均为粗牙普通螺纹，$d=10$mm，$l=50$mm，性能等级为 4.8 级，B 型，$b_m=1d$，记为：螺柱 GB/T 897—1988 M10×50；旋入机体一端为粗牙普通螺纹，旋螺母一端为 $P=1$mm 的细牙普通螺纹，$d=10$mm，$l=50$mm，性能等级为 4.8 级，A 型，$b_m=1d$，记为：螺柱 GB/T 897—1988 AM10-M10×1×50；旋入机体一端为过渡配合的第一种配合，旋螺母一端为粗牙普通螺纹，$d=10$mm，$l=50$mm，性能等级为 8.8 级，镀锌钝化，B 型，$b_m=1d$，记为：螺柱 GB/T 897—1988 GM10-M10×50-8.8-Zn·D

单位：mm

螺纹规格 d	b_m				d_s	x	l/b（螺柱长度/旋螺母端长度）
	GB/T 897	GB/ 898	GB/T 899	GB/T 900			
M4			6	8	4	1.5P	10~22/8、25~10/14
M5	5	6	8	10	5	1.5P	16~22/10、25~50/16
M6	6	8	10	12	6	1.5P	20~22/10、25~30/14、32~75/18
M8	8	10	12	16	8	1.5P	20~22/12、25~30/16、32~90/22
M10	10	12	15	20	10	1.5P	25~28/14、30~38/16、40~120/26、130/32
M12	12	15	18	24	12	1.5P	25~30/16、32~40/20、45~120/30、130~180/36
M16	16	20	24	32	16	1.5P	30~38/20、40~55/30、60~120/38、130~200/44
M20	20	25	30	40	20	1.5P	35~40/25、45~65/35、70~120/46、130~200/52
M24	24	30	36	48	24	1.5P	45~50/30、55~75/45、80~120/54、130~200/60
M30	30	38	45	60	30	1.5P	60~65/40、70~90/50、95~120/66、130~200/70、210~250/85
M36	36	45	54	72	36	1.5P	65~75/45、80~110/60、120/78、130~200/84、210~300/97
M42	42	52	63	84	42	1.5P	70~80/50、85~110/70、120/90、130~200/96、210~300/109
M48	48	60	72	96	48	1.5P	80~90/60、95~110/80、120/102、130~200/108、210~300/121
l 系列	12、(14)、16、(18)、20、(22)、25、(28)、30、(32)、35、(38)、40、45、50、(55)、60、(65)、70、(75)、80、(85)、90、(95)、100、110~260（10 进位）、280、300						

注：①括号内的规格尽可能不用；②P 为螺距；③$b_m=1d$ 一般用于钢对钢，$b_m=1.25d$、$b_m=1.5d$ 一般用于钢对铸铁，$b_m=2d$ 一般用于钢对铝合金。

附表9 螺钉

开槽圆头螺钉（GB/T 65—2000）　　开槽盘头螺钉（GB/T 67—2000）　　开槽沉头螺钉（GB/T 68—2000）

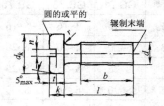 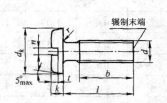 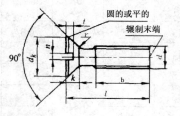

无螺纹部分杆径≈中径或=螺纹大径

标记示例

螺纹规格 d=M5、公称长度 l=20mm、性能等级为4.8级，不经表面处理的A级开槽圆柱头螺钉：

螺钉　GB/T 65　M5×20

单位：mm

螺纹规格 d	P	b_{min}	n 公称	k_{max}			d_{kmax}			t_{min}			r	l 范围
				GB/T 65	GB/T 67	GB/T 68	GB/T 65	GB/T 67	GB/T 68	GB/T 65	GB/T 67	GB/T 68		
M3	0.5	25	0.8	2	1.8	1.65	5.5	5.6	5.5	0.85	0.7	0.6	0.1	4~30
M4	0.7	38	1.2	2.6	2.4	2.7	7	8	8.4	1.1	1	1	0.2	5~40
M5	0.8	38	1.2	3.3	3.0	2.7	8.5	9.5	9.3	1.3	1.2	1.1	0.2	6~50
M6	1	38	1.6	3.9	3.6	3.3	10	12	11.3	1.6	1.4	1.2	0.25	8~60
M8	1.25	38	2	5	4.8	4.65	13	16	15.8	2	1.9	1.8	0.4	10~80
M10	1.5	38	2.5	6	6	5	16	20	18.3	2.4	2.4	2	0.4	12~80
l 系列			4、5、6、8、10、12、（14）、16、20、25、30、35、40、45、50、（55）、60、（65）、70、（75）、80											

附表10 紧定螺钉

开槽锥端紧定螺钉（GB 71—85）　　开槽平端紧定螺钉（GB 73—85）

开槽长圆柱端紧定螺钉（GB 75—85）

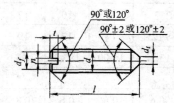 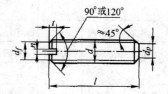 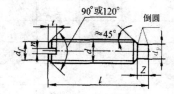

标记示例

螺纹规格 d=M10、公称长度 l=20mm、性能等级为14H级、表面氧化的开槽锥端紧定螺钉：

螺钉　GB 71　M10×20

单位：mm

螺纹 规格 d	P	d_f	d_{imax}	d_{pimax}	n	l	z_{max}	l 公称		
								GB 71	GB 73	GB 75
M3	0.5	螺纹 小径	0.3	2	0.4	1.05	1.75	4~16	3~16	5~16
M4	0.7		0.4	2.5	0.6	1.42	2.25	6~20	4~20	6~20
M5	0.8		0.5	3.5	0.8	1.63	2.75	8~25	5~25	8~25
M6	1		1.5	4	1	2	3.25	8~30	6~30	8~30
M8	1.25		2	5.5	1.2	2.5	4.3	10~40	8~40	10~40
M10	1.5		2.5	7	1.6	3	5.3	12~50	10~50	12~50
M12	1.75		3	8.5	2	3.6	6.3	14~60	12~60	14~60
l 系列	3、4、5、6、8、10、12、(14)、16、20、25、30、40、45、50、(55)、60									

附表 11　内六角圆柱头螺钉（GB/T 70.1—2000）

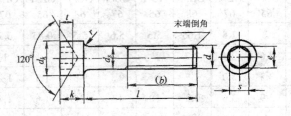

标记示例

螺纹规格 d=M5、公称长度 l=20mm、性能等级为 8.8 级、表面氧化的 A 级内六角圆柱头螺钉：

螺钉　GB/T 70.1　M5×20

单位：mm

螺纹规格 d	M3	M4	M5	M6	M8	M10	M12	(M14)	M16	M20	M24
P（螺距）	0.5	0.7	0.8	1	1.25	1.5	1.75	2	2	2.5	3
b 参考	18	20	22	24	28	32	36	40	44	52	60
d_{kmax}	5.5	7	8.5	10	13	16	18	21	24	30	36
k_{max}	3	4	5	6	8	10	12	14	16	20	24
t_{min}	1.3	2	2.5	3	4	5	6	7	8	10	12
s 公称	2.5	3	4	5	6	8	10	12	14	17	19
e_{min}	2.87	3.44	4.58	5.72	6.86	9.15	11.43	13.72	16.00	19.44	21.73
d_{smax}						= d					
r_{min}	0.1	0.2	0.2	0.25	0.4	0.4	0.6	0.6	0.6	0.8	0.8
l 范围	5~30	6~40	8~50	10~60	12~80	16~100	20~120	25~140	25~160	30~200	40~200
l 系列	5、6、8、10、12、16、20、25、30、35、40、45、50、55、60、65、70、80、90、100、110、 120、130、140、150、160、180、200										

注：括号内的规格尽可能不采用。

附表 12　普通平键

GB/T 1095−2003 平键　键槽的剖面尺寸

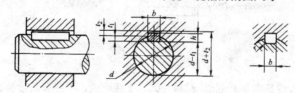

GB/T 1096—2003 普通平键的型式尺寸

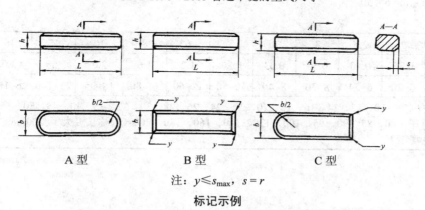

A 型　　　　　　B 型　　　　　　C 型

注：$y \leqslant s_{max}$，$s = r$

标记示例

宽度 b=16mm、高度 h=10mm、长度 L=100mm 的普通 A 型平键：GB/T 1096　键 16×10×100

单位：mm

轴径 d	键的公称尺寸			键槽										
				宽度 b					深度				半径 r	
				基本尺寸	极限偏差				轴		毂			
					松联结		正常联结		紧密联结					
	b	h	L		轴 H9	毂 D10	轴 N9	毂 JS9	轴和毂 P9	t_1	极限偏差	t_2	极限偏差	最小	最大
>6~8	2	2	6~20	2	+0.025 0	+0.060 +0.020	-0.004 -0.029	±0.0125	-0.060 -0.031	1.2	+0.10	1	+0.10	0.08	0.16
>8~10	3	3	6~36	3						1.8		1.4			
>10~12	4	4	8~45	4	+0.030 0	+0.078 +0.030	0 -0.030	±0.015	-0.012 -0.042	2.5		1.8			
>12~17	5	5	10~56	5						3.0		2.3		0.16	0.25
>17~22	6	6	14~70	6						3.5		2.8			
>22~30	8	7	18~90	8	+0.036 0	+0.098 +0.040	0 -0.036	±0.018	-0.015 -0.051	4.0		3.3			
>30~38	10	8	22~100	10						5.0		3.3			
>38~44	12	8	28~140	12	+0.043 0	+0.120 +0.050	0 -0.043	± 0.0215	-0.018 -0.061	5.0	+0.20	3.3	+0.20	0.25	0.40
>44~50	14	9	36~160	14						5.5		3.8			
>50~58	16	10	45~180	16						6.0		4.3			
>58~65	18	11	20~200	18						7.0		4.4			
L 系列	6、8、10、12、14、16、18、20、22、25、28、32、36、40、45、50、56、63、70、80、90、100、110、125、140、160、180、200														

注：$(d-t_1)$ 和 $(d+t_2)$ 的极限偏差按相应的 t_1 和 t_2 的极限偏差选取，但 $(d-t_1)$ 的极限偏差值应取负号。

附表 13 圆柱销 不淬硬钢和奥氏不锈钢（GB/T 119.1—2000）

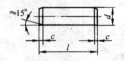

标记示例

公称直径 d=6mm、公差 m6、公称长度 l=30mm、材料为钢、不经淬火、不经表面处理的圆柱销：

销 GB/T 119.1 m6 6×30

单位：mm

d m6/h8	2	2.5	3	4	5	6	8	10	12	16	20
$c\approx$	0.35	0.40	0.50	0.63	0.80	1.2	1.6	2.0	2.5	3.0	3.5
l（商品范围）	6~20	6~24	8~30	8~40	10~50	12~60	14~80	18~95	22~140	26~180	35~200
l 系列	6、8、10、12、14、16、18、20、22、24、26、28、30、32、35、40、45、50、55、60、65、70、80、85、90、95、100、120、140、160、180、200（公称长度大于 200mm，按 20mm 递增）										

附表 14 圆锥销（GB/T 117—2000）

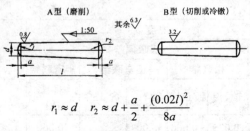

$$r_1 \approx d \quad r_2 \approx d + \frac{a}{2} + \frac{(0.02l)^2}{8a}$$

标记示例

公称直径 d=6mm、公称长度 l=30mm、材料为 35 钢、热处理硬度 28~38HRC、表面氧化处理的 A 型圆锥销：

销 GB/T 117 6×30

单位：mm

d h8	2	2.5	3	4	5	6	8	10	12	16	20
$a\approx$	0.25	0.30	0.40	0.5	0.63	0.8	1	1.2	1.6	2	2.5
l（商品范围）	10~35		12~45	14~55	18~60	22~90	22~120	26~160	32~180	40~200	45~200
l 系列	10、12、14、16、18、20、22、24、26、28、30、32、35、40、45、50、55、60、65、70、75、80、85、90、95、100、120、140、160、180、200										

附表 15　深沟球轴承（GB/T 276—94）

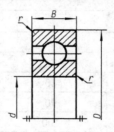

标记示例

滚动轴承 6210　GB/T 276—94

轴承代号	尺寸/mm			
	d	D	B	r_{smin}
02 系列				
6200	10	30	9	0.6
6201	12	32	10	0.6
6202	15	35	11	0.6
6203	17	40	12	0.6
6204	20	47	14	1
6205	25	52	15	1
6206	30	62	16	1
6207	35	72	17	1.1
6208	40	80	18	1.1
6209	45	85	19	1.1
6210	50	90	20	1.1
6211	55	100	21	1.5
6212	60	110	22	1.5
6213	65	120	23	1.5
6214	70	125	24	1.5
6215	75	130	25	1.5
6216	80	140	26	2
6217	85	150	28	2
6218	90	160	30	2
6219	95	170	32	2.1
6220	100	180	34	2.1
03 系列				
6300	10	35	11	0.6
6301	12	37	12	1
6302	15	42	13	1
6303	17	47	14	1
6304	20	52	15	1.1
6305	25	62	17	1.1

续表

轴承代号	尺寸/mm			
	d	D	B	r_{smin}
03 系列				
6306	30	72	19	1.1
6307	35	80	21	1.5
6308	40	90	23	1.5
6309	45	100	25	1.5
6310	50	110	27	2
6311	55	120	29	2
6312	60	130	31	2.1
6313	65	140	33	2.1
6314	70	150	35	2.1
6315	75	160	37	2.1
6316	80	170	39	2.1
6317	85	180	41	3
6318	90	190	43	3
6319	95	200	45	3
6320	100	215	47	3
04 系列				
6403	17	62	17	1.1
6404	20	72	19	1.1
6405	25	80	21	1.5
6406	30	90	23	1.5
6407	35	100	25	1.5
6408	40	110	27	2
6409	45	120	29	2
6410	50	130	31	2.1
6411	55	140	33	2.1
6412	60	150	35	2.1
6413	65	160	37	2.1
6414	70	170	39	3
6415	75	180	42	3
6416	80	190	45	3
6417	85	200	48	4
6418	90	210	52	4
6419	95	225	54	4
6420	100	250	58	4

附表 16　圆锥滚子轴承（GB/T 297—1994）

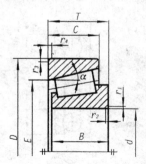

标记示例

滚动轴承 30312　GB/T 297—1994

轴承代号	尺寸/mm							
	d	D	B	C	T	r_{1min} r_{2min}	r_{3min} r_{4min}	α
02 系列								
30203	17	40	12	11	13.25	1	1	12°57′10″
30204	20	47	14	12	15.25	1	1	12°57′10″
30205	25	52	15	13	16.25	1	1	14°02′10″
30206	30	62	16	14	17.25	1	1	14°02′10″
30207	35	72	17	15	18.25	1.5	1.5	14°02′10″
30208	40	80	18	16	19.75	1.5	1.5	14°02′10″
30209	45	85	19	16	20.75	1.5	1.5	15°06′34″
302010	50	90	20	17	21.75	1.5	1.5	15°06′34″
302011	55	100	21	18	22.75	2	1.5	15°06′34″
302012	60	110	22	19	23.75	2	1.5	15°06′34″
302013	65	120	23	20	24.75	2	1.5	15°06′34″
302014	70	125	24	21	26.25	2	1.5	15°06′34″
302015	75	130	25	22	27.25	2	1.5	16°10′20″
302016	82	140	26	22	28.25	2.5	2	15°38′32″
302017	85	150	28	24	30.5	2.5	2	15°38′32″
302018	90	160	30	26	32.5	2.5	2	15°38′32″

附表 17　推力球轴承（GB/T 301—1995）

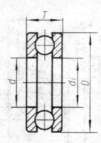

51000 型

标记示例

滚动轴承 51214　GB/T 301—1995

轴承代号	尺寸/mm			
	d	d_1	D	T
12、22 系列				
51200	10	12	26	11
51201	12	14	28	11
51202	15	17	32	12
51203	17	19	35	12
51204	20	22	40	14
51205	25	27	47	15
51206	30	32	52	16
51207	35	37	62	18
51208	40	42	68	19
51209	45	47	73	20
51210	50	52	78	22
51211	55	57	90	25
51212	60	62	95	26
51213	65	67	100	27
51214	70	72	105	27
51215	75	77	110	27
51216	80	82	115	28
51217	85	88	125	31
51218	90	93	135	35
51220	100	103	150	38
13、23 系列				
51304	20	22	47	18
51305	25	27	52	18
51306	30	32	60	21

轴承代号	尺寸/mm			
	d	d_1	D	T
51307	35	37	68	24
51308	40	42	78	26
51309	45	47	85	28
51310	50	52	95	31
51311	55	57	105	35
51312	60	62	110	35
51313	65	67	115	36
51314	70	72	125	40
51315	75	77	135	44
51316	80	82	140	44
51317	85	88	150	49
51318	90	93	155	52
51320	100	103	170	55
14、24 系列				
51405	25	27	60	24
51406	30	32	70	28
51407	35	37	80	32
51408	40	42	90	36
51409	45	47	100	39
51410	50	52	110	43
51411	55	57	120	48
51412	60	62	130	51
51413	65	68	140	56
51414	70	73	150	60
51415	75	78	160	65
51417	85	88	180	72
51418	90	93	190	77
51420	100	103	210	85

附录三 公差与配合

附表 18 标准公差数值（GB/T 1800.4—1999）

基本尺寸 mm		标准公差等级																	
大于	至	IT1	IT2	IT3	IT4	IT5	IT6	IT7	IT8	IT9	IT10	IT11	IT12	IT13	IT14	IT15	IT16	IT17	IT18
		μm											mm						
	3	0.8	1.2	2	3	4	6	10	14	25	40	60	0.1	0.14	0.25	0.4	0.6	1	1.4
3	6	1	1.5	2.5	4	5	8	12	18	30	48	75	0.12	0.18	0.3	0.48	0.75	1.2	1.8
6	10	1	1.5	2.5	4	6	9	15	22	36	58	90	0.15	0.22	0.36	0.58	0.9	1.5	2.2
10	18	1.2	2	3	5	8	11	18	27	43	70	110	0.18	0.27	0.43	0.7	1.1	1.8	2.7
18	30	1.5	2.5	4	6	9	13	21	33	52	84	130	0.21	0.33	0.52	0.84	1.3	2.1	3.3
30	50	1.5	2.5	4	7	11	16	25	39	62	100	160	0.25	0.39	0.62	1	1.6	2.5	3.9
50	80	2	3	5	8	13	19	30	46	74	120	190	0.3	0.46	0.74	1.2	1.9	3	4.6
80	120	2.5	4	6	10	15	22	35	54	87	140	220	0.35	0.54	0.87	1.4	2.2	3.5	5.4
120	180	3.5	5	8	12	18	25	40	63	100	160	250	0.4	0.63	1	1.6	2.5	4	6.3
180	250	4.5	7	10	14	20	29	46	72	115	185	290	0.46	0.72	1.15	1.85	2.9	4.6	7.2
250	315	6	8	12	16	23	32	52	81	130	210	320	0.52	0.81	1.3	2.1	3.2	5.2	8.1
315	400	7	9	13	18	25	36	57	89	140	230	360	0.57	0.89	1.4	2.3	3.6	5.7	8.9
400	500	8	10	15	20	27	40	63	97	155	250	400	0.63	0.97	1.55	2.5	4	6.3	9.7
500	630	9	11	16	22	32	44	70	110	175	280	440	0.7	1.1	1.75	2.8	4.4	7	11
630	800	10	13	18	25	36	50	80	125	200	320	500	0.8	1.25	2	3.2	5	8	12.5
800	1000	11	15	21	28	40	56	90	140	230	360	560	0.9	1.4	2.3	3.6	5.6	9	14
1000	1250	13	18	24	33	47	66	105	165	260	420	660	1.05	1.65	2.6	4.2	6.6	10.5	16.5
1250	1600	15	21	29	39	55	78	125	195	310	500	780	1.25	1.95	3.1	5	7.8	12.5	19.5
1600	2000	18	25	35	46	65	92	150	230	370	600	920	1.5	2.3	3.7	6	9.2	15	23
2000	2500	22	30	41	55	78	110	175	280	440	700	1100	1.75	2.8	4.4	7	11	17.5	28
2500	3150	26	36	50	68	96	135	210	330	540	860	1350	2.1	3.3	5.4	8.6	13.5	21	33

附表 19　轴的基本偏差数值（GB/T 1800.3—1998）

基本尺寸 /mm	基本偏差															
	上偏差 es											下偏差 ei				
	a	b	c	cd	d	e	ef	f	fg	g	h	js	j (5~6)	j (7)	j (8)	k (4~7)
	所有公差等级												5~6	7	8	4~7
≤3	-270	-140	-60	-34	-20	-14	-10	-6	-4	-2	0	偏差等于 $\pm\dfrac{ITn}{2}$，式中 ITn 是 IT 的数值	-2	-4	-6	0
> 3~6	-270	-140	-70	-46	-30	-20	-14	-10	-6	-4	0		-2	-4	-	+1
> 6~10	-280	-150	-80	-56	-40	-25	-18	-13	-8	-5	0		-2	-5	-	+1
> 10~14	-290	-150	-95	-	-50	-32	-	-16	-	-6	0		-3	-6	-	+1
> 14~18	-290	-150	-95	-	-50	-32	-	-16	-	-6	0		-3	-6	-	+1
> 18~24	-300	-160	-110	-	-65	-40	-	-20	-	-7	0		-4	-8	-	+2
> 24~30	-300	-160	-110	-	-65	-40	-	-20	-	-7	0		-4	-8	-	+2
> 30~40	-310	-170	-120	-	-80	-50	-	-25	-	-9	0		-5	-10	-	+2
> 40~50	-320	-180	-130	-	-80	-50	-	-25	-	-9	0		-5	-10	-	+2
> 50~65	-340	-190	-140	-	-100	-60	-	-30	-	-10	0		-7	-12	-	+2
> 65~80	-360	-200	-150	-	-100	-60	-	-30	-	-10	0		-7	-12	-	+2
> 80~100	-380	-220	-170	-	-120	-72	-	-36	-	-12	0		-9	-15	-	+3
> 100~120	-410	-240	-180	-	-120	-72	-	-36	-	-12	0		-9	-15	-	+3
> 120~140	-460	-260	-200	-	-145	-85	-	-43	-	-14	0		-11	-18	-	+3
> 140~160	-520	-280	-210	-	-145	-85	-	-43	-	-14	0		-11	-18	-	+3
> 160~180	-580	-310	-230	-	-145	-85	-	-43	-	-14	0		-11	-18	-	+3
> 180~200	-660	-340	-240	-	-170	-100	-	-50	-	-15	0		-13	-21	-	+4
> 200~225	-740	-380	-260	-	-170	-100	-	-50	-	-15	0		-13	-21	-	+4
> 225~250	-820	-420	-280	-	-170	-100	-	-50	-	-15	0		-13	-21	-	+4
> 250~280	-920	-480	-300	-	-190	-110	-	-56	-	-17	0		-16	-26	-	+4
> 280~315	-1050	-540	-330	-	-190	-110	-	-56	-	-17	0		-16	-26	-	+4
> 315~355	-1200	-600	-360	-	-210	-125	-	-62	-	-18	0		-18	-28	-	+4
> 355~400	-1350	-680	-400	-	-210	-125	-	-62	-	-18	0		-18	-28	-	+4
> 400~450	-1500	-760	-440	-	-230	-135	-	-68	-	-20	0		-20	-32	-	+5
> 450~500	-1650	-840	-480	-	-230	-135	-	-68	-	-20	0		-20	-32	-	+5

注：①基本尺寸小于或等于 1mm 时，基本偏差 a 和 b 均不采用；

②公差 js7~js11，若 IT 的数值（μm）为奇数，则其偏差等于 $\pm\dfrac{ITn-1}{2}$。

基本偏差														
下偏差 ei														
k	m	n	p	r	s	t	u	v	x	y	z	za	zb	zc
≤3 >7						所有公差等级								
0	+2	+4	+6	+10	+14	-	+18	-	+20	-	+26	+32	+40	+60
0	+4	+8	+12	+15	+19	-	+23	-	+28	-	+35	+42	+50	+80
0	+6	+10	+15	+19	+23	-	+28	-	+34	-	+42	+52	+67	+97
0	+7	+12	+18	+23	+28	-	+33	-	+40	-	+50	+64	+90	+130
								+39	+45	-	+60	+77	+108	+150
0	+8	+15	+22	+28	+35	-	+41	+47	+54	+63	+73	+98	+136	+188
						+41	+48	+55	+64	+75	+88	+118	+160	+218
0	+9	+17	+26	+34	+43	+48	+60	+68	+80	+94	+112	+148	+200	+274
						+54	+70	+81	+97	+114	+136	+180	+242	+325
0	+11	+20	+32	+41	+53	+66	+87	+102	+122	+144	+172	+226	+300	+405
				+43	+59	+75	+102	+120	+146	+172	+210	+274	+360	+480
0	+13	+23	+37	+51	+71	+91	+124	+146	+178	+214	+258	+335	+445	+585
				+54	+79	+104	+144	+172	+210	+256	+310	+400	+525	+690
0	+15	+27	+43	+63	+92	+122	+170	+202	+248	+300	+365	+470	+620	+800
				+65	+100	+134	+190	+228	+280	+340	+415	+535	+700	+900
				+68	+108	+146	+210	+252	+310	+380	+465	+600	+780	+1000
0	+17	+31	+50	+77	+122	+166	+236	+284	+350	+425	+520	+670	+880	+1150
				+80	+130	+180	+258	+310	+385	+470	+575	+740	+960	+1250
				+84	+140	+196	+284	+340	+425	+520	+640	+820	+1050	+1350
0	+20	+34	+56	+94	+158	+218	+315	+385	+475	+580	+710	+920	+1200	+1550
				+98	+170	+240	+350	+425	+525	+650	+790	+1000	+1300	+1700
0	+21	+37	+62	+108	+190	+268	+390	+475	+590	+730	+900	+1150	+1500	+1900
				+114	+208	+294	+435	+530	+660	+820	+1000	+1300	+1650	+2100
0	+23	+40	+68	+126	+232	+330	+490	+595	+740	+920	+1100	+1450	+1850	+2400
				+132	+252	+360	+540	+660	+820	+1000	+1250	+1600	+2100	+2600

附表20　孔的基本偏差数值（GB/T 1800.3—1998）

基本尺寸 /mm	A	B	C	CD	D	E	EF	F	FG	G	H	JS	J 6	J 7	J 8	K ≤8	K >8	M ≤8
	下偏差 EI（所有公差等级）											JS	上偏差 ES					
≤3	+270	+140	+60	+34	+20	+14	+10	+6	+4	+2	0	偏差等于 ±$\frac{ITn}{2}$，式中 ITn 是 IT 的数值	+2	+4	+6	0	0	-2
>3~6	+270	+140	+70	+46	+30	+20	+14	+10	+6	+4	0		+5	+6	+10	-1+⊿	-	-4+⊿
>6~10	+280	+150	+80	+56	+40	+25	+18	+13	+8	+5	0		+5	+8	+12	-1+⊿	-	-6+⊿
>10~14	+290	+150	+95	-	+50	+32	-	+16	-	+6	0		+6	+10	+15	-1+⊿	-	-7+⊿
>14~18	+290	+150	+95	-	+50	+32	-	+16	-	+6	0		+6	+10	+15	-1+⊿	-	-7+⊿
>18~24	+300	+160	+110	-	+65	+40	-	+20	-	+7	0		+8	+12	+20	-2+⊿	-	-8+⊿
>24~30	+300	+160	+110	-	+65	+40	-	+20	-	+7	0		+8	+12	+20	-2+⊿	-	-8+⊿
>30~40	+310	+170	+120	-	+80	+50	-	+25	-	+9	0		+10	+14	+24	-2+⊿	-	-9+⊿
>40~50	+320	+180	+130	-	+80	+50	-	+25	-	+9	0		+10	+14	+24	-2+⊿	-	-9+⊿
>50~65	+340	+190	+140	-	+100	+60	-	+30	-	+10	0		+13	+18	+28	-2+⊿	-	-11+⊿
>65~80	+360	+200	+150	-	+100	+60	-	+30	-	+10	0		+13	+18	+28	-2+⊿	-	-11+⊿
>80~100	+380	+220	+170	-	+120	+72	-	+36	-	+12	0		+16	+22	+34	-3+⊿	-	-13+⊿
>100~120	+410	+240	+180	-	+120	+72	-	+36	-	+12	0		+16	+22	+34	-3+⊿	-	-13+⊿
>120~140	+460	+260	+200	-	+145	+85	-	+43	-	+14	0		+18	+26	+41	-3+⊿	-	-15+⊿
>140~160	+520	+280	+210	-	+145	+85	-	+43	-	+14	0		+18	+26	+41	-3+⊿	-	-15+⊿
>160~180	+580	+310	+230	-	+145	+85	-	+43	-	+14	0		+18	+26	+41	-3+⊿	-	-15+⊿
>180~200	+660	+340	+240	-	+170	+100	-	+50	-	+15	0		+22	+30	+47	-4+⊿	-	-17+⊿
>200~225	+740	+380	+260	-	+170	+100	-	+50	-	+15	0		+22	+30	+47	-4+⊿	-	-17+⊿
>225~250	+820	+420	+280	-	+170	+100	-	+50	-	+15	0		+22	+30	+47	-4+⊿	-	-17+⊿
>250~280	+920	+480	+300	-	+190	+110	-	+56	-	+17	0		+25	+36	+55	-4+⊿	-	-20+⊿
>280~315	+1050	+540	+330	-	+190	+110	-	+56	-	+17	0		+25	+36	+55	-4+⊿	-	-20+⊿
>315~355	+1200	+600	+360	-	+210	+125	-	+62	-	+18	0		+29	+39	+60	-4+⊿	-	-21+⊿
>355~400	+1350	+680	+400	-	+210	+125	-	+62	-	+18	0		+29	+39	+60	-4+⊿	-	-21+⊿
>400~450	+1500	+760	+440	-	+230	+135	-	+68	-	+20	0		+33	+43	+66	-5+⊿	-	-23+⊿
>450~500	+1650	+840	+480	-	+230	+135	-	+68	-	+20	0		+33	+43	+66	-5+⊿	-	-23+⊿

注：①1mm 以下各级 A 和 B 均不采用；

②标准公差≤IT8 级的 K、M、N 及标准公差≤IT7 级的 P～ZC，从表的右侧选取 ⊿ 值。例如：在 18～30mm 之间的 P7，⊿=8μm，因此 ES=-22+8=-14μm。

续表

基本偏差															⊿值					
上偏差 ES															⊿值					
M	N	P~ZC	P	R	S	T	U	V	X	Y	Z	ZA	ZB	ZC	3	4	5	6	7	8
>8	≤8	>8	≤7	>7											3	4	5	6	7	8
-2	-4	-4	-6	-10	-14	-	-18	-	-20	-	-26	-32	-40	-60	0	0	0	0	0	0
-4	-8+⊿	0	-12	-15	-19	-	-23	-	-28	-	-35	-42	-50	-80	1	1.5	1	3	4	6
-6	-10+⊿	0	-15	-19	-23	-	-28	-	-34	-	-42	-52	-67	-97	1	1.5	2	3	6	7
-7	-12+⊿	0	-18	-23	-28	-	-33	-	-40	-	-50	-64	-90	-130	1	2	3	3	7	9
								-39	-45	-	-60	-77	-108	-150						
-8	-15+⊿	在大于7级的相应数值上增加一个⊿	-22	-28	-35	-	-41	-47	-54	-65	-73	-98	-136	-188	1.5	2	3	4	8	12
						-41	-48	-55	-64	-75	-88	-118	-160	-218						
-9	-17+⊿	0	-26	-34	-43	-48	-60	-68	-80	-94	-112	-148	-200	-274	1.5	3	4	5	9	14
						-54	-70	-81	-97	-114	-136	-180	-242	-325						
-11	-20+⊿	0	-32	-41	-53	-66	-87	-102	-122	-144	-172	-226	-300	-400	2	3	5	6	11	16
				-43	-59	-75	-102	-120	-146	-174	-210	-274	-360	-480						
-13	-23+⊿	0	-37	-51	-71	-91	-124	-146	-178	-214	-258	-335	-445	-585	2	4	5	7	13	19
				-54	-79	-104	-144	-172	-210	-254	-310	-400	-525	-690						
-15	-27+⊿	0	-43	-63	-92	-122	-170	-202	-248	-300	-365	-470	-620	-800	3	4	6	7	15	23
				-65	-100	-134	-190	-228	-280	-340	-415	-535	-700	-900						
				-68	-108	-146	-210	-252	-310	-380	-465	-600	-780	-1000						
-17	-31+⊿	0	-50	-77	-122	-166	-236	-284	-350	-425	-520	-670	-880	-1150	3	4	6	9	17	26
				-80	-130	-180	-258	-310	-385	-470	-575	-740	-960	-1250						
				-84	-140	-196	-284	-340	-425	-520	-640	-820	-1050	-1350						
-20	-34+⊿	0	-56	-94	-158	-218	-315	-385	-475	-580	-710	-920	-1200	-1550	4	4	7	9	20	29
				-98	-170	-240	-350	-425	-525	-650	-790	-1000	-1300	-1700						
-21	-37+⊿	0	-62	-108	-190	-268	-390	-475	-590	-730	-900	-1150	-1500	-1900	4	5	7	11	21	32
				-114	-208	-294	-435	-530	-660	-820	-1000	-1300	-1650	-2100						
-23	-40+⊿	0	-68	-126	-232	-330	-490	-595	-740	-920	-1100	-1450	-1850	-2400	5	5	7	13	23	34
				-132	-252	-360	-540	-660	-820	-1000	-1250	-1600	-2100	-2600						

参考文献

[1] 冯秋官. 机械制图与计算机绘图. 4 版. 北京：机械工业出版社，2010.
[2] 郭建尊. 机械制图与计算机绘图. 2 版. 北京：中国劳动社会保障出版社，2005.
[3] 高玉芬，朱凤艳. 机械制图. 3 版. 大连：大连理工大学出版社，2008.
[4] 姜勇，姜军. AutoCAD 2009 中文版辅助机械制图项目教程. 北京：人民邮电出版社，2009.
[5] 刘力. 机械制图. 3 版. 北京：高等教育出版社，2000.